高等学校物联网专业系列教材

物联网安全

刘建华　主　编
孙韩林　副主编

中国铁道出版社
CHINA RAILWAY PUBLISHING HOUSE

内容简介

本书介绍了信息安全和网络安全的基本概念及技术，并以四层物联网体系结构为基础，详细讨论了物联网应用中的安全问题。

全书分为10章：第1章介绍了物联网的基本概念及其安全问题；第2章介绍了物联网的体系结构及其关键技术；第3章介绍了信息安全加密的基础知识；第4章介绍了PKI、数字签名、认证及访问控制等安全机制；第5章详细介绍了基本的网络安全技术；第6章介绍了典型物联网感知层技术的安全问题；第7章围绕无线接入技术介绍了物联网接入层安全；第8章介绍了物联网核心传输网的安全问题；第9章从数据存储和数据处理（云计算）角度介绍了物联网信息处理层的安全问题；最后，第10章以物联网在工业、节能环保、公共安全领域的应用为例，讨论了物联网应用中的安全考虑。各章均附有习题，供参考使用。

本书既可作为高等学校物联网专业本科生的教材，也可作为其他物联网相关专业的本科生及从事物联网相关工作人员的参考用书。

图书在版编目（CIP）数据

物联网安全 / 刘建华主编. — 北京：中国铁道出版社，2013.9

高等学校物联网专业系列教材

ISBN 978-7-113-13365-8

Ⅰ. ①物… Ⅱ. ①刘… Ⅲ. ①互联网络－安全技术－高等学校－教材②智能技术－安全技术－高等学校－教材 Ⅳ. ①TP393.4②TP18

中国版本图书馆CIP数据核字(2013)第196137号

书　　名： 物联网安全
作　　者： 刘建华　主编

策　　划： 巨　凤　　　**读者热线：** 400-668-0820
责任编辑： 徐盼欣
封面设计： 一克米工作室
责任印制： 李　佳

出版发行： 中国铁道出版社（100054，北京市西城区右安门西街8号）
网　　址： http://www.51eds.com
印　　刷： 北京海淀五色花印刷厂
版　　次： 2013年9月第1版　　2013年9月第1次印刷
开　　本： 787mm×1092mm　1/16　**印张：** 17　**字数：** 402千
印　　数： 1～3 000册
书　　号： ISBN 978-7-113-13365-8
定　　价： 35.00元

 总　序 

物联网是继计算机、互联网和移动通信之后的又一次信息产业的革命性发展。目前物联网已被正式列为国家重点发展的战略性新兴产业之一。其涉及面广，从感知层、网络层，到应用层均有核心技术及产品支撑，以及众多技术、产品、系统、网络及应用间的融合和协同工作；物联网产业链长、应用面极广，可谓无处不在。

近年来，中国的互联网产业发展迅速，网民数量全球第一，这为物联网产业的发展奠定基础。当前，物联网行业的应用需求领域非常广泛，潜在市场规模巨大。物联网产业在发展的同时还将带动传感器、微电子、新一代通信、模式识别、视频处理、地理空间信息等一系列技术产业的同步发展，带来巨大的产业集群效应。因此，物联网产业是当前最具发展潜力的产业之一，是国家经济发展的又一新增长点，它将有力带动传统产业转型升级，引领战略性新兴产业发展，实现经济结构的战略性调整，引发社会生产和经济发展方式的深度变革，具有巨大的战略增长潜能，目前已经成为世界各国构建社会经济发展新模式和重塑国家长期竞争力的先导性技术。

物联网技术的发展和应用，不但缩短了地理空间的距离，也将国家与国家、民族与民族更紧密地联系起来，将人类与社会环境更紧密地联系起来，使人们更具全球意识，更具开阔眼界，更具环境感知能力。同时，带动了一些新行业的诞生和提高社会的就业率，使劳动就业结构向知识化、高技术化发展，进而提高社会的生产效益。显然，加快物联网的发展已经成为很多国家乃至中国的一项重要战略，这对中国培养高素质的创新型物联网人才提出了迫切的要求。

2010 年 5 月，国家教育部已经批准了 42 余所本科院校开设物联网工程专业，在校学生人数已经达到万人以上。按照教育部关于物联网工程专业的培养方案，确定了培养目标和培养要求。其培养目标为：能够系统地掌握物联网的相关理论、方法和技能，具备通信技术、网络技术、传感技术等信息领域宽广的专业知识的高级工程技术人才；其培养要求为：学生要具有较好的数学和物理基础，掌握物联网的相关理论和应用设计方法，具有较强的计算机技术和电子信息技术的能力，掌握文献检索、资料查询的基本方法，能顺利地阅读本专业的外文资料，具有听、说、读、写的能力。

物联网工程专业是以工学多种技术融合形成的综合性、复合型学科，它培养的是适应现代社会需要的复合型技术人才，但是我国物联网的建设和发展任务绝不仅仅是物联网工程技术所能解决的，物联网产业发展更多的需要是规划、组织、决策、管理、集成和实施的人才，因此物联网学科建设必须要得到经济学、管理学和法学等学科的合力支撑，因此我们也期待着诸如物联网管理之类的专业面世。物联网工程专业的主干学科与课程包括：信息与通信工程、电子科学技术、计算机科学与技术、物联网概论、电路分析基础、信号与系统、模拟电子技术、数字电路与逻辑设计、微机原理与接口技术、工程电磁场、通信原理、计算机网络、现代通信网、传感器原理、嵌入式系统设计、无线通信原理、无线传感器网络、近距无线传输技术、二维条码技术、数据采集与处理、物联网安全技术、物联网组网技术等。

物联网专业教育和相应技术内容最直接地体现在相应教材上，科学性、前瞻性、实用性、综合性、开放性应该是物联网专业教材的五大特点。为此，我们与相关高校物联网专业教学单位的专家、学者联合组织了本系列教材“高等学校物联网专业系列教材”，为急需物联网相关知识的学生提供一整套体系完整、层次清晰、技术先进、数据充分、通俗易懂的物联网教学用书，出版一批符合国家物联网发展方向和有利于提高国民信息技术应用能力，造就信息化人才队伍的创新教材。

本系列教材在内容编排上努力将理论与实际相结合，尽可能反映物联网的最新发展，以及国际上对物联网的最新释义；在内容表达上力求由浅入深、通俗易懂；在知识体系上参照教育部物联网教学指导机构最新知识体系，按主干课程设置，其对应教材主要包括物联网概论、物联网经济学、物联网产业、物联网管理、物联网通信技术、物联网组网技术、物联网传感技术、物联网识别技术、物联网智能技术、物联网实验、物联网安全、物联网应用、物联网标准、物联网法学等相应分册。

本系列教材突出了“理论联系实际、基础推动创新、现在放眼未来、科学结合人文”的特色，对基本概念、基本知识、基本理论给予准确的表述，树立严谨求是的学术作风，注意与国内外的对应及对相关概念、术语的正确理解和表达；从实践到理论，再从理论到实践，把抽象的理论与生动的实践有机地结合起来，使读者在理论与实践的交融中对物联网有全面和深入的理解和掌握；对物联网的理论、研究、技术、实践等多方面的发展状况给出发展前沿和趋势介绍，拓展读者的视野；在内容逻辑和形式体例上力求科学、合理，严密和完整，使之系统化和实用化。

自物联网专业系列教材编写工作启动以来，在该领域众多领导、专家、学者的关心和支持下，在中国铁道出版社的帮助下，在本系列教材各位主编、副主编和全体参编人员的参与和辛勤劳动下，在各位高校教师和研究生的帮助下，即将陆续面世。在此，我们向他们表示衷心的感谢并表示深切的敬意！

虽然我们对本系列教材的组织和编写竭尽全力，但鉴于时间、知识和能力的局限，书中难免会存在各种问题，离国家物联网教育的要求和我们的目标仍然有距离，因此恳请各位专家、学者以及全体读者不吝赐教，及时反映本套教材存在的不足，以使我们能不断改进出新，使之真正满足社会对物联网人才的需求。

高等学校物联网专业系列教材编委会
2011 年 10 月 1 日

 前　言 

2005 年 11 月 17 日，在突尼斯举行的信息社会世界峰会（WSIS）上，国际电信联盟（ITU）发布了“ITU INTERNET REPORTS 2005 EXECUTIVE SUMMARY：The Internet of Things”（ITU 互联网报告 2005：物联网），提出了“The Internet of things”的概念。我国翻译为“物联网”。顾名思义，“物联网就是物物相连的互联网”。物联网是新一代信息技术的重要组成部分，其本质还是互联网，只是其用户端延伸和扩展到了任何物品与物品之间进行信息交换和通信的网络。物联网通过智能感知、识别技术与普适计算、泛在网络的融合应用，被称为继计算机、互联网之后世界信息产业发展的第三次浪潮。物联网是互联网的应用拓展，与其说物联网是网络，不如说物联网是业务和应用。

目前，物联网是全球研究的热点问题，国内外都把它的发展提高到国家级的战略。我国政府特别重视物联网的发展和应用。2009 年国务院总理温家宝“感知中国”的讲话把我国物联网领域的研究和应用开发推向了高潮，物联网被正式列为国家五大新兴战略性产业之一，写入了“政府工作报告”，受到了全社会极大的关注。为了更进一步促进我国物联网的发展，全国已经有数十所院校开设了物联网专业。物联网专业的人才培养要求很高，是个交叉学科，涉及电子通信技术、传感技术、RFID 技术、嵌入式系统技术、网络技术等多项知识。

互联网是一个多元的、开放的网络，对当前社会的政治、经济、文化和人们的生活有着巨大的影响，已经深入人心，成为人们生活的重要组成部分。随着互联网的发展，也带来了网络的安全问题，例如网络攻击、病毒侵袭、垃圾邮件等各类安全问题层出不穷。物联网作为互联的在“物”上的延伸，也会存在各种安全问题。本书在总结基础安全理论、技术和解决方法的基础上，针对物联网的安全特点进行总结、整理和分析，旨在为物联网专业的本科生提供一本有特色的、有针对性的学习资料。

全书共分为 10 章，其中第 1～5 章为基础部分，主要讲述了物联网的基本概念、面临的安全问题、物联网体系结构和关键技术，以及信息安全基础理论（包括密码体制、安全机制、安全服务和网络安全技术）；第 6～9 章为物联网安全部分，按照物联网的感知层、网络层（分为接入网和核心网）和应用层的层次结构，分层讲述了各层关键技术的安全问题分析、解决方法及发展趋势；第 10 章以当前典型的物联网应用为例，讨论了物联网应用中的安全考虑。

本书由刘建华任主编，由孙韩林任副主编，其中第1～5章由刘建华执笔，第6～10章由孙韩林执笔，全书由刘建华统编定稿。

本书在编写过程中得到研究生的大力帮助，他们是梁俊杰、崔丹、石珮珊、王筱蕾、屈飞、昝林萍、王倩。他们完成了为全书绘制插图、部分文稿翻译、资料搜集以及格式整理等工作，在此对他们的贡献表示感谢！同时也感谢我的同事屈军锁等的支持和帮助！感谢中国铁道出版社巨凤等编辑的大力支持和帮助！

本书在编写过程中参考了大量的图书资料，这些资料也凝结了作者的辛勤劳动和智慧，在此一并表示感谢！

物联网技术和应用发展迅速，限于编者的知识水平和能力，书中的疏漏甚至错误之处在所难免，恳请各位专家、学者和广大读者批评指正。

编者

2013年7月

目　录

第1章 物联网发展及其安全问题

学习重点

1．理解物联网的定义，了解物联网存在的问题。

2．理解信息安全定义，明确物联网存在的安全问题。

1.1　物联网的概念

1.1.1　背景知识

1. 信息及信息系统

目前人们处在信息时代，信息化是这个时代的特征之一。那么，什么是信息？信息如何获取？如何处理信息？信息能帮助人们做些什么？这些问题都是应该深刻思考的。

关于信息的严格定义目前说法不一，其中，最有影响的是美国科学家香农所提出的。香农通过对信息通信问题的研究，提出了著名的信息论，他认为信息在通信中就是消除信号的不确定性。

信息传播三大要素是信源、信宿和信道。信息传播过程可简单地描述为：信源→信道→信宿。

① 信源：符号、文字、声音、图像等。

② 信道：载体，光、电等电磁信号。

③ 信宿：从载体中抽取信息。

信息可以用消息、信号等形式来表达。

2. 信息获取

人们发出信息的方式可以是声音、眼光、手势、文字等，人们获取信息可以通过眼睛、声音、感觉等方式，但这些都是不够的，人的自身感觉的准确性、敏感性、快速性等是有限的。因此，人们研究了传感器，用于帮助对客观世界的不断深入了解。传感器有各种类型，如温度的、压力的、图像的、声音的、速度的等。

3. 信息传递

因为要对获取的信息进行传递，即信息通信，人们建立了各种网络，如电话网用于传递声音信息，电视网用于传递图像信息，计算机网络用于传递计算机处理后的各种多媒体信息等。因特网是目前世界上最大的计算机网络，传递信息的能力最强。

4. 信息处理

当前，人们所能获取的信息很多，琳琅满目，但人们处理信息的能力很有限，因此，需要通过计算机快速、准确、有效地对信息进行处理。智能化信息处理是信息处理的新境界，即计算机处理信息能像人一样灵活、准确、迅速。

5. 信息服务

不同的人，想要做的事情不同，对信息的需求也不同，因此按照人们的不同要求，把信息处理像商品一样服务于大众，已经为人们所接受。云计算就是这样一个提供信息服务的概念。

1.1.2　什么是物联网

提出“物联网”（The Internet of Things）这个概念的被认为是比尔·盖茨，他在著作《未来之路》中首次提到了“物联网”。但到目前为止，总体上物联网还处于一个概念和研发的阶段。关于物联网的定义还比较混乱，物联网的一些重大共性问题（如架构、标识编码、安全及标准等）也未得到很好的解决，并未在全球达成共识。

定义 1：把所有物品通过射频识别（RFID）和条码等信息传感设备与互联网连接起来，实现智能化识别和管理。

早在 1999 年，这个概念即由美国麻省理工学院的 Auto-ID 研究中心提出。RFID 可谓早期物联网最为关键的技术和产品环节，当时认为物联网最大规模、最有前景的应用是在物流领域，利用 RFID 技术，通过互联网实现物品的自动识别、信息互联和共享。

定义 2：2005 年国际电信联盟（ITU）在“The Internet of Things”报告中对物联网的概念进行了扩展，提出任何时刻、任何地点、任何物体之间的互联，无所不在的网络和无所不在的计算的发展愿景，除 RFID 技术外，传感器技术、纳米技术、智能终端等技术将得到更加广泛的应用。严格意义上讲，这不是物联网的定义，而是关于物联网的一个描述，如图 1-1 所示。

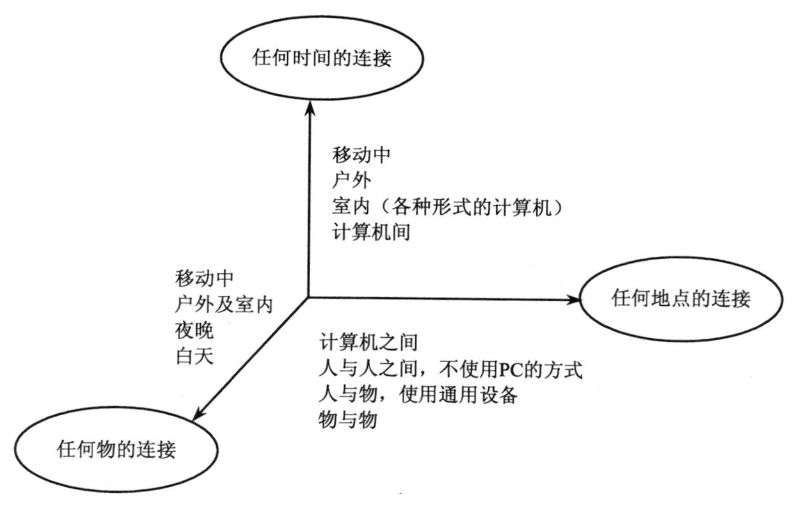

图 1-1　物联网

定义 3：物联网是未来 Internet 的一个组成部分，可以被定义为基于标准的可互操作的通信协议且具有自配置能力的、动态的全球网络基础架构。物联网中的“物”都具有标识、物理属性和实质的个性，使用智能接口，实现与信息网络的无缝整合。

这个定义来自欧盟的第七框架下的 RFID 和物联网研究项目的一个报告“The Internet of Things Strategic Research Roadmap”（2009.09.15）研究报告。该报告研究的目的在于 RFID 和物联网的组网和协调各类资源。

定义 4：由具有标识、虚拟个性的物体/对象所组成的网络，这些标识和个性运行在智能的空间，使用智能的接口与用户、社会和环境的上下文进行互联和通信。

这个定义来自欧洲智能系统集成技术平台（EPoSS）的报告“Internet of Things in 2020”（2008.5.27），该报告分析了物联网的发展，认为 RFID 和相关识别是未来物联网的基石，因此应更加侧重于 RFID 技术应用和处理的智能化。

从以上定义可以看出，物联网存在两种技术：IOT（Internet of Things）和 CPS（Cyber Physical Systems）。IOT 是利用现有的因特网的网络架构，在全球建立一个庞大的物品信息交换网络，并且使所有参与流通的物品都具有唯一的产品电子码，使物品能够在网络上准确定位和追踪，并且为每项物品建立一套完整的电子履历，可实现产品的智能化识别、定位、跟踪、监控和管理。CPS 是一个综合计算、网络和物理环境的多维复杂系统，通过 3C（Computation、Communication、Control）技术的有机融合与深度协作，实现现实世界与信息世界相互作用，提供实时感知、动态控制和信息反馈等服务。CPS 具有自适应性、自主性、高效性、功能性、可靠性、安全性等特点和要求，通过人机交互接口实现和物理进程的交互，使用网络化空间以远程的、可靠的、实时的、安全的、协作的方式操控一个物理实体。CPS 将现实世界中的事物和信息世界关联起来，现实世界中的物体与环境的所有变化在信息世界中都有具体的反应，信息世界也可以通过指令来影响现实世界中的事物与环境。

本书的定义：物联网是新一代信息技术的重要组成部分，其本质还是互联网，只是其用户端延伸和扩展到了任何物品与物品之间进行信息交换和通信的网络。

1.2　物联网发展的主要问题

1.2.1　国内外发展状况简述

在国外及欧美国家对于“物联网”非常重视，据资料显示，美国的奥巴马政府对更新美国信息高速公路提出了更具高新技术含量的信息化方案，欧盟发布了下一代全欧移动宽带长期演进与超越以及 ICT 研发与创新战略，而日本政府紧急出台了数字日本创新项目 ICT 鸠山计划行动大纲，同时，澳大利亚、新加坡、法国、德国等其他发达国家也加快部署了下一代网络基础设施的步伐，全球信息化正在引发当今世界的深刻变革，世界政治、经济、社会、文化和军事发展的新格局正在受到信息化的深刻影响。在不久的将来，也许在未来的 3～5 年之内，更具智能性的信息基础设施逐步与传统的基础设施融合，更加智能化的网络也将逐步得到普及。

随着互联网的快速发展，“物联网”、云计算等新技术、新模式不断涌现，业内人士表示，“物联网”是继计算机互联网与移动通信网络之后的又一次信息产业革命。“物联网”的发展前景究竟如何？国内启动“物联网”的研发应用又走到了哪一步？从国内对于“物联网”的发展态势，主要有以下几个阶段：

① 1999 年，中国开始传感网研究。

② 2005 年 11 月，国际电信联盟（ITU）发布了《ITU 互联网报告 2005：“物联网”》报告，正式提出了“物联网”概念。

③ 2009 年 1 月，IBM 首席执行官彭明盛提出“智慧地球”构想，其中“物联网”

为“智慧地球”不可或缺的一部分，而奥巴马在就职演讲后已对“智慧地球”构想提出积极回应，并提升到国家级发展战略。

④ 2009 年 8 月 7 日，国务院总理温家宝在无锡视察中科院“物联网”技术研发中心时指出，要尽快突破核心技术，把传感技术和 TD 的发展结合起来。

⑤ 2009 年 8 月 24 日，中国移动总裁王建宙访台期间解释了“物联网”概念。

⑥ 2009 年 9 月 11 日，“传感器网络标准工作组成立大会暨‘感知中国’高峰论坛”在北京举行，会议提出传感网发展相关政策。

⑦ 2009 年 9 月 14 日，在中国通信业发展高层论坛上，王建宙高调表示：“物联网”商机无限，中国移动将以开放的姿态，与各方竭诚合作。

⑧ 2009 年 10 月 11 日，工业和信息化部部长李毅中在科技日报上发表题为《我国工业和信息化发展的现状与展望》的署名文章，首次公开提及传感网络，并将其上升到战略性新兴产业的高度，指出信息技术的广泛渗透和高度应用将催生出一批新增长点。

⑨ 2009 年 11 月 3 日，温家宝在人民大会堂向首都科技界发表了题为“让科技引领中国可持续发展”的讲话，首度提出发展包括新能源、新材料、生命科学、生命医药、信息网络、海洋工程、地质勘探等七大战略新兴产业的目标，并将“物联网”并入信息网络发展的重要内容，并强调信息网络产业是世界经济复苏的重要驱动力。而且，在《国家中长期科学与技术发展规划纲要（2006－2020 年）》和“新一代宽带移动无线通信网”重大专项中均将传感网列入重点研究领域。

1.2.2　物联网面临的主要问题

作为一个新兴产业，物联网的发展受到很多因素的制约，有观念、体制、机制、技术、安全等方面的因素。目前制约物联网亟待解决的主要问题包括以下八个方面：

1．国家安全问题成为首要的技术重点

大型企业、政府机构与国外机构进行项目合作，如何确保企业商业机密、国家机密不被泄露？这不仅是一个技术问题，而且涉及国家安全问题，必须引起足够重视。如果 IBM“智慧地球”实施，如何保证涉及国家安全的信息不被泄露，如何保证企业商业机密、地方政府甚至国家机密不被泄露，都是摆在面前的首要问题。

2．保证个人隐私不被侵犯

在物联网中，射频识别是一个很重要的技术。在射频识别系统中，标签有可能预先被嵌入任何物品中，如人们的日常生活物品中，但由于该物品（如衣物）的拥有者不一定能够觉察该物品预先已嵌入有电子标签以及自身可能不受控制地被扫描、定位和追踪，这势必会使个人的隐私受到侵犯。

造成侵犯个人隐私问题的关键在于射频识别标签的基本功能：任意一个标签的标识（ID）或识别码都能在远程被任意扫描，且标签自动地、不加区别地回应阅读器的指令并将其所存储的信息传输给阅读器。这一特性可用来追踪和定位某个特定用户或物品，从而获得相关的隐私信息。

因此，如何确保标签物的拥有者个人隐私不受侵犯便成为射频识别技术以至物联网推广的关键问题。而且，这不仅仅是一个技术问题，还涉及政治和法律问题。这个问题必须引起高度重视，并从技术上和法律上予以解决。

3．物联网商用模式有待完善

移动通信研究所专家表示：“要发展成熟的商业模式，必须打破行业壁垒、充分完善政策环境，并进行共赢模式的探索。”华为资深人士指出：“应用物联网技术让企业面临改造成本问题，新的商业模式将改变成本高的现状。”

4．物联网的相关政策和法规

物联网不是一个小产品，也不只是一个小企业可以做出来、做起来的，物联网的普及不仅需要相关技术的提高，它更牵涉到各个行业、各个产业，需要多种力量的整合。这就需要国家的产业政策和立法要走在前面，要制定出适合这个行业发展的政策和法规，保证行业的正常发展。

5．技术标准的统一与协调

互联网的蓬勃发展，归功于标准化问题解决得非常好，如全球进行传输的协议TCP/IP、路由器协议、终端的构架与操作系统。物联网发展历程中，传感、传输、应用各个层面会有大量的技术出现，急需尽快统一技术标准，形成一个管理机制。目前，IPv4协议已不能满足互联网的发展需求，IPv6的开发已成为行业内发展的必然。此外，未来大量无线设备的使用，势必带来频谱拥挤的问题，要求行业尽快出台频谱管理办法。

6．管理平台的开发

在物联网时代大量信息需要传输和处理。假如没有一个与之匹配的网络体系，就不能进行管理与整合，物联网也将是空中楼阁。因此，建立一个全国性的、庞大的、综合的业务管理平台，把各种传感信息进行收集，进行分门别类的管理，进行有指向性的传输，这是物联网能否被推广的一个关键问题。而建立一个如此庞大的网络体系是各个企业望尘莫及的，由此，必须要专门的机构组织开发管理平台。

7．行业内需建立相关安全体系

物联网目前的传感技术主要是RFID，植入这个芯片的产品，有可能被任何人感知。产品的主人可以方便地进行管理。但是，它也存在着一个巨大的问题，其他人也能进行感知，比如产品的竞争对手。那么，应如何做到在感知、传输、应用过程中，这些有价值的信息可以为我所用，却不被他人所用，尤其不被竞争对手所用呢？这就需要形成一套强大的安全体系。

8．应用的开发

物联网应用普及到生活及各行各业中，必须根据行业的特点，进行深入的研究和有价值的开发。这些应用开发不能依靠运营商，也不能仅仅依物联网企业，而是需要一个物联网的体系基本形成，需要一些应用形成示范，使更多的传统行业感受到物联网的价值，这样才能有更多企业看清楚物联网的意义，看清楚物联网有可能带来的经济和社会效益。

1.2.3　物联网的研究热点问题

针对物联网发展中的问题，目前对物联网的研发，关注的研究重点和研究方向包括：

① 物联网网络框架研究。

② 物联网通信技术研究。

③ 物联网数据融合技术研究。

④ 物联网互联互通技术研究。

⑤ 物联网智能终端研究。

⑥ 物联网信息安全和保密技术研究。

⑦ 物联网相关标准研究。

⑧ 物联网相关管理研究。

1.2.4　物联网面临的技术挑战

物联网将是全新的服务纪元，未来物联网将在公共管理与服务、企业、家庭与个人方面得到更多的应用。这些大规模物联网应用面临着四个方面技术挑战。

① 超低功耗、智能泛在感知技术：包括低功耗智能无线设备、超低功耗电池功能、超低维护成本三个方面。

② 物联网通信架构技术主要面临四大技术瓶颈：超大规模、高密度网络，有限频谱带宽，异构系统架构，动态移动性。

③ 物联网结点及数据的海量性。海量数据的存贮、传输与及时处理将面临前所未有的挑战。

④ 物联网的高度安全性与隐私性。安全与隐私保护是信息技术领域的一个永恒的主题，而物联网将安全与隐私的要求提升到了一个新的高度。

1.3　信息安全概念

1.3.1　安全的概念

安全是个古老而普遍的话题。从人类开天辟地以来就对安全有着各种看法和切身体会。但到目前还没有为大家所普遍接受的关于安全的定义，只有各自不同的理解。

为了获得安全的原始含义，先从词意和典故考虑，查阅了相关工具书，得到如下的描述：

① 安全在希腊文之中的意思是“完整”，而在梵语中的意思是“没有受伤”或“完整”，在拉丁文中有“卫生”（Salws）之意。

②“安”指不受威胁、没有危险、太平、安全、安适、稳定等，可谓无危则安；“全”指完满、完整或没有伤害、无残缺等，可谓无损则全。

为了获得安全的真实含义，从安全的科学层面去查阅相关的资料，得到以下定义：

① 安全指没有危险、不受威胁、不出事故，即消除能导致人员伤害，发生疾病或死

亡，造成设备或财产破坏、损失，以及危害环境的条件。

② 安全指在外界条件下使人处于健康状况，或人的身心处于健康、舒适和高效率活动状态的客观保障条件。

③ 安全是一种心理状态，即指某一子系统或系统保持完整的一种状态。

④ 安全是一种理念，即人与物将不会受到伤害或损失的理想状态，或者是一种满足一定安全技术指标的物态。

凡此种种，要想用一个简单的定义就把复杂的安全内涵表述清楚是异常困难的。这犹如最优化问题中寻找最优解时容易陷入“局部最优值”一样，难以走出这个局部区域。因此，应当从宏观的角度去把握安全的概念。

“安”排在“全”的前面，就已蕴藏着一种因果关系：“安”是“全”的前提，“全”则是“安”努力的目标。安全便是在整个人生道路中或在整件事情中做到没有危险、不出事故。“安”是动态的，就像台阶，前进路上的每一步都要在“安”的基础上走下一段路、做下一件事，没有了“安”，一切只能回到从前抑或没有了重新开始的可能。“全”是静态的，就像界标，是“安”前进的方向，“安”的攀登只有见到了“全”才算完成了旅程，才是安全的。没有了“全”，“安”便只是一个美丽的梦。

1.3.2 信息安全的概念

按照对信息和安全的不同描述，信息安全的一个简单描述应该是信息在信源、传递、处理直到信宿的过程中没有危险而且保持完整。

由于信息应用的复杂性和信息技术的快速发展以及人们对安全的理解多有不同，因而目前还没有一个比较成熟的信息安全的定义。下面给出几个比较典型的关于信息安全的定义。

国际标准化组织（ISO）定义的信息安全是：“在技术和管理上为数据处理系统建立的安全保护，保护计算机硬件、软件和数据不因偶然和恶意的原因而遭受到破坏、更改和泄露。”

欧盟的信息安全的定义是：“在既定的密级条件下，网络和信息系统抵御意外事件或恶意行为的能力。这些事件和行为将危机所存储或传输的数据以及由这些网络和系统所提供的服务的可用性、真实性、完整性和机密性。”

我国学者的信息安全的定义：“保护信息和信息系统不被未经授权的访问、使用、泄露、修改和破坏，为信息和信息系统提供保密性、完整性、可用性、可控性和不可否认性。”

1.3.3 信息安全的属性

信息安全是伴随着信息的存在而产生的，信息是作为系统的输入或输出或控制的对象出现的，因此其和系统一样也应该是有目标的。ISO7498-2 开放系统的框架中给出了四个方面的信息安全的属性，即保密性、完整性、可用性和不可否认性，后来 IATF 又加上了可控性和真实性。

① 保密性：信息不泄露给非授权的用户、实体或过程，或供其利用的特性。

② 完整性：信息未经授权不能进行改变的特性，即信息在存储或传输过程中保持不

被修改、不被破坏和丢失的特性。

③ 可用性：可被授权实体访问并按需求使用的特性，即当需要时应能存取所需的信息。

④ 不可否认性：应该具备适当的机制，使信息的发送方不能否认已经发送的信息，以及接收方不能否认已经接收到的信息。

⑤ 可控性：对信息的传播及内容具有控制能力。

⑥ 真实性：信息和信息在不同形态下所使用的各种实体都要经过权威部门的鉴定，保证信息的来源、信息的内容、实体的身份都是真实可信的。

1.3.4　信息安全产生的根源

人是产生信息安全问题的最主要因素。威胁是造成信息安全问题的主要根源，而产生威胁的主要根源在于信息系统存在着缺陷、漏洞或脆弱性。威胁是一个具备一定攻击威胁能力的特定威胁源利用特定脆弱性对特定资产进行某种方式攻击所产生某种程度影响的可能性，其可能对网络系统和设备或网络所有者造成损害的事故的潜在原因。

1.3.4.1　安全威胁

网络中的信息安全威胁主要包括窃听、截获、伪造和篡改，如图 1-2 所示。

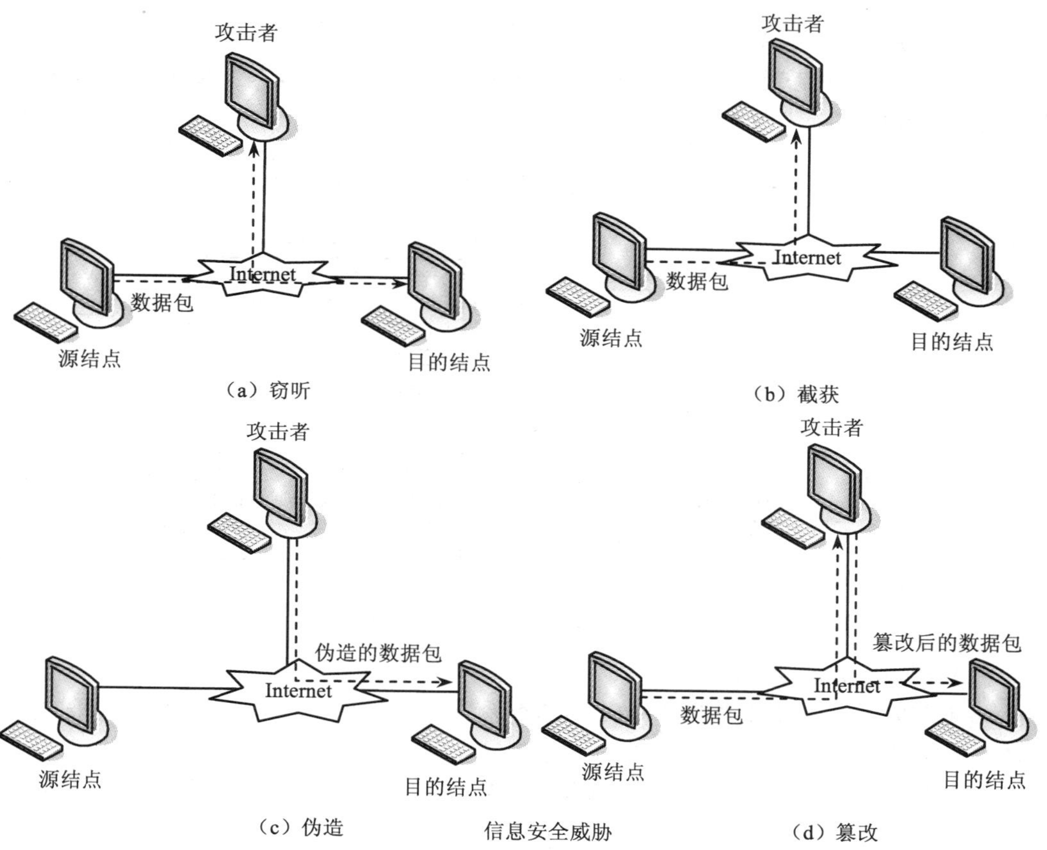

图 1-2　安全威胁

（1）窃听

信息在传输过程中被直接或间接地窃听网络上的特定数据包，通过对其分析得到所需的重要信息。数据包仍然能够到达目的结点，其数据并没有丢失，如图 1-2（a）所示。

（2）截获

信息在传输过程中被非法截获，并且目的结点并没有收到该信息，即信息在中途丢失了，如图 1-2（b）所示。

（3）伪造

没有任何信息从源信息结点发出，但攻击者伪造出信息并冒充源信息结点发出信息，目的结点将收到这个伪造信息，如图 1-2（c）所示。

（4）篡改

信息在传输过程中被截获，攻击者修改其截获的特定数据包，从而破坏数据的完整性，然后将篡改后的数据包发送到目的结点。在目的结点的接收者看来，数据似乎是完整没有丢失的，但其实已经被恶意篡改过，如图 1-2（d）所示。

网络安全是指利用各种网络监控和管理技术，对网络系统的软硬件和系统中的数据资源进行保护，从而保证网络系统连续、安全且可靠地运行。

1.3.4.2　信息安全脆弱性

信息系统不安全的主要原因是系统自身存在安全脆弱点，因此信息系统安全脆弱性分析是评估信息系统安全强度和设计安全体系的基础。ITU-T 在其安全手册中把网络中存在的安全脆弱性分为四类，如图 1-3 所示。

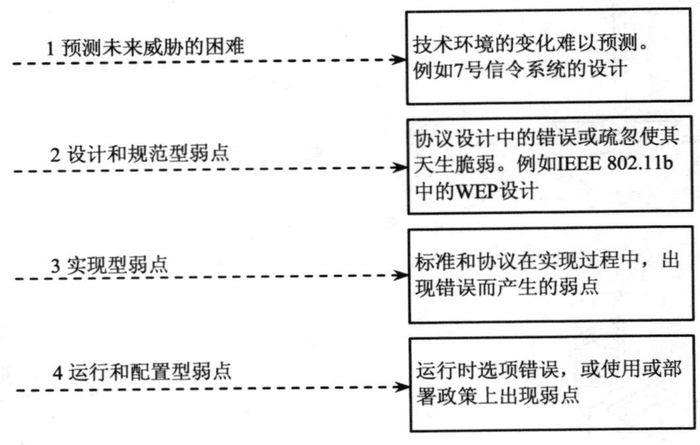

图 1-3　预测未来威胁的困难

（1）预测未来威胁的困难

技术环境的变化难以预测，例如七号信令系统设计上的运行环境是有专业维护的隔离网络，没有设计认证、加密、反重发、抗抵赖等安全手段。现在复杂的网络连接可能会使七号信令系统通过多层潜在通道与外网相连，从而使威胁源可以攻击甚至控制信令系统。

（2）设计和规范型弱点

协议设计中的错误或疏忽使其天生脆弱。例如 IEEE 802.11b 中出现的 WEP 漏洞直接动摇了运营商对于该标准服务的信心。

（3）实现型弱点

大部分的安全脆弱性来源于此。设备制造厂商、集成商和运营商的软件中心在开发和实现过程中不可避免地会出现各种缺陷和漏洞，这些脆弱性有可能会被各种威胁源利用。

（4）运行和配置型弱点

由于配置不当，导致网元或网元之间的通信不符合安全策略的要求。例如，SIP 服务器和软终端之间没有建立认证和加密机制，导致呼叫被假冒和窃听等。

其中，第一类弱点和第二类弱点可以通过国际标准组织的努力逐步减小；第三类弱点需要依赖电信设备（硬件、软件）供应商和集成商提高系统开发和项目实施过程中的安全风险管理；第四类弱点则需要运营商自身的运行维护部门加强安全风险管理水平，从策略、组织、技术和运营等四个方面建设并逐步完善安全管理体系。

目前信息安全的脆弱性的发现，主要使用脆弱性分析技术即安全扫描技术。

1.3.4.3　安全概念的关系

网络信息安全就是围绕相关资产，对其所具有的脆弱点和所面临的威胁展开分析工作；同时，分析和确认网络已经部署的安全措施是否发挥了应有的效力。最终找到风险所在并提出风险消减解决方案，如图 1-4 所示。

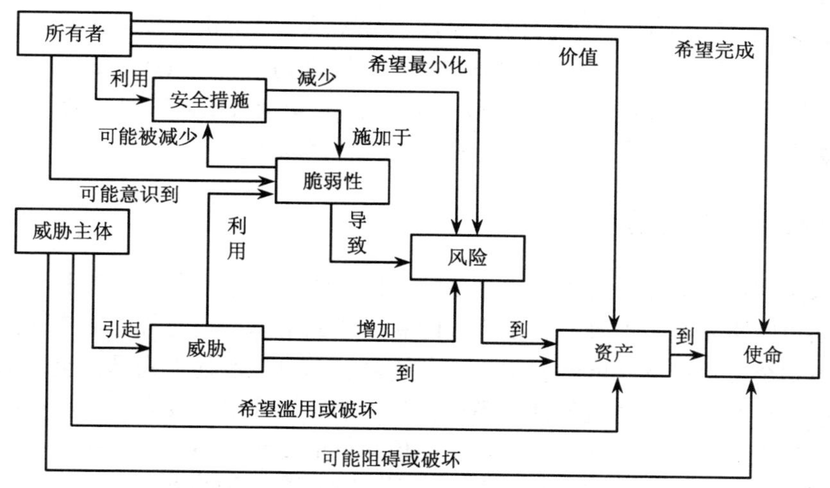

图 1-4　信息安全概念之间的关系

1.4　物联网的安全问题

1.4.1　物联网安全的国内外发展现状

物联网的安全越来越引起各个国家的重视，美国和物联网相关的管理机构，都对和物联网相关的安全问题提出了要求，美国总务管理局、美国国防部、美国食品及药物管理局、美国社会福利局、美国国家公路安全管理局、美国国务院等部门，从物品的生产、流动、使用等各个方面都要求使用 RFID 技术，旨在使用物联网加强物品在各个方面的安全使用。制定了相关的法律法规，规范物联网安全。例如：

2006 年 IEEE 批准通过的“National Policies on Deployment of RFID Technology”强调开放性和穿透性。RFID 系统应建立在开放性和穿透性的观念下，私人企业和政府机关在使用或说明使用 RFID 技术时，必须说明哪些资料会被搜集，如何使用；在 RFID 系统的每个阶段，资料都要保留给所有者。RFID 的资料应当结合安全性及隐私性下进行。

2009 年美国议员提出了两个法案，要求贴有 RFID 标签的产品必须清晰标识；法案想指导信息服务平台建立针对使用的 RFID 技术的经销代理的标准。华盛顿众议院签署了 RFID 的第二个法律，要求商业机构或代理禁止扫描用户的 RFID 信息；对具有 RFID 标签的商品需设置警示牌等，这些都旨在保护用户的隐私权。

欧盟各国家，都在立项鼓励研究机构、运营商、用户等形成合作关系，促进 RFID 的安全设施应用。采取增加经费等方式促进物联网安全的进展。

2009 年欧盟委员会发布了《关于 RFID 条件下隐私和数据保护的原则建议书》。委员会试图制定一个能建立在分布式物联网架构下的管理基本原则，通过使用范围、所用术语、RFID 使用的信息公开行与透明性、隐私与数据保护评估、信息安全、RFID 在实际交易中的标准操作等方面对 RFID 的应用进行了描述和限制。

我国 2009 年温家宝视察无锡时发出的“感知中国”号召进一步强化了物联网的优先发展地位。2005 年在《国家中长期科学与技术发展规划纲要（2006—2020 年）》中已经就传感器网络的发展列入重点研究领域，对物联网的安全技术研究已经展开。例如，863 计划研究课题指南中，就有关于群组密钥方面的研究课题要求。

1.4.2 物联网安全问题

物联网的应用，可使人与物的交互更加方便，给人们带来了诸多便利。在物联网的应用中，如果网络安全无保障，那么个人隐私、物品信息等随时都可能被泄露。而且，如果网络不安全，那么物联网的应用为黑客提供了远程控制他人物品甚至操纵城市供电系统、夺取机场管理权限的可能性。不可否认，物联网在信息安全方面存在很多问题。根据物联网的上述特点，其除了面对一定通信网络的传统网络安全问题之外，还存在着一些与已有移动网络安全不同的特殊安全问题。这是由于物联网是由大量设备构成的，而相对缺乏人的管理和智能控制。这些安全问题主要体现在以下几方面。

1. 传感器的本体安全问题

之所以物联网可以节约人力成本，是因为其大量使用传感器来标示物品设备，由人或机器远程操控它们来完成一些复杂、危险和机械的工作。在这种情况下，物联网中的这些物品设备多数是部署在无人监控的地点工作的，攻击者可以轻易接触到这些设备，针对这些设备或其上面的传感器本体进行破坏，或者通过破译传感器通信协议，对它们进行非法操控。如果国家一些重要机构依赖于物联网，那么攻击者可通过对传感器本体的干扰，影响其标示设备的正常运行。例如，电力部门是国民经济发展的重要部门，在远距离输电过程中，有许多变电设备可通过物联网进行远程操控。在无人变电站附近，攻击者可非法使用红外装置来干扰这些设备上的传感器。如果攻击者更改设备的关键参数，那么后果不堪设想。

通常情况下，传感器功能简单、携带能量少，这使得它们无法拥有复杂的安全保护能力，而物联网涉及的通信网络多种多样，它们的数据传输和消息也没有特定的标准，所以无法提供统一的安全保护体系。

2. 核心网络的信息安全问题

物联网的核心网络应当具有相对完整的安全保护能力，但是物联网中结点数量庞大，而且以集群方式存在，会导致在数据传输时，由于大量机器的数据发送而造成网络拥塞。而且，现有通行网络是面向连接的工作方式，而物联网的广泛应用必须解决地址空间空缺和网络安全标准等问题，从目前的现状看物联网对其核心网络的要求，特别是在可信、可知、可管和可控等方面，远远高于目前的 IP 网所提供的能力，因此认为物联网必定会为其核心网络采用数据分组技术。

此外，现有的通信网络的安全架构均是从人的通信角度设计的，并不完全适用于机器间的通信，使用现有的互联网安全机制会割裂物联网机器间的逻辑关系。庞大且多样化的物联网核心网络必然需要一个强大而统一的安全管理平台，否则对物联网中各物品设备的日志等安全信息的管理将成为新的问题，并且由此可能会割裂各网络之间的信任关系。

3. 物联网的加密机制问题

互联网时代，网络层传输的加密机制通常是逐跳加密，即信息发送过程中，虽然在传输过程中数据是加密的，但是途经的每个结点上都需要解密和加密，也就是说数据在每个结点都是明文。而业务层传输的加密机制则是端到端的，即信息仅在发送端和接收端是明文，而在传输过程中途经的各结点上均是密文。

逐跳加密机制只对必须受保护的链接进行加密，并且由于其在网络层进行，所以可以适用所有业务，即各种业务可以在同一个物联网业务平台上实施安全管理，从而做到安全机制对业务的透明，保障了物联网的高效率、低成本。但是，由于逐跳加密需要在各结点进行解密，因此中间所有结点都有可能解读被加密的信息，因此逐跳加密对传输路径中各结点的可信任度要求很高。

如果采用端到端的加密机制，则可以根据不同的业务类型选择不同等级的安全保护策略，从而可以为高安全要求的业务定制高安全等级的保护。但是，这种加密机制不对消息的目的地址进行保护，这就导致此种加密机制不能掩盖传输消息的源地址和目标地址，并且容易受到网络嗅探而发起的恶意攻击。从国家安全的角度来说，此种加密机制也无法满足国家合法监听的安全需要。

如何明确物联网中的特殊安全需要，考虑如何为其提供何种等级的安全保护，架构合理的适合物联网的加密机制亟待解决。

4．其他安全问题

随着射频识别、传感器、GPS 定位以及通信网络等技术的不断发展和完善，物联网将在社会生活的各个领域得到充分应用。在此过程中，物联网的安全问题绝不容忽视。物联网时代的病毒、恶意软件将会更加强大，黑客不但能够窃取数据信息，还能操控日用物品、机器设备等。

物联网的发展固然离不开技术的进步，但是更重要的是涉及规划、管理、安全等各个方面的配套法律、法规的完善，技术标准的统一与协调，安全体系的架构与建设。

1.4.3　物联网与安全相关的特征

（1）可感知性

物品与互联网相连接，是通过射频识别（RFID）、传感器、二维识别码和 GPS 定位等技术随时随地获取物体的信息。换言之，无论何时何地，人们都可以知道物品的确切位置和周围环境。物联网的应用必须以物品的可感知为前提。只有物品、设备和设施的相关信息均可唯一识别，并数据化描述，才可通过网络进行远程监控。例如，当公安机关接到报案，有车辆丢失时，警方只需通过 GPS 定位系统就可实时获取车辆的状况、确切位置、周围环境等信息。

（2）可传递性

物品通过各种电信网络与互联网的融合，将物体的信息实时准确地传递出去，才能真正实现远程的人物交互和智能管理控制。因此，物联网是与互联网、无线网络高度融合的产物。物品设备的信息通过各种通信网络进行传递，才能将各种物品相连接。例如，易发生火灾的森林中布有相应的传感器，一旦发生火灾，传感器通过周围的无线网络将着火点的信息动态传播出去，无线网络与互联网或移动通信网相连接，将信息自动传递给距离着火点最近的森林警察，这样可以快速出告警信息，有效防止火灾的蔓延。

（3）可处理性

所谓智能处理，就是利用云计算、模糊识别等各种智能计算技术，对海量的数据和信息进行分析和处理，对物体实施智能化的控制。据美国权威咨询机构 Forrester 预测，到 2020 年，世界上物物互联的业务，跟人与人通信的业务相比，将达到 30∶1 。因此，物联网时代，人们将面对的是海量信息。充分发展智能处理技术，减少人工操作，才能实现物品彼此进行“交流”而无须人工干预，真正提高生产力水平。以酒后驾车为例，如果在汽车启动系统上装有酒精含量传感器，司机每次启动车辆前，都需要对其进行检测。如果酒精含量超标，启动系统将停止发动机的工作，并通过无线网络通知司机的亲人或警方，从而杜绝酒后驾车，保障司机与行人的安全。

1.5　小结

本章讲述了物联网的基本概念，给出了物联网的定义，对物联网存在的问题进行了分析和讨论；讲述了网络安全基本概念，分析了物联网的安全问题。

物联网是新一代信息技术的重要组成部分，其本质还是互联网，只是其用户端延伸和扩展到了任何物品与物品之间进行信息交换和通信的网络。物联网发展面临的主要问题有：国家安全问题成为首要的技术重点，保证个人隐私不被侵犯，物联网商用模式有待完善，物联网的相关政策和法规的制定，技术标准的统一与协调，管理平台的开发，行业内需建立相关安全体系，应用的开发。物联网的安全问题包括以下方面：传感器的本体安全问题、核心网络的信息安全问题、物联网的加密机制问题、其他安全问题。

1.6　习题

1. 物联网的本质是什么？
2. 物联网存在的问题有哪些？
3. 物联网研究的热点有哪些？
4. 物联网的安全问题是什么？
5. 物联网的安全特征是什么？

第2章 物联网的体系结构

学习重点

1. 明确物联网的体系结构，理解物联网的关键技术。
2. 掌握物联网的安全体系结构，明确物联网的各个层次的安全问题及其基本的解决方案。

2.1　基本概念

2.1.1　什么叫体系结构

系统是为了达到某种目的而对一群单元做出有规律的安排，使之成为一个相互关联的整体。系统必须依赖于环境而存在。系统与其环境之间相互交流，相互影响。

系统可以是物理的，也可以是抽象的。抽象系统一般是概念、思想或观念的有序集合。物理系统不仅限于概念的范畴，还表现为活动或行为。系统的模型如图 2-1 所示。

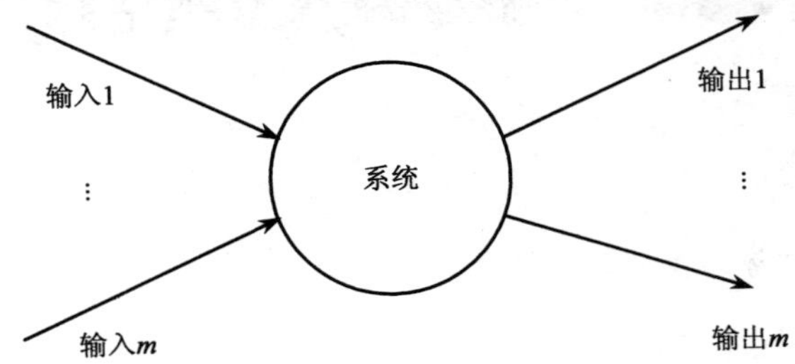

图 2-1　系统的模型

在系统中包含有：

① 系统的输入：系统接收的物质、能量和信息。

② 系统的输出：系统经过变换后的另一种形态的物质、能量和信息。

③ 系统的环境：为系统提供输入或接收它的输出的场所，即与系统发生关系作用而又不包括在系统内的其他事物的总和。

④ 系统的边界：区别于环境或另一系统的界限。有了系统的边界就可以把系统从所处的环境中分离出来。系统的边界由定义和描述一个系统的一些特征来形成。

很明确，系统具备三个独立的特征：有元素及其结构（资产）、有一定的目标、有确定的边界。

信息系统是系统的一个具体的应用，是一个人造系统。其模型如图 2-2 所示。

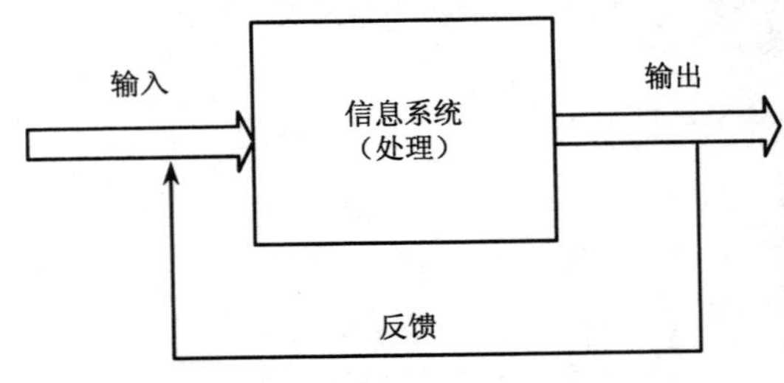

图 2-2　信息系统的模型

在该模型中除了具备系统所包含的输入、输出、边界、环境外，增加了一个反馈。反馈是为了用于调整或改变输入或处理活动的输出，是进行有效控制的重要手段。

体系结构这个词有很多种不同的定义。Webster 的定义是“建筑的科学或艺术”；计算机工业对体系结构的定义是“计算机或计算机系统的组件的组织和集成方式”；ANSI IEEE Std1471-2000 对体系结构的定义是：“一个系统的基本组织，表现为系统的组件、组件之间的相互关系、组件和环境之间的相互关系以及设计和进化的原则。”

“系统架构是一组结构化原则，这些原则使得系统能够由一些较为简单的系统组成，它们有彼此独立的环境，但作为一个整体的大系统时又能彼此保持一致。”

一个系统架构就是要描述即将构建的系统的结构，以及这个结构如何支持业务和服务级需求。可以把系统结构定义为解决系统通用问题所采用的机制。机制是一种能够用一致的、统一的方式来满足业务需求的能力。例如，持久化（Persistence）就应该作为一种机制在整个系统中以一致的方式采用，也就是说系统在任何时候进行持久化时都应该以同样的方式进行处理。通过将持久化定义为一种体系结构机制，可以为持久化提供所有设计者都应该遵循和一致实现的默认的标注方法。诸如持久化、分布式、通信、事务管理和安全这些体系结构机制是要在其上构建系统的基础设施，必须在系统架构中定义。

2.1.2　物联网的特性

王建宙阐述了物联网的三个特点，第一是全面展示，也就是利用 RFID、传感器、二维码，甚至其他的各种机器，能够随时即时采集物体动态；第二是可靠的传送，感知的信息是需要传送出去的，通过网络将感知的各种信息进行时时传送，现在无处不在的无线网络已经覆盖了各个地方，在这种情况下，感知信息的传送变得非常现实；第三是智能处理，利用云计算等技术及时对海量信息进行处理，真正达到人与人的沟通和物与物的沟通。

可以从不同的方面进一步归纳物联网的特性：

1．从传感信息本身来看

① 多源信息。在物联网中会存在难以计数的传感器，每个传感器都是一个信息源。

② 多种信息格式。传感器有不同的类别，例如二氧化碳浓度传感器、温度传感器、湿度传感器等，不同类别的传感器所捕获、传递的信息内容和信息格式会存在差异。

③ 信息内容实时变化。传感器按一定的频率周期性的采集环境信息，每做一次新的采集就得到新的数据。

2．从传感信息的组织管理角度看

① 信息量大。物联网上的传感器难以计数，每个传感器定时采集信息，不断积累，形成海量信息。

② 信息完整性。不同的应用可能会使用传感器采集到的不同的部分信息，存储的时候必须保证信息的完整性，以适应不同的应用需求。

③ 信息易用性。信息量规模的扩大导致信息的维护、查找、使用的困难也迅速增加，从海量信息中方便地使用需要的信息，要求提供易用性保障。

3．从传感信息的使用角度看

多视角过滤和分析。对海量传感信息进行过滤和分析是有效使用这些信息的关键，

面对不同的应用需求要从不同的角度进行过滤和分析。

4．从应用角度看

领域性、多样化。物联网应用通常具有领域性，几乎社会生活的各个领域都有物联网应用需求。可以预见，跨领域的物联网应用也会很快出现。

2.2　物联网体系结构及其关键技术

2.2.1　体系结构

物联网的价值在于让物体也拥有了“智慧”，从而实现人与物、物与物之间的沟通，物联网的特征在于感知、互联和智能的叠加。因此，物联网由三个部分组成：感知部分，即以二维码、RFID、传感器为主，实现对“物”的识别；传输网络，即通过现有的互联网、广电网络、通信网络等实现数据的传输；智能处理，即利用云计算、数据挖掘、中间件等技术实现对物品的自动控制与智能管理等。

目前在业界物联网体系架构也大致被公认为有这三个层次，底层是用来感知数据的感知层，第二层是数据传输的网络层，最上面则是内容应用层，如图 2-3 所示。所以，本书将分别从这三个层次，对物联网的相关概念和关键技术进行介绍。

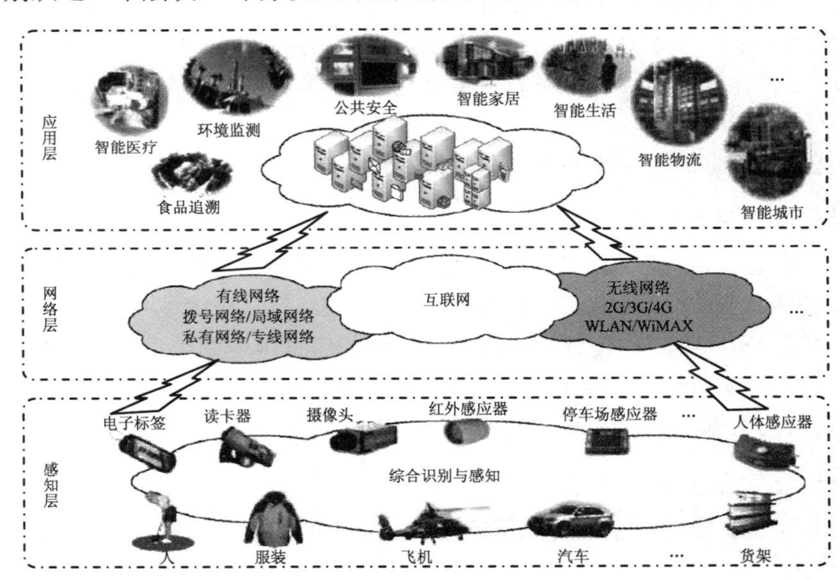

图 2-3　物联网体系架构示意图

在物联网体系架构中，三层的关系可以这样理解：感知层相当于人体的皮肤和五官；网络层相当于人体的神经中枢和大脑；应用层相当于人的社会分工。具体描述如下：

① 感知层：识别物体，采集信息。感知层包括二维码标签和识读器、RFID 标签和读写器、摄像头、GPS 等，主要作用是识别物体、采集信息，与人体结构中皮肤和五官的作用相似。

② 网络层：信息传递和处理。网络层包括通信与互联网的融合网络、网络管理中心和信息处理中心等。网络层将感知层获取的信息进行传递和处理，类似于人体结构中的神经中枢和大脑。

③ 应用层：与行业需求结合，实现广泛智能化。应用层是物联网与行业专业技术的深度融合，与行业需求结合，实现行业智能化，这类似于人的社会分工，最终构成人类社会。

在各层之间，信息不是单向传递的，也有交互、控制等，所传递的信息多种多样，这其中关键是物品的信息，包括在特定应用系统范围内能唯一标识物品的识别码和物品的静态与动态信息。下面对这三层的功能和关键技术进行分别介绍。

物联网的基本工作过程是每个物体都被赋予了一个独一无二的代码，这个代码被存储在 RFID 标签中并被嵌入到物体之上，同时，这个代码所对应的详细的信息和属性都被存储在 RFID 信息服务系统中；当物体从生产到流通的各个环节中被 RFID 阅读器识别并记录时，将通过对象解析服务（Object Naming Service，ONS）的解析来获得该物体所属信息服务系统的统一资源标识（Universal Resource Identifier，URI），进而通过网络从 RFID 的信息服务中获得其代码所对应的信息和属性，以进行物体的识别和达到对物流供应链自动追踪管理的目的，如图 2-4 所示。

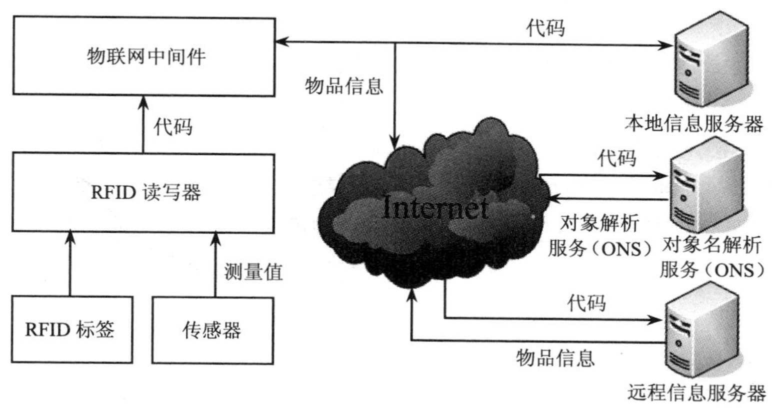

图 2-4　物联网的基本组成

2.2.2　感知层及其关键技术

物联网与传统网络的主要区别在于：物联网扩大了传统网络的通信范围，即物联网不仅仅局限于人与人之间的通信，还扩展到人与物、物与物之间的通信。在物联网具体实现过程中，如何完成对物的感知这一关键环节？本节将针对这一问题，对感知层及其关键技术进行介绍。

1. 感知层的功能

物联网在传统网络的基础上，从原有网络用户终端向“下”延伸和扩展，扩大通信的对象范围，即通信不仅仅局限于人与人之间的通信，还扩展到人与现实世界的各种物体之间的通信。

这里的“物”并不是自然物品，而是要满足一定的条件才能够被纳入物联网的范围，例如有相应的信息接收器和发送器、数据传输通路、数据处理芯片、操作系统、存储空间等，遵循物联网的通信协议，在物联网中有可被识别的标识。可以看到现实世界的物品未必能满足这些要求，这就需要特定的物联网设备的帮助才能满足以上条件，并加入物联网。物联网设备具体来说就是嵌入式系统、传感器、RFID 等。

物联网感知层解决的就是人类世界和物理世界的数据获取问题，包括各类物理量、标识、音频、视频数据。感知层处于三层架构最底层，是物联网发展和应用的基础，具有物联网全面感知的核心能力。作为物联网的最基本一层，感知层具有十分重要的作用。

感知层一般包括数据采集和数据短距离传输两部分，即首先通过传感器、摄像头等设备采集外部物理世界的数据，通过蓝牙、红外、ZigBee、工业现场总线等短距离有线或无线传输技术进行协同工作或者传递数据到网关设备。也可以只有数据的短距离传输这一部分，特别是在仅传递物品的识别码的情况下。在实际上，感知层这两个部分有时很难以明确区分开。

2. 感知层的关键技术

感知层所需要的关键技术包括检测技术、中低速无线或有线短距离传输技术等。具体来说，感知层综合了传感器技术、嵌入式计算技术、智能组网技术、无线通信技术、分布式信息处理技术等，能够通过各类集成化的微型传感器的协作实时监测、感知和采集各种环境或监测对象的信息。通过嵌入式系统对信息进行处理，并通过随机自组织无线通信网络以多跳中继方式将所感知信息传送到接入层的基站结点和接入网关，最终到达用户终端，从而真正实现“无处不在”的物联网的理念。

本节将对感知层涉及的主要技术，即传感器技术、物品标识技术（RFID 和二维码）以及短距离无线传输技术（ZigBee 和蓝牙）进行概述。

（1）传感器技术

人是通过视觉、嗅觉、听觉及触觉等感觉来感知外界的信息，感知的信息输入大脑进行分析判断和处理，大脑再指挥人做出相应的动作，这是人类认识世界和改造世界具有的最基本的能力。但是通过人的五官感知外界的信息非常有限，例如，人无法利用触觉来感知超过几十甚至上千度的温度，也不可能辨别温度的微小变化，这就需要电子设备的帮助。同样，利用电子仪器特别像计算机控制的自动化装置来代替人的劳动时，计算机类似于人的大脑，而仅有大脑而没有感知外界信息的“五官”显然是不够的，计算机也还需要它们的“五官”——传感器。

传感器是一种检测装置，能感受到被测的信息，并能将检测感受到的信息，按一定规律变换成为电信号或其他所需形式的信息输出，以满足信息的传输、处理、存储、显示、记录和控制等要求。它是实现自动检测和自动控制的首要环节。在物联网系统中，对各种参量进行信息采集和简单加工处理的设备，称为物联网传感器。传感器可以独立存在，也可以与其他设备以一体方式呈现，但无论哪种方式，它都是物联网中的感知和输入部分。在未来的物联网中，传感器及其组成的传感器网络将在数据采集前端发挥重要的作用。

传感器的分类方法多种多样，比较常用的有按传感器的物理量、工作原理、输出信号的性质这三种方式来分类。此外，按照是否具有信息处理功能来分类的意义越来越重要，特别是在未来的物联网时代。按照这种分类方式，传感器可分为一般传感器和智能传感器。一般传感器采集的信息需要计算机进行处理。智能传感器带有微处理器，本身具有采集、处理、交换信息的能力，具备数据精度高、高可靠性与高稳定性、高信噪比与高分辨力、强自适应性、低价格性能比等特点。

传感器是摄取信息的关键器件，它是物联网中不可缺少的信息采集手段，也是采用微电子技术改造传统产业的重要方法，对提高经济效益、科学研究与生产技术的水平有着举足轻重的作用。传感器技术水平高低不但直接影响信息技术水平，而且影响信息技术的发展与应用。目前，传感器技术已渗透到科学和国民经济的各个领域，在工农业生产、科学研究及改善人民生活等方面，起着越来越重要的作用。

（2）RFID 技术

RFID 是射频识别（Radio Frequency Identification）的英文缩写，是 20 世纪 90 年代开始兴起的一种自动识别技术，它利用射频信号通过空间电磁耦合实现无接触信息传递并通过所传递的信息实现物体识别。RFID 既可以看做是一种设备标识技术，也可以归类为短距离传输技术，在本书中更倾向于前者。

RFID 是一种能够让物品“开口说话”的技术，也是物联网感知层的一个关键技术。在对物联网的构想中，RFID 标签中存储着规范而具有互用性的信息，通过有线或无线的方式把它们自动采集到中央信息系统，实现物品（商品）的识别，进而通过开放式的计算机网络实现信息交换和共享，实现对物品的“透明”管理。

RFID 系统主要由三部分组成：电子标签（Tag）、读写器（Reader）和天线（Antenna）。其中，电子标签芯片具有数据存储区，用于存储待识别物品的标识信息；读写器是将约定格式的待识别物品的标识信息写入电子标签的存储区中（写入功能），或在读写器的阅读范围内以无接触的方式将电子标签内保存的信息读取出来（读出功能）；天线用于发射和接收射频信号，往往内置在电子标签和读写器中。

RFID 技术的工作原理是：电子标签进入读写器产生的磁场后，读写器发出的射频信号，凭借感应电流所获得的能量发送出存储在芯片中的产品信息（无源标签或被动标签），或者主动发送某一频率的信号（有源标签或主动标签）；读写器读取信息并解码后，送至中央信息系统进行有关数据处理。

由于 RFID 具有无须接触、自动化程度高、耐用可靠、识别速度快、适应各种工作环境、可实现高速和多标签同时识别等优势，因此可用于广泛的领域，如物流和供应链管理、门禁安防系统、道路自动收费、航空行李处理、文档追踪/图书馆管理、电子支付、生产制造和装配、物品监视、汽车监控、动物身份标识等。以简单 RFID 系统为基础，结合已有的网络技术、数据库技术、中间件技术等，构筑一个由大量联网的读写器和无数移动的标签组成的，比 Internet 更为庞大的物联网成为 RFID 技术发展的趋势。

（3）二维码技术

二维码（2-Dimensional Bar Code）技术是物联网感知层实现过程中最基本和关键的技术之一。二维码也叫二维条码或二维条形码，是用某种特定的几何形体按一定规律在平面上分布（黑白相间）的图形来记录信息的应用技术。从技术原理来看，二维码在代码编制上巧妙地利用构成计算机内部逻辑基础的“0”和“1”比特流的概念，使用若干与二进制相对应的几何形体来表示数值信息，并通过图像输入设备或光电扫描设备自动识读以实现信息的自动处理。

与一维条形码相比，二维码有着明显的优势，归纳起来主要有以下几个方面：数据容量更大，二维码能够在横向和纵向两个方位同时表达信息，因此能在很小的面积内表达大量的信息；超越了字母数字的限制；条形码相对尺寸小；具有抗损毁能力。此外，二维码还可以引入保密措施，其保密性较一维码要强很多。

二维码可分为堆叠式/行排式二维码和矩阵式二维码。其中，堆叠式/行排式二维码形态上是由多行短截的一维码堆叠而成；矩阵式二维码以矩阵的形式组成，在矩阵相应元素位置上用“点”表示二进制“1”，用“空”表示二进制“0”，并由“点”和“空”的排列组成代码，如图 2-5 所示。

图 2-5　二维码示例

二维码具有条码技术的一些共性：每种码制有其特定的字符集；每个字符占有一定的宽度；具有一定的校验功能等。二维码的特点归纳如下：

① 高密度编码，信息容量大：可容纳多达 1850 个大写字母或 2710 个数字或 1108 个字节或 500 多个汉字，比普通条码信息容量约高几十倍。

② 编码范围广：二维码可以把图片、声音、文字、签字、指纹等可以数字化的信息进行编码，并用条码表示。

③ 容错能力强，具有纠错功能：二维码因穿孔、污损等引起局部损坏时，甚至损坏面积达 50%时，仍可以正确得到识读。

④ 译码可靠性高：比普通条码译码错误率百万分之二要低得多，误码率不超过千万分之一。

⑤ 可引入加密措施：保密性、防伪性好。

⑥ 成本低，易制作，持久耐用。

⑦ 条码符号形状、尺寸大小比例可变。

⑧ 二维码可以使用激光或 CCD 摄像设备识读，十分方便。

与 RFID 相比，二维码最大的优势在于成本较低，一条二维码的成本仅为几分钱，而 RFID 标签因其芯片成本较高，制造工艺复杂，价格较高。表 2-1 对这两种标识技术进行了比较。

表 2-1　RFID 与二维码的功能比较

功　能	RFID	二　维　码
读取数量	可同时读取多个 RFID 标签	一次只能读取一个二维码
读取条件	RFID 标签不需要光线可以读取或更新	二维码读取时需要光线
容量	存储资料的容量大	存储资料的容量小
读写能力	电子资料可以重复写	资料不可更新
读取方便性	RFID 标签可以很薄，如在包内仍可读取资料	二维码读取时需要清晰可见
资料准确性	准确性高	需要人工读取，有人为疏失的可能性
坚固性	RFID 标签在严酷、恶劣与肮脏的环境下仍然可读取资料	当二维码无损将无法读取，无耐久性
高速读取	在高速运动中仍可读取	移动中读取有所限制

（4）ZigBee

ZigBee 是一种短距离、低功耗的无线传输技术，是一种介于无线标记技术和蓝牙之间的技术，它是 IEEE 802.15.4 协议的代名词。ZigBee 的名字来源于蜂群使用的赖以生存和发展的通信方式，即蜜蜂靠飞翔和“嗡嗡”（Zig）地抖动翅膀与同伴传递新发现的食物源的位置、距离和方向等信息，也就是说蜜蜂依靠这样的方式构成了群体中的通信网络。

ZigBee 采用分组交换和跳频技术，并且可使用三个频段，分别是 2.4 GHz 的公共通用频段、欧洲的 868 MHz 频段和美国的 915 MHz 频段。ZigBee 主要应用在短距离范围并且数据传输速率不高的各种电子设备之间。与蓝牙相比，ZigBee 更简单、速率更慢、功率及费用也更低。同时，由于 ZigBee 技术的低速率和通信范围较小的特点，也决定了 ZigBee 技术只适合于承载数据流量较小的业务。

ZigBee 技术主要包括以下特点。

① 数据传输速率低。只有 10～250 kbit/s，专注于低传输应用。

② 低功耗。ZigBee 设备只有激活和睡眠两种状态，而且 ZigBee 网络中通信循环次数非常少，工作周期很短，所以一般来说两节普通 5 号干电池可使用 6 个月以上。

③ 成本低。因为 ZigBee 数据传输速率低，协议简单，所以大大降低了成本。

④ 网络容量大。ZigBee 支持星形、簇形和网状网络结构，每个 ZigBee 网络最多可支持 255 个设备，也就是说每个 ZigBee 设备可以与另外 254 台设备相连接。

⑤ 有效范围小。有效传输距离 10～75 m，具体依据实际发射功率的大小和各种不同的应用模式而定，基本上能够覆盖普通的家庭或办公室环境。

⑥ 工作频段灵活。使用的频段分别为 2.4 GHz、868 MHz（欧洲）及 915 MHz（美

国），均为免执照频段。

⑦ 可靠性高。采用了碰撞避免机制，同时为需要固定带宽的通信业务预留了专用时隙，避免了发送数据时的竞争和冲突；结点模块之间具有自动动态组网的功能，信息在整个 ZigBee 网络中通过自动路由的方式进行传输，从而保证了信息传输的可靠性。

⑧ 时延短。ZigBee 针对时延敏感的应用做了优化，通信时延和从休眠状态激活的时延都非常短。

⑨ 安全性高。ZigBee 提供了数据完整性检查和鉴定功能，采用 AES-128 加密算法，同时根据具体应用可以灵活确定其安全属性。

由于 ZigBee 技术具有成本低、组网灵活等特点，可以嵌入各种设备，在物联网中发挥重要作用。其目标市场主要有 PC 外设（鼠标、键盘、游戏操控杆）、消费类电子设备（电视机、CD、VCD、DVD 等设备上的遥控装置）、家庭内智能控制（照明、煤气计量控制及报警等）、玩具（电子宠物）、医护（监视器和传感器）、工控（监视器、传感器和自动控制设备）等非常广阔的领域。

（5）蓝牙技术

蓝牙（Bluetooth）是一种无线数据与话音通信的开放性全球规范，和 ZigBee 一样，也是一种短距离的无线传输技术。其实质内容是为固定设备或移动设备之间的通信环境建立通用的短距离无线接口，将通信技术与计算机技术进一步结合起来，是各种设备在无电线或电缆相互连接的情况下，能在短距离范围内实现相互通信或操作的一种技术。

蓝牙采用高速跳频（Frequency Hopping）和时分多址（Time Division Multiple Access，TDMA）等先进技术，支持点对点及点对多点通信。其传输频段为全球公共通用的 2.4 GHz 频段，能提供 1 Mbit/s 的传输速率和 10 m 的传输距离，并采用时分双工传输方案实现全双工传输。

蓝牙除具有和 ZigBee 一样，可以全球范围适用、功耗低、成本低、抗干扰能力强等特点外，还有许多自己的特点。

① 同时可传输话音和数据。蓝牙采用电路交换和分组交换技术，支持异步数据信道、三路话音信道以及异步数据与同步话音同时传输的信道。

② 可以建立临时性的对等连接（Ad hoc Connection）。

③ 开放的接口标准。为了推广蓝牙技术的使用，蓝牙技术联盟（Bluetooth SIG）将蓝牙的技术标准全部公开，全世界范围内的任何单位和个人都可以进行蓝牙产品的开发，只要最终通过 Bluetooth SIG 的蓝牙产品兼容性测试，就可以推向市场。

蓝牙作为一种电缆替代技术，主要有以下三类应用：话音/数据接入、外围设备互连和个人局域网（PAN）。在物联网的感知层，主要是用于数据接入。蓝牙技术有效地简化移动通信终端设备之间的通信，也能够成功地简化设备与因特网之间的通信，从而数据传输变得更加迅速高效，为无线通信拓宽了道路。

2.2.3　网络层及其关键技术

物联网是什么？人们经常会说 RFID，这只是感知，其实感知的技术已经有，虽然说未必成熟，但是开发起来并不很难。但是物联网的价值在什么地方？主要在于网，而不在于物。感知只是第一步，但是感知的信息，如果没有一个庞大的网络体系，不能进行管理和整合，那么这个网络就没有意义。本节将对物联网架构中的网络层进行介绍。

1．网络层的功能

物联网网络层是在现有网络的基础上建立起来的，它与目前主流的移动通信网、国际互联网、企业内部网、各类专网等网络一样，主要承担着数据传输的功能，特别是当三网融合后，有线电视网也能承担数据传输的功能。

在物联网中，要求网络层能够把感知层感知到的数据无障碍、高可靠性、高安全性地进行传送，它解决的是感知层所获得的数据在一定范围内，尤其是远距离地传输问题。同时，物联网网络层将承担比现有网络更大的数据量和面临更高的服务质量要求，所以现有网络尚不能满足物联网的需求，这就意味着物联网需要对现有网络进行融合和扩展，利用新技术以实现更加广泛和高效的互联功能。

由于广域通信网络在早期物联网发展中的缺位，早期的物联网应用往往在部署范围、应用领域等诸多方面有所局限，终端之间以及终端与后台软件之间都难以开展协同。随着物联网发展，建立端到端的全局网络将成为必须。

2．网络层的关键技术

由于物联网网络层是建立在 Internet 和移动通信网等现有网络基础上，除具有目前已经比较成熟的如远距离有线、无线通信技术和网络技术外，为实现“物物相连”的需求，物联网网络层将综合使用 IPv6、2G/3G、Wi-Fi 等通信技术，实现有线与无线的结合、宽带与窄带的结合、感知网与通信网的结合。同时，网络层中的感知数据管理与处理技术是实现以数据为中心的物联网的核心技术。感知数据管理与处理技术包括物联网数据的存储、查询、分析、挖掘、理解以及基于感知数据决策和行为的技术。

本节将对物联网依托的 Internet、移动通信网和无线传感器网络三种主要网络形态以及涉及的 IPv6、Wi-Fi 等关键技术进行介绍。

（1）Internet

Internet，中文译为因特网，广义的因特网叫互联网，是以相互交流信息资源为目的，基于一些共同的协议，并通过许多路由器和公共互联网连接而成的，它是一个信息资源和资源共享的集合。Internet 采用了目前最流行的客户机/服务器工作模式，凡是使用 TCP/IP 协议，并能与 Internet 中任意主机进行通信的计算机，无论是何种类型、采用何种操作系统，均可看成是 Internet 的一部分，可见 Internet 覆盖范围之广。物联网也被认为是 Internet 的进一步延伸。

Internet 将作为物联网主要的传输网络之一，为了让 Internet 适应物联网大数据量和多终端的要求，业界正在发展一系列新技术，如 IPv6 技术。由于 Internet 中用 IP 地址对结点进行标识，而目前的 IPv4 受制于资源空间耗竭，已经无法提供更多的 IP 地址，所以 IPv6 以其近乎无限的地址空间将在物联网中发挥重大作用。引入 IPv6 技术，使网络不仅可以为人类服务，还将服务于众多硬件设备，如家用电器、传感器、远程照相机、汽车等，它将使物联网无所不在、无处不在地深入社会每个角落。

（2）移动通信网

要了解移动通信网，首先要知道什么是移动通信。移动通信就是移动体之间的通信，或移动体与固定体之间的通信。通过有线或无线介质将这些物体连接起来进行话音等服务的网络就是移动通信网。

移动通信网由无线接入网、核心网和骨干网三部分组成。无线接入网主要为移动终端提供接入网络服务，核心网和骨干网主要为各种业务提供交换和传输服务。从通信技术层面看，移动通信网的基本技术可分为传输技术和交换技术两大类。

在物联网中，终端需要以有线或无线方式连接起来，发送或者接收各类数据；同时，考虑到终端连接方便性、信息基础设施的可用性（不是所有地方都有方便的固定接入能力）以及某些应用场景本身需要监控的目标就是在移动状态下。因此，移动通信网络以其覆盖广、建设成本低、部署方便、终端具备移动性等特点将成为物联网重要的接入手段和传输载体，为人与人之间通信、人与网络之间的通信、物与物之间的通信提供服务。

在移动通信网中，当前比较热门的接入技术有 3G、Wi-Fi 和 WiMAX。在移动通信网中，3G 是指第三代支持高速数据传输的蜂窝移动通信技术，3G 网络则综合了蜂窝、无绳、集群、移动数据、卫星等各种移动通信系统的功能，与固定电信网的业务兼容，能同时提供话音和数据业务。3G 的目标是实现所有地区（城区与野外）的无缝覆盖，从而使用户在任何地方均可以使用系统所提供的各种服务。3G 包括三种主要国际标准，CDMA2000、WCDMA、TD-SCDMA，其中 TD-SCDMA 是第一个由中国提出的，以我国知识产权为主的、被国际上广泛接受和认可的无线通信国际标准。

Wi-Fi 全称为 Wireless Fidelity（无线保真技术），传输距离有几百米，可实现各种便携设备（手机、笔记本电脑、PDA 等）在局部区域内的高速无线连接或接入局域网。Wi-Fi 是由接入点 AP（Access Point）和无线网卡组成的无线网络。主流的 Wi-Fi 技术无线标准有 IEEE 802.11b 及 IEEE 802.11g 两种，分别可以提供 11 Mbit/s 和 54 Mbit/s 两种传输速率。

WiMAX 全称为 World Interoperability for Microwave Access（全球微波互联接入），是一种城域网（MAN）无线接入技术，是针对微波和毫米波频段提出的一种空中接口标准，其信号传输半径可以达到 50 km，基本上能覆盖到城郊。正是由于这种远距离传输特性，WiMAX 不仅能解决无线接入问题，还能作为有线网络接入（有线电视、DSL）的无线扩展，方便地实现边远地区的网络连接。

（3）无线传感器网络

无线传感器网络（WSN）的基本功能是将一系列空间分散的传感器单元通过自组织的无线网络进行连接，从而将各自采集的数据通过无线网络进行传输汇总，以实现对空间分散范围内的物理或环境状况的协作监控，并根据这些信息进行相应的分析和处理。

很多文献将无线传感器网络归为感知层技术，实际上无线传感器网络技术贯穿物联网的三个层面，是结合了计算机、通信、传感器三项技术的一门新兴技术，具有较大范围、低成本、高密度、灵活布设、实时采集、全天候工作的优势，且对物联网其他产业具有显著带动作用。本书更侧重于无线传感器网络传输方面的功能，所以放在网络层介绍。

如果说 Internet 构成了逻辑上的虚拟数字世界，改变了人与人之间的沟通方式，那么无线传感器网络就是将逻辑上的数字世界与客观上的物理世界融合在一起，改变人类与自然界的交互方式。传感器网络是集成了监测、控制以及无线通信的网络系统，相比传统网络其特点是：

① 结点数目更为庞大（上千甚至上万），结点分布更为密集。

② 由于环境影响和存在能量耗尽问题，结点更容易出现故障。

③ 环境干扰和结点故障易造成网络拓扑结构的变化。

④ 通常情况下，大多数传感器结点是固定不动的。

⑤ 传感器结点具有的能量、处理能力、存储能力和通信能力等都十分有限。

因此，传感器网络的首要设计目标是能源的高效利用，这也是传感器网络和传统网络最重要的区别之一，涉及节能技术、定位技术、时间同步等关键技术。

2.2.4 应用层及其关键技术

物联网最终目的是要把感知和传输来的信息更好地利用，甚至有学者认为，物联网本身就是一种应用，可见应用在物联网中的地位。本节将介绍物联网架构中处于关键地位的应用层及其关键技术。

1. 应用层的功能

应用是物联网发展的驱动力和目的。应用层的主要功能是把感知和传输来的信息进行分析和处理，做出正确的控制和决策，实现智能化的管理、应用和服务。这一层解决的是信息处理和人机界面的问题。

具体的讲，应用层将网络层传输来的数据通过各类信息系统进行处理，并通过各种设备与人进行交互。这一层也可按形态直观地划分为两个子层：一个是应用程序层；另一个是终端设备层。应用程序层进行数据处理，完成跨行业、跨应用、跨系统之间的信息协同、共享、互通的功能，包括电力、医疗、银行、交通、环保、物流、工业、农业、城市管理、家居生活等，可用于政府、企业、社会组织、家庭、个人等，这正是物联网作为深度信息化网络的重要体现。而终端设备层主要是提供人机界面，物联网虽然是“物物相连的网”，但最终是要以人为本的，最终还是需要人的操作与控制，不过这里的人机界面已远远超出现在人与计算机交互的概念，而是泛指与应用程序相连的各种设备与人的反馈。

物联网的应用可分为监控型（物流监控、污染监控）、查询型（智能检索、远程抄表）、控制性（智能交通、智能家居、路灯控制）、扫描型（手机钱包、高速公路不停车收费）等。目前，软件开发、智能控制技术发展迅速，应用层技术将会为用户提供丰富多彩的物联网应用。同时，各种行业和家庭应用的开发将会推动物联网的普及，也给整个物联网产业链带来利润。

2. 应用层的关键技术

物联网应用层能够为用户提供丰富多彩的业务体验，然而，如何合理高效地处理从网络层传来的海量数据，并从中提取有效信息，是物联网应用层要解决的一个关键问题。本节将对应用层的 M2M 技术、用于处理海量数据的云计算技术等关键技术进行介绍。

（1）M2M

M2M 是 Machine-to-Machine（机器对机器）的缩写，根据不同应用场景，往往也被解释为 Man-to-Machine（人对机器）、Machine-to-Man（机器对人）、Mobile-to-Machine（移动网络对机器）、Machine-to-Mobile（机器对移动网络）。由于 Machine 一般特指人造的机器设备，而物联网（The Internet of Things）中的 Things 则是指更抽象的物体，范围也更广。例如，树木和动物属于 Things，可以被感知、被标记，属于物联网的研究范畴，但它们不是 Machine，不是人为事物；电冰箱则属于 Machine，同时也是一种 Things。所以，M2M 可以看作是物联网的子集或应用。

M2M 是现阶段物联网普遍的应用形式，是实现物联网的第一步。M2M 业务现阶段通过结合通信技术、自动控制技术和软件智能处理技术，实现对机器设备信息的自动获取和自动控制。这个阶段通信的对象主要是机器设备，尚未扩展到任何物品，在通信过程中，也以使用离散的终端结点为主。并且，M2M 的平台也不等于物联网运营的平台，它只解决了物与物的通信，解决不了物联网智能化的应用。所以，随着软件的发展，特别是应用软件的发展和中间件软件的发展，M2M 平台可以逐渐过渡到物联网的应用平台上。

M2M 将多种不同类型的通信技术有机地结合在一起，将数据从一台终端传送到另一台终端，也就是机器与机器的对话。M2M 技术综合了数据采集、GPS、远程监控、电信、工业控制等技术，可以在安全监测、自动抄表、机械服务、维修业务、自动售货机、公共交通系统、车队管理、工业流程自动化、电动机械、城市信息化等环境中运行并提供广泛的应用和解决方案。

M2M 技术的目标就是使所有机器设备都具备联网和通信能力，其核心理念就是网络一切（Network Everything）。随着科学技术的发展，越来越多的设备具有了通信和联网能力，网络一切逐步变为现实。M2M 技术具有非常重要的意义，有着广阔的市场和应用，将会推动社会生产方式和生活方式的新一轮变革。

（2）云计算

云计算（Cloud Computing）是分布式计算（Distributed Computing）、并行计算（Parallel Computing）和网格计算（Grid Computing）的发展，或者说是这些计算机科学概念的商业实现。云计算通过共享基础资源（硬件、平台、软件）的方法，将巨大的系统池连接在一起以提供各种 IT 服务，这样企业与个人用户无须再投入昂贵的硬件购置成本，只需要通过互联网来租赁计算力等资源。用户可以在多种场合，利用各类终端，通过互联网接入云计算平台来共享资源。

云计算涵盖的业务范围，一般有狭义和广义之分。狭义云计算指 IT 基础设施的交付和使用模式，通过网络以按需、易扩展的方式获得所需的资源（硬件、平台、软件）。提供资源的网络被称为“云”。“云”中的资源在使用者看来是可以无限扩展的，并且可以随时获取、按需使用、随时扩展、按使用付费。这种特性经常被称为像水电一样使用的IT基础设施。广义云计算指服务的交付和使用模式，通过网络以按需、易扩展的方式获得所需的服务。这种服务可以是IT和软件、互联网相关的，也可以使用任意其他的服务。

云计算由于具有强大的处理能力、存储能力、带宽和极高的性价比，可以有效用于物联网应用和业务，也是应用层能提供众多服务的基础。它可以为各种不同的物联网应用提供统一的服务交付平台，可以为物联网应用提供海量的计算和存储资源，还可以提供统一的数据存储格式和数据处理方法。利用云计算大大简化了应用的交付过程，降低交付成本，并能提高处理效率。同时，物联网也将成为云计算最大的用户，促使云计算取得更大的商业成功。

（3）人工智能

人工智能（Artificial Intelligence）是探索研究使各种机器模拟人的某些思维过程和智能行为（如学习、推理、思考、规划等），使人类的智能得以物化与延伸的一门学科。目前对人工智能的定义大多可划分为四类，即机器“像人一样思考”、“像人一样行动”、“理性地思考”和“理性地行动”。人工智能企图了解智能的实质，并生产出一种新的能以与人类智能相似的方式作出反应的智能机器。该领域的研究包括机器人、语言识别、图像识别、自然语言处理和专家系统等。目前主要的方法有神经网络、进化计算和粒度计算三种。在物联网中，人工智能技术主要负责分析物品所承载的信息内容，从而实现计算机自动处理。

人工智能技术的优点在于：大大改善操作者作业环境，减轻工作强度；提高了作业质量和工作效率；一些危险场合或重点施工应用得到解决；环保、节能；提高了机器的自动化程度及智能化水平；提高了设备的可靠性，降低了维护成本；故障诊断实现了智能化等。

（4）数据挖掘

数据挖掘（Data Mining）是从大量的、不完全的、有噪声的、模糊的及随机的实际应用数据中，挖掘出隐含的、未知的、对决策有潜在价值的数据的过程。数据挖掘主要基于人工智能、机器学习、模式识别、统计学、数据库、可视化技术等，高度自动化地分析数据，做出归纳性的推理。它一般分为描述型数据挖掘和预测型数据挖掘两种：描述型数据挖掘包括数据总结、聚类及关联分析等；预测型数据挖掘包括分类、回归及时间序列分析等。通过对数据的统计、分析、综合、归纳和推理，揭示事件间的相互关系，预测未来的发展趋势，为决策者提供决策依据。

在物联网中，数据挖掘只是一个代表性概念，它是一些能够实现物联网“智能化”、“智慧化”的分析技术和应用的统称。细分起来，包括数据挖掘和数据仓库（Data Warehousing）、决策支持（Decision Support）、商业智能（Business Intelligence）、报表（Reporting）、ETL（数据抽取、转换和清洗等）、在线数据分析、平衡计分卡（Balanced Scoreboard）等技术和应用。

（5）中间件

中间件是为了实现每个小的应用环境或系统的标准化以及它们之间的通信，在后台应用软件和读写器之间设置的一个通用的平台和接口。在许多物联网体系架构中，经常把中间件单独划分一层，位于感知层与网络层或网络层与应用层之间。本书参照当前比较通用的物联网架构，将中间件划分到应用层。在物联网中，中间件作为其软件部分，有着举足轻重的地位。物联网中间件是在物联网中采用中间件技术，以实现多个系统或多种技术之间的资源共享，最终组成一个资源丰富、功能强大的服务系统，最大限度地发挥物联网系统的作用。具体来说，物联网中间件的主要作用在于将实体对象转换为信息环境下的虚拟对象，因此数据处理是中间件最重要的功能。同时，中间件具有数据的搜集、过滤、整合与传递等特性，以便将正确的对象信息传到后端的应用系统。

目前主流的中间件包括 ASPIRE 和 Hydra。ASPIRE 旨在将 RFID 应用渗透到中小型企业。为了达到这样的目的，ASPIRE 完全改变了现有的 RFID 应用开发模式，它引入并推进一种完全开放的中间件，同时完全有能力支持原有模式中核心部分的开发。ASPIRE 的解决办法是完全开源和免版权费用，这大大降低了总的开发成本。Hydra 中间件特别方便实现环境感知行为和在资源受限设备中处理数据的持久性问题。Hydra 项目第一个的产品是为了开发基于面向服务结构的中间件，第二个产品是为了能基于 Hydra 中间件生产出可以简化开发过程的工具，即供开发者使用的软件或者设备开发套装。

物联网中间件的实现依托于中间件关键技术的支持，这些关键技术包括 Web 服务、嵌入式 Web、Semantic Web 技术、上下文感知技术、嵌入式设备及 Web of Things 等。

2.3　物联网安全的安全体系

2.3.1　物联网的安全体系结构

与互联网相比，物联网主要实现人与物、物与物之间的通信，通信的对象扩大到了物品。根据功能的不同，物联网网络体系结构大致分为三个层次，底层是用来信息采集的感知层，中间层是数据传输的网络层，顶层则是应用/中间件层。由于物联网安全的总体需求就是物理安全、信息采集安全、信息传输安全和信息处理安全的综合，安全的最终目标是确保信息的机密性、完整性、真实性和数据新鲜性，因此本书结合物联网 DCM（Device、Connect、Manage）模式给出相应的安全层次模型（见图 2-6），并对每层涉及的关键技术安全问题进行阐述。

物理安全层：保证物联网信息采集结点不被欺骗、控制、破坏。信息采集安全层：防止采集的信息被窃听、篡改、伪造和重放攻击，主要涉及传感技术和 RFID 的安全。在物联网层次模型中，物理安全层和信息采集安全层对应于物联网的感知层安全。

信息传输安全层：保证信息传递过程中数据的机密性、完整性、真实性和新鲜性，主要是电信通信网络的安全，对应于物联网的网络层安全。

信息处理安全层：保证信息的私密性和储存安全等，主要是个体隐私保护和中间件安全等，对应于物联网中应用层安全。

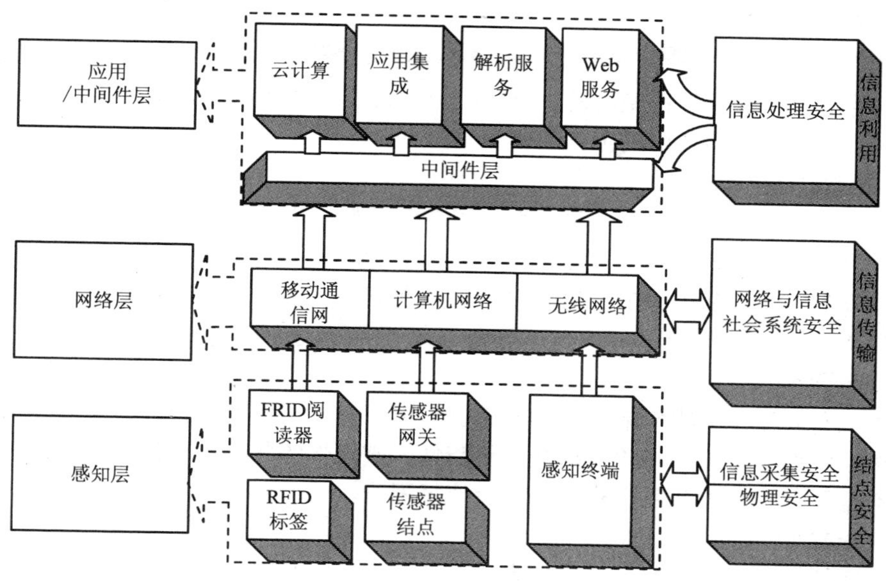

图 2-6　物联网的安全体系

2.3.2　感知层安全

信息采集是物联网感知层完成的功能。物联网中感知层主要实现智能感知功能，包括信息采集、捕获和物体识别。感知延伸层的关键技术包括传感器、RFID、自组织网络、短距离无线通信、低功耗路由等。感知/延伸层的安全问题主要表现为相关数据信息在机密性、完整性、可用性方面的要求，主要涉及 RFID、传感技术的安全问题。

1. 感知层面临的威胁

在考虑感知信息进入网络层之前，可以把传感网络本身看做感知部分。因此在物联网的感知层，同样要考虑传感器本身的安全性。有些攻击还会针对感知层的特点，对感知层采取相应的攻击手段。主要威胁有：

（1）安全隐私

RFID 标签被嵌入在任何物品中，从而导致物品的拥有者不受控制的被扫描、定位和追踪，因此该物品的拥有者的很多隐私看起来就是公开的隐私，而且对于 RFID 标签老说其一般对于任何的请求都会给予应答，所以更加容易被定位和跟踪。

（2）智能感知结点的自身安全

智能感知结点的安全问题即物联网/感知结点本体安全问题。物联网机器/感知结点多数在无人监控的环境下，而且在地理上也是分散的，攻击者更易接触这些设备，对它们造成破坏，甚至对结点操作更换机器的软硬件。

（3）信号容易被干扰

在感知层的网络一般是无线连接，信号公开，很容易被攻击者干扰，造成设备之间正常通信障碍。

（4）假冒攻击

智能终端、RFID 电子标签相对于传统的网络安全是“暴露”在攻击者的面前的，无线传输信号也是“暴露”在空中的，利用这点，假冒攻击为一种主动的方式，它能极大地威胁传感器结点之间的协同工作。

（5）数据驱动攻击

数据驱动攻击是通过向某个目标或应用发送数据，以产生非预期结果的攻击，通常为攻击者提供目标系统的权限。数据驱动攻击分为缓冲区溢出攻击、格式化字符串攻击、输入验证攻击、同步漏洞攻击、信任攻击等。通常想传感器网络中的汇集结点实施攻击是非常容易的。

（6）恶意代码攻击

恶意代码程序在无线网络环境和传感器环境下有无穷多的入口。一旦入侵成功，通过网络传播就很容易了。它的传播性、隐蔽性、破坏性等相比传统网络更难防范。如蠕虫本身不需要寄生文件，要想检测并清除掉很困难。

（7）DOS 攻击

物联网结点数量庞大并且以集群方式存在，在数据传输时，大量数据的传输需求容易造成网络拥塞，产生拒绝服务现象。

2．目前的解决方案

目前对于感知层的威胁有了相当的研究，提出了一些解决方案，基本都是在传统信息安全的基础上的防御策略，主要有：

① 加密机制。

② 认证机制。

③ 访问控制机制。

④ 物理机制。

2.3.3 网络层安全

网络层是物联网的神经中枢和大脑，完成信息交换、通信以及信息的智能处理过程。网络层包括通信与互联网的融合网络、网络管理中心和信息中心等。

1．面临的威胁

① 病毒、木马以及 DOS、DDoS 攻击。

② 假冒、中间人攻击等。

③ 跨异构网络的网络攻击。

④ 灾难控制和恢复。

⑤ 非法人为干预。

2．目前的解决方案

目前对网络层的安全解决方案主要还是传统互联网解决方案，包括：认证技术、加密技术、灾备机制、入侵检测技术等。但对于物联网而言，结点数量非常庞大，因此涉及这些技术的细节更加复杂。例如，端到端的认证机制、密钥协商机制、密钥管理机制和加密算法协商等。

① 对结点的认证、对 DDoS 攻击的检测和预防。

② 移动网络的各种认证机制。

③ 密钥管理。

④ 灾难备份和恢复。

⑤ 入侵检测。

2.3.4 应用层安全

应用层的设计是综合的或个体特征的具体应用业务，涉及的安全问题非常庞杂，包括社会的、人为的、政治的、经济的、文化的等，很多问题目前无法解决，但某些问题则必须解决，如隐私保护。此外，物联网还将涉及知识产权保护、计算机取证、计算机数据销毁等安全需求。

1. 面临的威胁

① 黑客攻击。

② 隐私泄露。

③ 信息统计分析。

2. 目前的解决方案

① 访问控制技术。

② 数字签名技术。

2.4 小结

本章在分析了物联网的特征的基础上，总结了物联网的体系结构，分析了物联网各层的关键技术，给出了物联网的安全体系结构，说明了安全基本解决方案。

物联网的特征包括：全面收集信息、可靠的传输数据、只能处理数据。物联网分三个层次，分别是：感知层、网络层和应用层。感知层的关键技术有传感器技术、嵌入式计算技术、智能组网技术、无线通信技术、分布式信息处理技术等；网络层的关键技术有目前已经比较成熟的如远距离有线、无线通信技术和网络技术外，为实现“物物相连”的需求，物联网网络层将综合使用 IPv6、2G/3G、Wi-Fi 等通信技术，实现有线与无线的结合、宽带与窄带的结合、感知网与通信网的结合；同时，网络层中的感知数据管理与处理技术是实现以数据为中心的物联网的核心技术；感知数据管理与处理技术包括物联网数据的存储、查询、分析、挖掘、理解以及基于感知数据决策和行为的技术。应用层的关键技术包括：M2M 技术、用于处理海量数据的云计算技术等关键技术。

物联网的安全体系结构包括：底层是用来信息采集的感知层，中间层是数据传输的网络层,顶层则是应用/中间件层。目前物联网安全的基本解决技术包括：加密技术、认证技术、访问控制技术、网络安全防御技术等。

2.5　习题

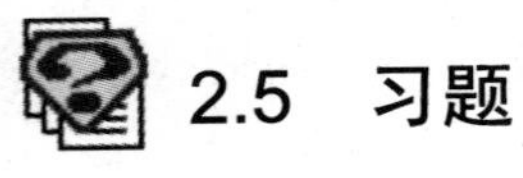

1. 物联网的主要特征是什么？
2. 画出物联网的体系结构图，并说明之。
3. 实现物联网的安全的关键技术有哪些？
4. 画出物联网的安全体系结构图，并说明之。
5. 说明目前解决物联网安全问题的主要解决技术。

第3章 信息安全加密技术

学习重点

1. 理解信息安全加解密技术，理解对称及其非对称加解密技术的原理和基本应用。
2. 理解秘钥管理技术的概念。

3.1 概述

信息加密技术是利用数学或物理手段，对电子信息在传输过程中和存储体内进行保护，以防止泄露的技术。密码是实现秘密通信的主要手段，是隐蔽语言、文字、图像的特种符号。凡是用特种符号按照通信双方约定的方法把电文的原形隐蔽起来，不为第三者所识别的通信方式称为密码通信。在网络通信中，采用密码技术将信息隐蔽起来，再将隐蔽后的信息传输出去，使信息在传输过程中即使被窃取或截获，窃取者也不能了解信息的内容，从而保证信息传输的安全。同样，在信息存储中，将信息进行加密等保护，使得信息拿不走或者拿走了看不懂，从而保证信息的安全性。

人类有记载的通信密码始于公元前 400 年。古希腊人是置换密码的发明者。1881 年世界上的第一个电话保密专利出现。电报、无线电的发明使密码学成为通信领域中不可回避的研究课题。

在第二次世界大战初期，德国军方启用“恩尼格玛”密码机，盟军对德军加密的信息有好几年一筹莫展，“恩尼格玛”密码机似乎是不可破的。但是，经过盟军密码分析学家的不懈努力，“恩尼格玛”密码机被攻破，盟军掌握了德军的许多机密，而德国军方却对此一无所知。

太平洋战争中，美军破译了日本海军的密码机，读懂了日本舰队司令官山本五十六发给各指挥官的命令，在中途岛彻底击溃了日本海军，导致了太平洋战争的决定性转折，而且不久还击毙了山本五十六。相反，轴心国中，只有德国是在第二次世界大战的初期在密码破译方面取得过辉煌的战绩。因此，可以说，密码学在战争中起着非常重要的作用。

随着信息化和数字化社会的发展，人们对信息安全和保密的重要性认识不断提高。如网络银行、电子购物、电子邮件等正在悄悄地融入普通百姓的日常生活中，人们自然要关注其安全性如何。1977 年，美国国家标准局公布实施了“美国数据加密标（DES）”，军事部门垄断密码的局面被打破，民间力量开始全面介入密码学的研究和应用中。民用的加密产品在市场上已有大量出售，采用的加密算法有 DES、IDEA、RSA 等。

现有的密码体制千千万万，各不相同。但是，它们都可以分为私钥密码体制（如 DES 密码）和公钥密码体制（如公开密钥密码）。前者的加密过程和解密过程相同，而且所用的密钥也相同；后者每个用户都有公开和秘密密钥。

编码密码学主要致力于信息加密、信息认证、数字签名和密钥管理方面的研究。信息加密的目的在于将可读信息转变为无法识别的内容，使得截获这些信息的人无法阅读，同时信息的接收人能够验证接收到的信息是否被第三方篡改或替换过；数字签名就是信息的接收人能够确定接收到的信息是否确实是由所希望的发信人发出的；密钥管理是信息加密中最难的部分，因为信息加密的安全性在于密钥。历史上，各国军事情报机构在猎取别国的密钥管理方法上要比破译加密算法成功得多。

密码分析学与编码学的方法不同，它不依赖数学逻辑的不变真理，必须凭经验，依赖客观世界觉察得到的事实。因而，密码分析更需要发挥人们的聪明才智，更具有挑战性。

现代密码学是一门迅速发展的应用科学。随着因特网的迅速普及，人们依靠它传送大量的信息，但是这些信息在网络上的传输都是公开的。因此，对于关系到个人利益的信息必须经过加密之后才可以在网上传送，这将离不开现代密码技术。

1976 年 Diffie 和 Hellman 在《密码新方向》中提出了著名的 D–H 密钥交换协议，标志着公钥密码体制的出现。Diffie 和 Hellman 第一次提出了不基于秘密信道的密钥分发，这就是 D–H 协议的重大意义所在。

PKI（Public Key Infrastructure）是一个用公钥概念与技术来实施和提供安全服务的具有普适性的安全基础设施。PKI 公钥基础设施的主要任务是在开放环境中为开放性业务提供数字签名服务。

3.2　密码体制

为了实现信息安全的基本模型，必须构建强有力的密码体制，密码学是构建密码体制的基础。

3.2.1　密码体制的基本概念

密码体制又称密码系统，是指能完整地解决信息安全中的机密性、数据完整性、认证、身份识别及不可抵赖等问题中的一个或几个的一个系统。其目的是使人们能够使用不安全信道进行安全的通信，如图 3–1 所示。

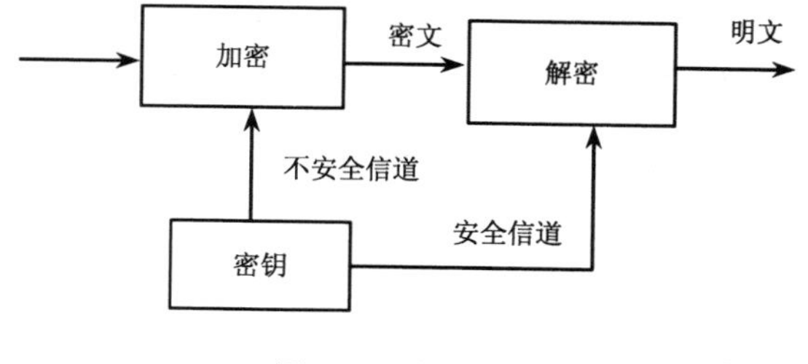

图 3–1　密码体制

一个密码系统由算法以及所有可能的明文、密文和密钥（分别称为明文空间、密文空间和密钥空间）组成。因此，一个完整的密码体制要包括如下五个要素{M，C，K，E，D}：

① M，明文（Plain-text）：作为加密输入的原始信息。

② C，密文（Cipher-text）：对明文变换的结果。

③ K，密钥（Key）：是参与加密解密变换的参数。

④ E，加密算法（Encrypt）：是一组含有参数的变换。

⑤ D，解密算法（Decrypt）：加密的逆变换。

密码体制的设计要求应符合早在 1883 年由科克霍夫斯（A. Kerchoffs）提出的一个重要原则：密码系统中的算法即使为密码分析者所知，也无助于用来推导出明文和密文。

密码体系的加密过程描述：$C = E_k(M)$

密码体系的加密过程描述：$M = D_k(C)$

3.2.2　密码体制的分类

密码体制的分类有多种方式，如图 3-2 所示。

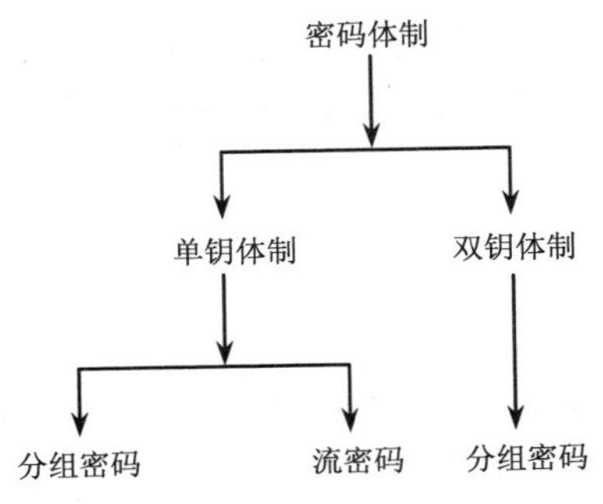

图 3-2　密码体制

主要包括：

① 根据加密和解密过程所采用密钥是否相同可以将密码体制分为单钥密码体制和公钥密码体制。

- 单钥密码体制：单钥密码体制又称对称密码体制，是指解密密钥与加密密钥相同或者能够从加密密钥中直接推算出解密密钥的密码体制。通常在大多数对称密码体制中解密密钥与加密密钥是相同的，如图 3-3 所示。

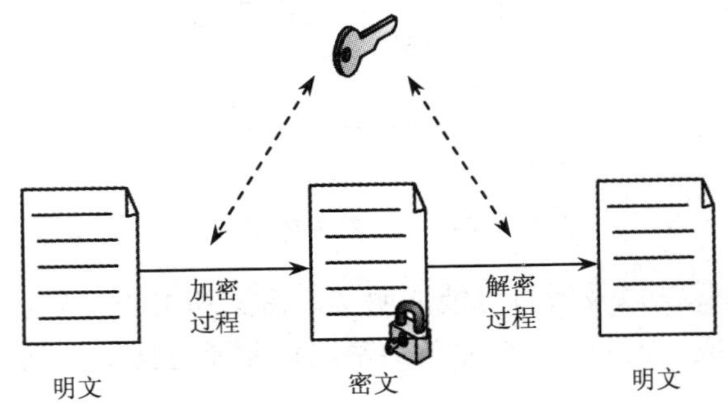

图 3-3　单钥密码体制

- 公钥密码体制：公钥密码体制又称非对称密码体制，是指用来解密的密钥不同于进行加密的密钥，也不能够通过加密密钥直接推算出解密密钥。一般情况下，加密密钥是可以公开的，任何人都可以应用加密密钥来对信息进行加密，但只有拥有解密密钥的人才可以解密出被加密的信息。在以上过程中，加密密钥称为公钥，解密密钥称为私钥。公钥密码体制的特点如图 3-4 所示。

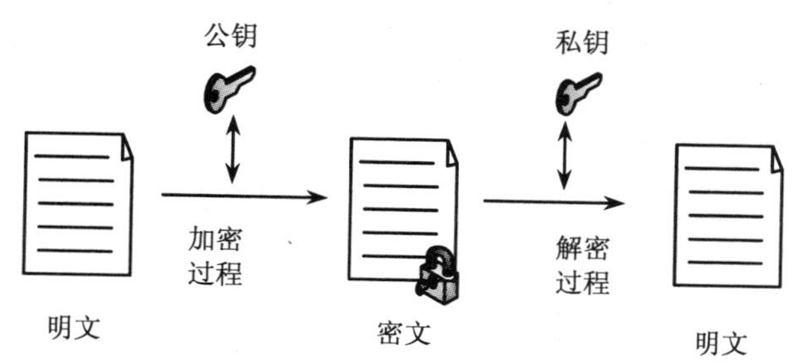

图 3-4　公钥密码体制

② 按对明文进行加密前的处理方式可分为分组加密体制和序列加密体制。

- 分组加密体制：将明文消息编码表示后的数字（简称明文数字）序列，划分成长度为 n 的组（可看成长度为 n 的矢量），每组分别在密钥的控制下变换成等长的输出数字（简称密文数字）序列，如图 3-5 所示。

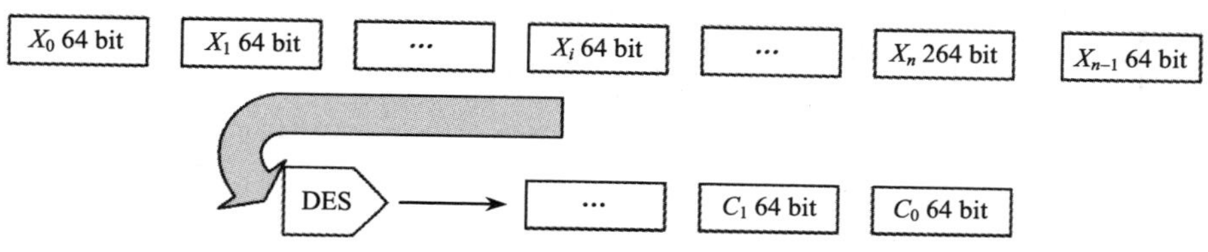

图 3-5　分组加密体制

- 序列加密体制，又称流密码体制。

在流密码中，明文按一定长度分组后被表示成一个序列，并称为明文流，序列中的一项称为一个明文字。加密时，先由主密钥产生一个密钥流序列，该序列的每一项和明文字具有相同的比特长度，称为一个密钥字。然后，依次把明文流和密钥流中的对应项输入加密函数，产生相应的密文字，由密文字构成密文流输出。即

设明文流为：$M = m_1\, m_2 \ldots m_i \ldots$

密钥流为：$K = k_1\, k_2 \ldots k_i \ldots$

则加密算法为：$C = c_1\, c_2 \ldots c_i \ldots = E_{k1}(m_1)E_{k2}(m_2)\ldots E_{ki}(m_i)\ldots$

解密算法为：$M = m_1\, m_2 \ldots m_i \ldots = D_{k1}(c_1)D_{k2}(c_2)\ldots D_{ki}(c_i)\ldots$

流密码与分组密码在对明文的加密方式上是不同的。分组密码对明文进行处理时，明文分组相对较大。所有的明文分组都是用完全相同的函数和密钥来加密的。而流密码对明文消息进行处理时，采用较小的分组长度（一个分组称为一个字或一个字符），对明文流中的每个字用相同的函数和不同的密钥字来加密，如图 3-6 所示。

③ 按密码体制提出的年代可分为传统密码体制和现代密码体制。

传统密码体制：1876 年 Diffe、HeHllman 引入公钥密码体制以前只有的单密钥密码体制，所以单密钥体制又称传统密码体制。其后的双密钥体制又称现代密码体制。

④ 按通信过程中的加密方式可分为链路加密和端对端加密体制。

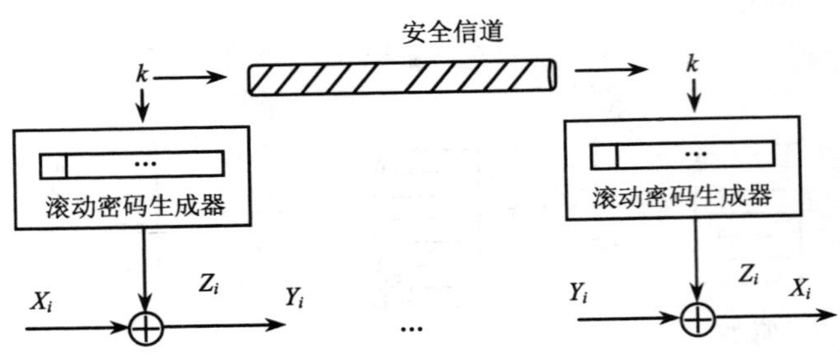

图 3-6　流密码

- 链路加密：传输数据仅在物理层前的数据链路层进行加密。接收方是传送路径上的各台结点机，信息在每台结点机内都要被解密和再加密，依次进行，直至到达目的地，如图 3-7 所示。

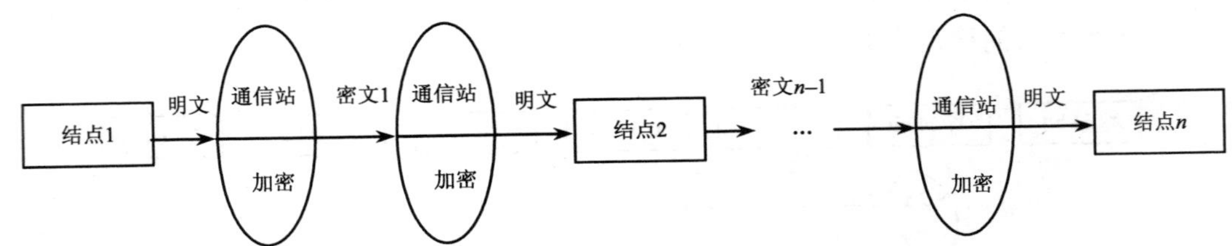

图 3-7　链路加密

- 端对端加密：允许数据在从源点到终点的传输过程中始终以密文形式存在。采用端到端加密（又称脱线加密或包加密），消息在被传输时到达终点之前不进行解密，因为消息在整个传输过程中均受到保护，所以即使有结点被损坏也不会使消息泄露，如图 3-8 所示。

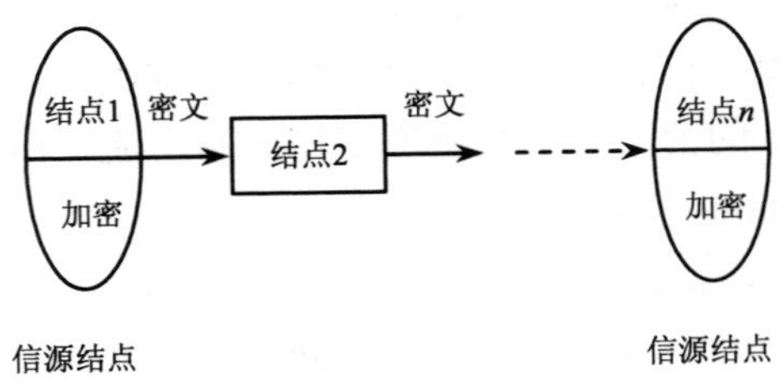

图 3-8　端对端加密

⑤ 按密钥使用的频度可分为一次一密和多次使用密钥。

- 一次一密：一次一密指在流密码当中使用与消息长度等长的随机密钥，密钥本身只使用一次。使用与消息等长的随机密钥，产生与原文没有任何统计关系的随机输出，因此一次一密方案不可破解，但密钥在传递和分发上存在很大困难。
- 多次使用秘钥：针对“一次一密”存在的问题，而提出的秘钥可重复使用的加密方法。虽然多次使用秘钥存在破解的可能性，但只要适当保证破解的困难度前提下，解决了一次一密存在的秘钥分发、传递等困难问题。目前普遍应用的加解密方式为多次使用的秘钥方式。

3.2.3　加密/解密的基本原理

① 组合（Combine）概念：由简单易于实现的密码系统进行组合，构造较复杂的、密钥量较大的密码系统。Shannon 曾给出两种组合方式，即加权和法和乘积法。

② 扩散（Diffusion）概念：将每一位明文及密钥尽可能迅速地散布到较多个密文数字中去，以便隐蔽明文的统计特性。

③ 混淆（Confusion）概念：使明文和密文、密钥和密文之间的统计相关性极小化。使统计分析更为困难。

Shannon 曾用揉面团来形象地比喻“扩散”和“混淆”的作用，密码算法设计中要巧妙地运用这两个概念。与揉面团不同的是，首先密码变换必须是可逆的，但并非任何“混淆”都是可逆的；二是密码变换和逆变换应当简单易于实现。分组密码的多次迭代就是一种前述的“乘积”组合，它有助于快速实现“扩散”和“混淆”。

Shannon 在 1949 年就指出：“好密码的设计问题，本质上是寻求一个困难问题的解，相对于某种其他条件，我们可以构造密码，使其破译它（或在过程中的某点上）等价于解某个已知数学难题。”这句话含义深刻。受此思想启发 Diffie 和 Hellman 提出公钥密码体制。因此，人们尊称 Shannon 为公钥密码学教父（Godfather）。

① 1976 年 Diffie 和 Hellman 提出的公钥（双钥）密码体制。所有双钥密码算法，如 RSA、Rabin、背包、ElGamal、ECC、NTRU、多变量公钥等都是基于某个数学问题求解的困难性。

② 可证明安全理论就是在于证明是否可以将所设计的密码算法归约为求解某个已知数学难题。

③ 破译密码的困难性，所需的工作量，即时间复杂性和空间复杂性，与数学问题求解的困难性密切相关。计算机科学的一个新分支——计算复杂性理论与密码需的研究密切关联起来了。

④ 分组密码设计中将输入分段处理、非线性变换，加上左、右交换和在密钥控制下的多次迭代等完全体现了上述的 Shannon 构造密码的思想。可以说，Shannon 在 1949 年的文章为现代分组密码设计提供了基本指导思想。

分组密码的设计思想（C.E. Shannon）：

① 扩散（Diffusion）：将明文及密钥的影响尽可能迅速地散布到较多个输出的密文中（将明文冗余度分散到密文中）。产生扩散的最简单方法是通过“置换（Permutation）”（比如重新排列字符）。

② 混淆（Confusion）：其目的在于使作用于明文的密钥和密文之间的关系复杂化，是明文和密文之间、密文和密钥之间的统计相关特性极小化，从而使统计分析攻击不能奏效。通常的方法是“代换（Substitution）”。

3.3 对称密码体制

3.3.1 对称加密的概念

对称加密算法是应用较早的加密算法，技术成熟。在对称加密算法中，数据发信方将明文（原始数据）和加密密钥一起经过特殊加密算法处理后，使其变成复杂的加密密文发送出去。收信方收到密文后，若想解读原文，则需要使用加密用过的密钥及相同算法的逆算法对密文进行解密，才能使其恢复成可读明文。在对称加密算法中，使用的密钥只有一个，发收信双方都使用这个密钥对数据进行加密和解密，这就要求解密方事先必须知道加密密钥。对称加密算法的特点是算法公开、计算量小、加密速度快、加密效率高。不足之处是，交易双方都使用同样的密钥，安全性得不到保证。此外，每对用户每次使用对称加密算法时，都需要使用其他人不知道的唯一密钥，这会使得发收信双方所拥有的密钥数量成几何级数增长，密钥管理成为用户的负担。对称加密算法在分布式网络系统上使用较为困难，主要是因为密钥管理困难，使用成本较高。在计算机专网系统中广泛使用的对称加密算法有 DES、IDEA 和 AES。

传统的 DES 由于只有 56 位的密钥，因此已经不适应当今分布式开放网络对数据加密安全性的要求。1997 年 RSA 数据安全公司发起了一项“DES 挑战赛”的活动，志愿者四次分别用四个月、41 天、56 小时和 22 小时破解了其用 56 位密钥 DES 算法加密的密文。即 DES 加密算法在计算机速度提升后的今天被认为是不安全的。

AES 是美国联邦政府采用的商业及政府数据加密标准，预计将在未来几十年里代替 DES 在各个领域中得到广泛应用。AES 提供 128 位密钥，因此，128 位 AES 的加密强度是 56 位 DES 加密强度的 1021 倍还多。假设可以制造一部可以在 1 秒内破解 DES 密码的机器，那么使用这台机器破解一个 128 位 AES 密码需要大约 149 亿万年的时间。（更深一步比较而言，宇宙一般被认为存在了还不到 200 亿年）因此可以预计，美国国家标准局倡导的 AES 即将作为新标准取代 DES。

3.3.2 DES 算法

DES（Data Encryption Standard）是 IBM 公司研制的一种机密算法，于 1977 年由美国国家标准局（NIST）正式批准成为非机要部门使用的数据加密标准。自从公布以来，它一直超越国界，成为国际上商用保密通信和计算机通信最常用的加密算法。

DES 算法以 64 位（8 byte）为分组对数据加密，其中有 8 位（第 8、16、24、32、40、48、56 和 64 位）用作奇偶校验位，另外的 56 位为真正的密钥，保密性依赖于密钥，加密和解密过程使用同一个密钥。

DES 的加密流程图如图 3-9 所示。

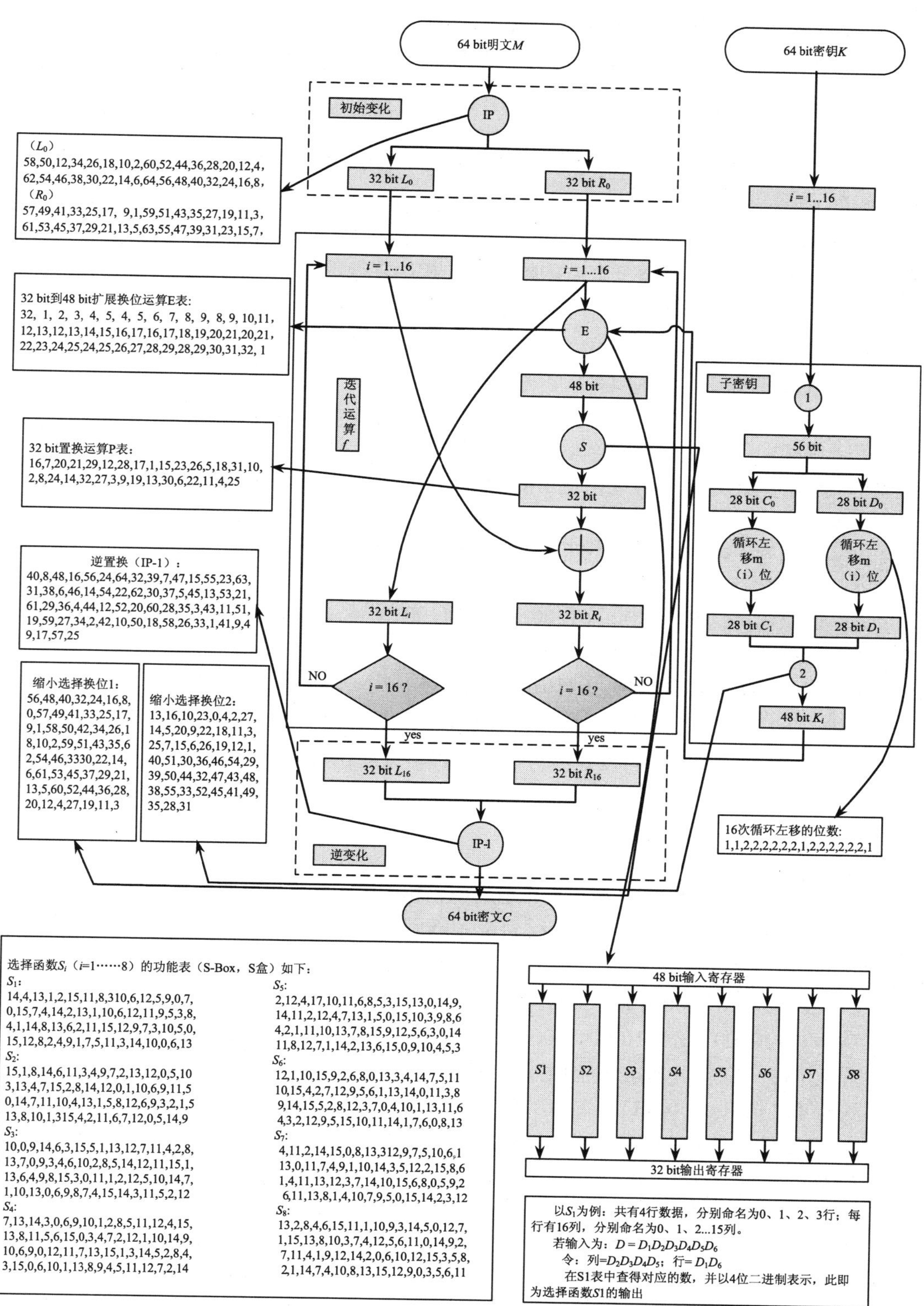
64 bit明文M
64 bit密钥K
初始变化
IP
(L0)
58,50,12,34,26,18,10,2,60,52,44,36,28,20,12,4,
62,54,46,38,30,22,14,6,64,56,48,40,32,24,16,8,
(R0)
57,49,41,33,25,17, 9,1,59,51,43,35,27,19,11,3,
61,53,45,37,29,21,13,5,63,55,47,39,31,23,15,7,
32 bit L0
32 bit R0
i = 1...16
i = 1...16
i = 1...16
32 bit到48 bit扩展换位运算E表:
32, 1, 2, 3, 4, 5, 4, 5, 6, 7, 8, 9, 8, 9, 10,11,
12,13,12,13,14,15,16,17,16,17,18,19,20,21,20,21,
22,23,24,25,24,25,26,27,28,29,28,29,30,31,32, 1
E
48 bit
迭代运算f
子密钥
1
56 bit
32 bit置换运算P表：
16,7,20,21,29,12,28,17,1,15,23,26,5,18,31,10,
2,8,24,14,32,27,3,9,19,13,30,6,22,11,4,25
S
32 bit
28 bit C0
28 bit D0
循环左移m（i）位
循环左移m（i）位
逆置换（IP-1）：
40,8,48,16,56,24,64,32,39,7,47,15,55,23,63,
31,38,6,46,14,54,22,62,30,37,5,45,13,53,21,
61,29,36,4,44,12,52,20,60,28,35,3,43,11,51,
19,59,27,34,2,42,10,50,18,58,26,33,1,41,9,4
9,17,57,25
32 bit Li
32 bit Ri
28 bit C1
28 bit D1
缩小选择换位1：
56,48,40,32,24,16,8,
0,57,49,41,33,25,17,
9,1,58,50,42,34,26,1
8,10,2,59,51,43,35,6
2,54,46,3330,22,14,
6,61,53,45,37,29,21,
13,5,60,52,44,36,28,
20,12,4,27,19,11,3
缩小选择换位2：
13,16,10,23,0,4,2,27,
14,5,20,9,22,18,11,3,
25,7,15,6,26,19,12,1,
40,51,30,36,46,54,29,
39,50,44,32,47,43,48,
38,55,33,52,45,41,49,
35,28,31
NO
i = 16 ?
i = 16 ?
NO
2
48 bit Ki
yes
yes
32 bit L16
32 bit R16
16次循环左移的位数:
1,1,2,2,2,2,2,2,1,2,2,2,2,2,2,1
IP-1
逆变化
64 bit密文C
选择函数Si（i=1……8）的功能表（S-Box，S盒）如下：
S1:
14,4,13,1,2,15,11,8,310,6,12,5,9,0,7,
0,15,7,4,14,2,13,1,10,6,12,11,9,5,3,8,
4,1,14,8,13,6,2,11,15,12,9,7,3,10,5,0,
15,12,8,2,4,9,1,7,5,11,3,14,10,0,6,13
S2:
15,1,8,14,6,11,3,4,9,7,2,13,12,0,5,10
3,13,4,7,15,2,8,14,12,0,1,10,6,9,11,5
0,14,7,11,10,4,13,1,5,8,12,6,9,3,2,1,5
13,8,10,1,315,4,2,11,6,7,12,0,5,14,9
S3:
10,0,9,14,6,3,15,5,1,13,12,7,11,4,2,8,
13,7,0,9,3,4,6,10,2,8,5,14,12,11,15,1,
13,6,4,9,8,15,3,0,11,1,2,12,5,10,14,7,
1,10,13,0,6,9,8,7,4,15,14,3,11,5,2,12
S4:
7,13,14,3,0,6,9,10,1,2,8,5,11,12,4,15,
13,8,11,5,6,15,0,3,4,7,2,12,1,10,14,9,
10,6,9,0,12,11,7,13,15,1,3,14,5,2,8,4,
3,15,0,6,10,1,13,8,9,4,5,11,12,7,2,14
S5:
2,12,4,17,10,11,6,8,5,3,15,13,0,14,9,
14,11,2,12,4,7,13,1,5,0,15,10,3,9,8,6
4,2,1,11,10,13,7,8,15,9,12,5,6,3,0,14
11,8,12,7,1,14,2,13,6,15,0,9,10,4,5,3
S6:
12,1,10,15,9,2,6,8,0,13,3,4,14,7,5,11
10,15,4,2,7,12,9,5,6,1,13,14,0,11,3,8
9,14,15,5,2,8,12,3,7,0,4,10,1,13,11,6
4,3,2,12,9,5,15,10,11,14,1,7,6,0,8,13
S7:
4,11,2,14,15,0,8,13,312,9,7,5,10,6,1
13,0,11,7,4,9,1,10,14,3,5,12,2,15,8,6
1,4,11,13,12,3,7,14,10,15,6,8,0,5,9,2
6,11,13,8,1,4,10,7,9,5,0,15,14,2,3,12
S8:
13,2,8,4,6,15,11,1,10,9,3,14,5,0,12,7,
1,15,13,8,10,3,7,4,12,5,6,11,0,14,9,2,
7,11,4,1,9,12,14,2,0,6,10,12,15,3,5,8,
2,1,14,7,4,10,8,13,15,12,9,0,3,5,6,11
48 bit输入寄存器
S1
S2
S3
S4
S5
S6
S7
S8
32 bit输出寄存器
以S1为例：共有4行数据，分别命名为0、1、2、3行；每行有16列，分别命名为0、1、2...15列。
若输入为：D = D1D2D3D4D5D6
令：列=D2D3D4D5；行= D1D6
在S1表中查得对应的数，并以4位二进制表示，此即为选择函数S1的输出

图 3-9　DES 加密

从流程图可以看到，DES 首先对 64 位的明文数据分组进行操作，通过一个初始置换，将明文分组等分成左、右两半部分，然后进行 16 轮完全相同的运算，在每一轮运算中，对密钥位进行移位，再从 56 为密钥中选出 48 位；同时通过一个扩展置换将数据的右半部分扩展成 48 位，再通过异或操作与计算得到的 48 位子密钥结合，并通过 8 个 S 盒将这 48 位替代成新的 32 位数据，再将其置换一次。然后，通过另一个异或运算，将运算函数 f 的输出与左半部分结合，其结果成为新的右半部分，旧的右半部分成为新的左半部分。将该操作重复 16 次，便实现了 DES 的 16 轮运算。经过 16 轮后，左、右半部分合在一起，最后再通过一个逆初始置换（初始置换的逆置换），这样就完成 DES 加密算法。

图中每个步骤所进行的移位，置换、压缩、扩展等运算则按照对应的表格进行。DES 算法的加密过程经过了多次的替代、置换、异或和循环移动操作，整个加密过程似乎非常复杂。实际上，DES 算法经过精心选择各种操作而获得了一个非常好的性质：加密和解密可使用相同的算法，即解密过程是将密文作为输入序列进行相应的 DES 加密，与加密过程唯一不同之处是解密过程使用的轮密钥与加密过程使用的次序相反。下面结合一个例子说明 DES 加密过程。

已知明文 $m = \text{computer}$，密钥 $k = \text{program}$，相应的 ASCII 码表示为

$m =$ 01100011　01101111　01101101　01110000

01110101　01110100　01100101　01110010

$k =$ 01110000　01110010　01101111　01100111

01110010　01100001　01101101

其中，k 只有 56 位，必须加入第 8，16，24，32，40，56，64 位的奇偶校验位构成 64 位。其实加入的 8 位奇偶校验位对加密过程不会产生影响。

令 $m = m_1m_2\cdots m_{63}m_{64}$，$k = k_1k_2\cdots k_{63}k_{64}$，其中，$m_1 = 0, m_2 = 1, \cdots, m_{63} = 1, m_{64} = 0$，$k_1 = 0, k_2 = 1, \cdots, k_{63} = 1, k_{64} = 0$。

m 经过 IP 置换后得到

$L_0 =$ 11111111　10111000　01110110　01010111

$R_0 =$ 00000000　11111111　00000110　10000011

密钥 k 经过置换后得到

$C_0 =$ 11101100　10011001　00011011　1011

$D_0 =$ 10110100　01011000　10001110　0110

循环左移一位后得到 48 位的子密钥 k_1

$k_1 =$ 00111101　10001111　11001101

00110111　00111111　01001000

R_0 经过扩展变换得到的 48 位序列为

10000000　00010111　11111110

10000000　11010100　00000110

结果再和 k_1 进行异或运算，得到的结果为

10111101　10011000　00110011

10110111　11101011　01001110

将得到的结果分成 8 组

101111　011001　100000　110011

101101　111110　101101　001110

通过 8 个 S 盒得到 32 位的序列为

01110110　00110100　00100110　10100001

对 S 盒的输出序列进行 P-置换，得到

01000100　00100000　10011110　10011111

经过以上操作，得到经过第 1 轮加密的结果序列为

00000000　11111111　00000110　10000011

10111011　10011000　11101000　11001000

以上加密过程进行 16 轮，最终得到加密的密文为

01011000　10101000　01000001　10111000

01101001　11111110　10101110　00110011

需要说明的是，DES 的加密结果可以看作是明文 m 和密钥 k 之间的一种复杂函数，所以对应明文或密钥的微小改变，产生的密文序列都将会发生很大的变化。

3.3.3　流密码及 RC4 算法

3.3.3.1　流密码基础

流密码（Stream Cipher）是一类非常重要的密码体制，又称序列密码。在流密码中，将明文消息按一定长度分组（长度较小），然后对各组用相关但不同的密钥进行加密，产生相应的密文，相同的明文分组会因在明文序列中的位置不同而对应于不同的密文分组。在分组密码中，明文消息也是按一定长度分组（长度较大），每组都使用完全相同的密钥进行加密，产生相应的密文，相同的明文分组不管处在明文序列中的什么位置，总是对应相同的密文分组。相对分组密码而言，流密码具有实现简单、便于硬件实现、加解密处理速度快、没有或只有有限的错误传播等特点，因此在实际应用中，特别是专用或机密机构中保持着优势，典型的应用领域包括无线通信、外交通信。由于对流密码进行详细的介绍需要较高的理论知识，因此本节只对流密码进行简单的介绍。流密码的结构如图 3-10 所示。

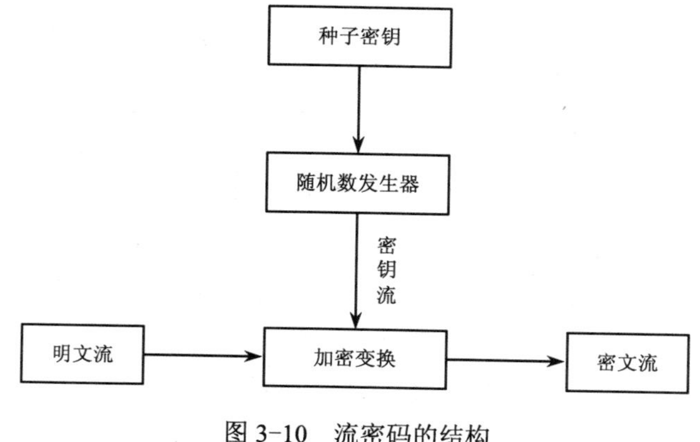

图 3-10　流密码的结构

如图 3-10 所示，在流密码中，明文按一定长度分组后被表示成一个序列，并称为明文流，序列中的一项称为一个明文字。加密时，先由主密钥产生一个密钥流序列，该序列的每一项和明文字具有相同的比特长度，称为一个密钥字。然后，依次把明文流和密钥流中的对应项输入加密函数，产生相应的密文字，由密文字构成密文流输出。

按照加/解密过程中密钥流工作方式的不同，流密码一般分为同步流密码和自同步流密码两种。

（1）同步流密码

在同步流密码中，密钥流的产生完全独立于消息流（明文流或密文），如图 3-11 所示。在这种工作方式下，如果传输过程中丢失一个密文字符，发送方和接收方就必须使他们的密钥生成器重新同步，这样才能正确地加解密后续的序列，否则加解密将失败。

由于同步流密码各操作位之间相互独立，因此应用这种方式进行加解密时无错误传播，当操作过程中产生一位错误时只会影响一位，不影响后续位，这是同步序列密码的一个重要特点。

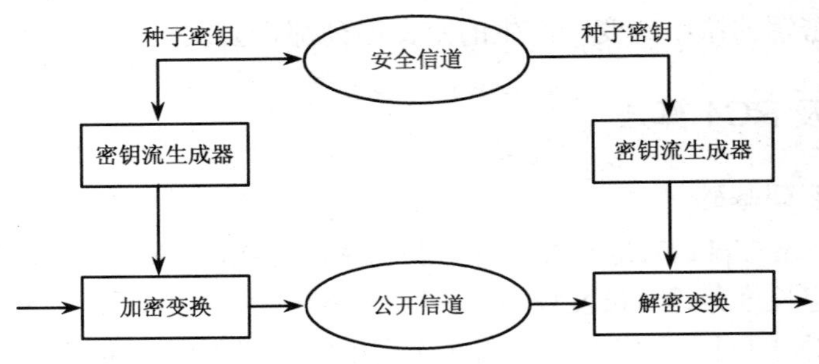

图 3-11　同步流密码

（2）自同步流密码

与同步流密码相比，自同步流密码是一种有记忆变换的密码，如图 3-12 所示。每一个密钥字符是由前面 n 个密文字符参与运算推导出来的，其中 n 为定值。即，如果在传输过程中丢失或更改了一个字符，则这一错误就要向前传播 n 个字符。因此，自同步序列密码有错误传播现象。不过，在收到 n 个正确的密文字符以后，密码自身会实现重新同步。

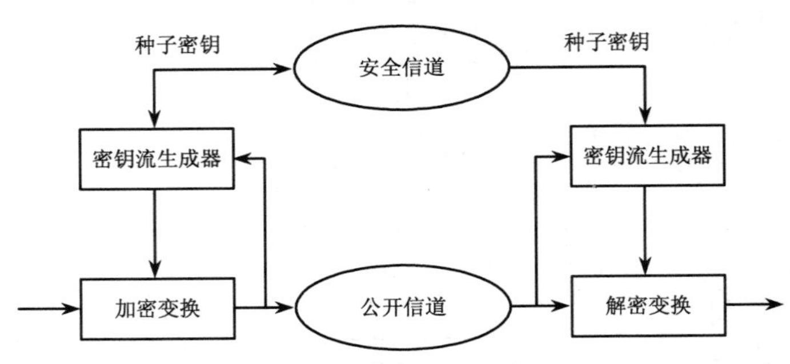

图 3-12　自同步流密码

在自同步流密码系统中，密文流参与了密钥流的生成，这使得对密钥流的分析非常复杂，从而导致了对自同步流密码进行系统的理论分析非常困难。因此，目前应用较多的流密码是自同步流密码。

目前关于流密码的理论和技术已经取得长足的发展，关键是密钥流生成器的实现，而密钥流安全强度取决于其随机性。目前常用伪随机序列发生器生成密钥流，主要包括基于移位寄存器生成、混沌序列生成等。流密码的经典算法主要有 RC4、A5 等。

3.3.3.2　RC4 算法

RC4 加密算法是大名鼎鼎的 RSA 三人组中的头号人物 Ron Rivest 在 1987 年设计的密钥长度可变的流加密算法簇。之所以称其为簇，是由于其核心部分的 S-box 长度可为任意，但一般为 256 字节。该算法的速度可以达到 DES 加密的 10 倍左右。

RC4 算法是一种在电子信息领域加密的技术手段，用于无线通信网络，是一种电子密码，只有经过授权（缴纳相应费用）的用户才能享受该服务。

RC4 算法的基本流程如图 3-13 和图 3-14 所示。

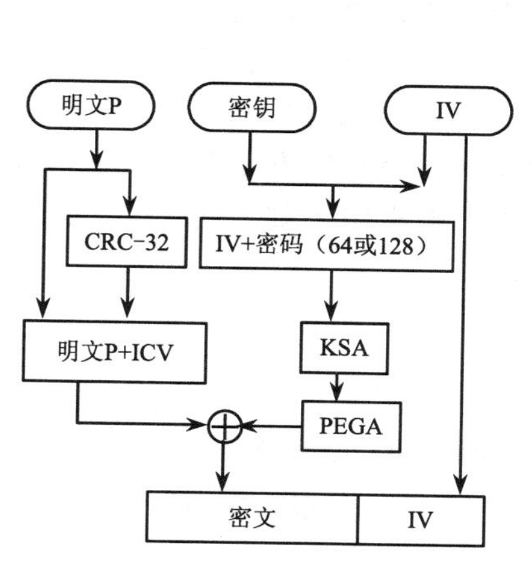

图 3-13　WEP 加密流程

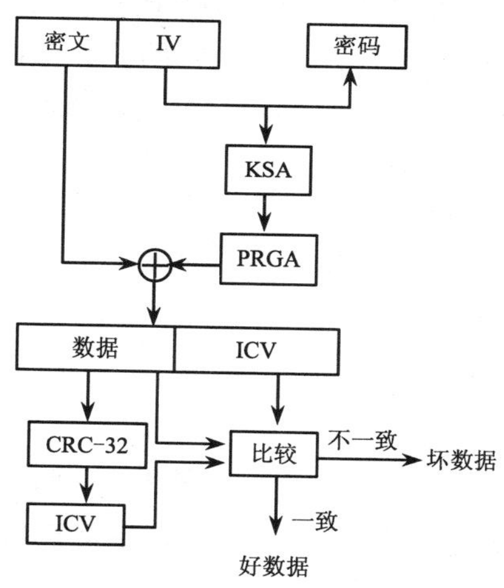

图 3-14　WEP 解密流程图

图中 IV 为初始向量；KSA（密钥调度算法）目的是乱序、设法让破译者找不出规律；PRGA（伪随机数生成算法）目的是生成用于数据加密的子密钥。

3.4　非对称密码体制

3.4.1　非对称加密的概念

如图 3-15 所示，公钥密码体制（Public-Key Cryptosystem）中，加密密钥和解密密钥是不一样的，加密密钥可以公开传播而不危及密码体制的安全性。

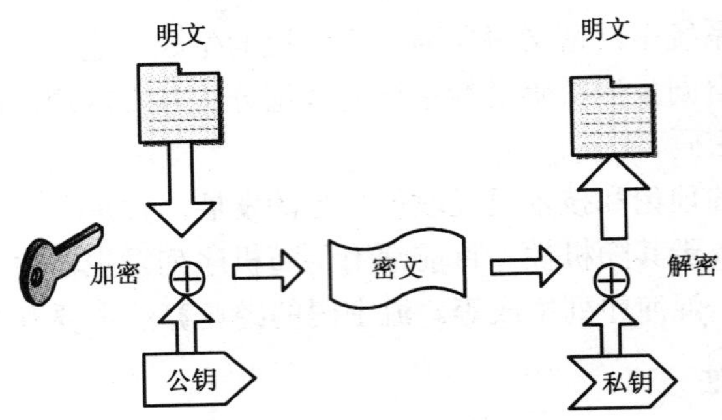

图 3-15　公钥密码的加解密过程

如图 3-15 所示，公钥密码算法的最大特点是采用两个具有一一对应关系的密钥对 $k=(p_k,s_k)$ 使加密和解密的过程相分离。公开密钥 p_k 可被记录在一个公共数据库里或者以某种可信的方式公开发放，而私有密钥 s_k 必须由持有者妥善地秘密保存。这样，任何人都可以通过某种公开的途径获得一个用户的公开密钥，然后与其进行保密通信，而解密者只能是知道相应私钥的密钥持有者。当两个用户希望借助公钥体制进行保密通信时，发信方用收信方的公开密钥 p_k 加密消息并发送给接收方；而接收方使用与公钥相对应的私钥 s_k 进行解密。根据公私钥之间严格的一一对应关系，只有与加密时所用公钥相对应的用户私钥才能够正确解密，从而恢复出正确的明文。由于这个私钥是通信中的收信方独有的，其他用户不可能知道，所以只有该收信方才能正确地恢复出明文消息，其他有意或无意获得消息密文的用户都不能解密出正确的明文，达到了保密通信的目的。

3.4.2　RSA 算法

RSA 公钥加密算法是 1977 年由 Ron Rivest、Adi Shamirh 和 LenAdleman 在（美国麻省理工学院）开发的。RSA 取名来自开发者的名字。RSA 是目前最有影响力的公钥加密算法，它能够抵抗到目前为止已知的所有密码攻击，已被 ISO 推荐为公钥数据加密标准。RSA 算法基于一个十分简单的数论事实：将两个大素数相乘十分容易，但若是想要对其乘积进行因式分解却极其困难，因此可以将乘积公开作为加密密钥。

（1）密钥生成过程

选择不同的素数 p 和 q，计算 n 和 $\varphi(n)$：

$$n=p*q$$

$$\varphi(n)=(p-1)(q-1)$$

选择整数 e，与 $\varphi(n)$ 互质，且 $1<e<\varphi(n)$。

再计算 d，使 $d*e=1 \bmod \varphi(n)$。

则：公钥 pubK=$\{e，n\}$，私钥 priK=$\{d，p，q\}$。

为抵抗整数分解算法，对模 n 的质数因子 p 和 q 要求：

① $|p-q|$ 很大，通常 p 和 q 的长度相同。

② $p-1$ 和 $q-1$ 分别含有大素因子 p_1 和 q_1。

③ p_1-1 和 q_1-1 分别含有大素因子 p_2 和 q_2。

④ $p+1$ 和 $q+1$ 分别含有大素因子 p_3 和 q_3。

（n 应在 512～1024 bit）

（2）加密过程（公钥加密）

对于明文 M（将 M 作为一个大整数，且 $M<n$；若 $M>n$，可分段加密），则密文 C：

$$C=M*(\text{mod } n)$$

（3）解密过程（私钥解密）

对于密文 C，明文 M：

$$M=C^{\text{d}}(\text{mod } p*q)$$

一个基于 RSA 算法的例子：

设 $p=43$，$q=59$，取 $e=13$，明文为“public”

（1）计算

$$n = pq=43\times59=2539;$$

$$\varphi(n)=(p-1)(q-1)=42\times58=2436;$$

$$d=e^{-1}(\text{mod } \varphi(n))=13^{-1}(\text{mod } 2436)=937(\text{mod } 2436)$$

（2）将明文数字化

a–00，b–01，…，z–25，考虑到 $n=2539$，为保证 $m<n$ 条件的满足，可将明文“public”两个字符一组转化为：1520，0111 和 0802。

（3）加密

$$c=E(m)=m^e(\text{mod } n)=1520^{13}(\text{mod } 2539)=0095(\text{mod } 2539)$$

其余两组可类似得出：1648 和 1410

（4）解密

$$m=D(c)=c^d(\text{mod } n)=0095^{937}(\text{mod } 2539)=1520(\text{mod } 2539)$$

其余两组可类似得出：0111 和 0802。

3.5　密钥管理

3.5.1　密钥管理架构

密钥管理关系到密码应用、鉴别逻辑、网络的逻辑隔离，其重要性随着信息安全技术的发展越显突出，已成为信息安全的关键技术和独立的研究方向。

1. 密钥管理研究内容

① 密钥生产。

② 密钥分发。

③ 物理（静态）和在线（动态）分发。

④ 密钥交换。

⑤ 密钥存储：集中和分散存储。

⑥ 密钥更换。

其中，最核心的技术为密钥分发和密钥存储。

2．密钥分发的机制

秘钥的分发有以下几种方式：

① 静态分发是属于自增强型或自我完善型，其安全性好，因而是长期沿用的传统密钥管理技术。

② 动态分发可以建立在秘密信道的基础上，也可以建立在开放信道的基础上。无论建立在什么基础上，都需要有专门的密钥分发协议的支持。

③ 物理分发和基于秘密信道的密钥分发以密钥管理中心 KMC（KDC）为代表，适用于专用网、保密网或各种封闭网。

④ 不依赖秘密信道的电子分发以 X.509 国际标准 CA 为代表，适用于开放网。

3．密钥分类

密钥按其作用分为三种：

① 三级密钥：会话密钥，会话密钥又称数据密钥，用于数据加密。

② 二级密钥：密钥加密密钥，保护三级密钥的密钥。在静态分发中所指的密钥管理，主要是指二级密钥的管理。

③ 一级密钥：主密钥，保护二级密钥的密钥，它是由用户选定或由系统分配给用户的、可在较长时间内由一对用户所专用的秘密密钥。

3.5.2 密钥管理的体制

密钥分配体系结构大体上可分为点对点（无中心）式和密钥分配中心式两种。

1．密钥分配点对点（无中心）式

点对点密钥分配如图 3-16 所示。

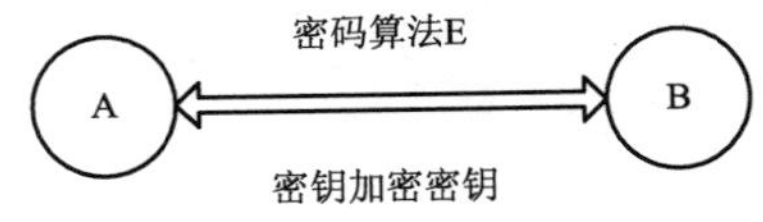

图 3-16　点对点秘钥分配

2．秘钥分配中心

最基本的密钥分配中心式体系结构是单中心式结构。整个通信网只建立一个密钥分配中心，每个用户 U 都与 KDC 共享密钥加密密钥 KEU，如图 3-17 所示。

方法 1：由 KDC 生成会话密钥 KS，并将 KS 分别用 KEA 和 KEB 加密后相应送给 A 和 B，A 和 B 分别脱密后得到共享的会话密钥 KS。

方法 2：由发方（比如说 A）生成 KS，并将 EKEA(KS)送给 KDC，KDC 解密出 KS 后，再用 KEB 加密后将 EKEB(KS)送给收方（比如说 B），B 解密即得到 KS。

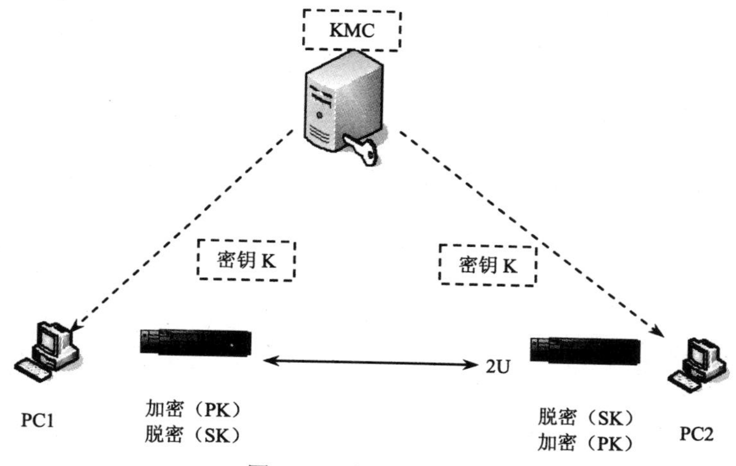

图 3-17　秘钥管理中心

 3.6　小结

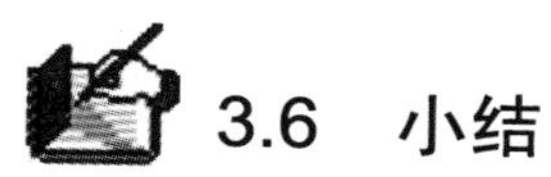

本章分析了信息安全的密码技术和秘钥管理技术。密码技术包括：对称加密和非对称加密；其中对称加密包括分组加密和流密码。秘钥管理是指密钥生产、密钥分发、密钥交换、密钥存储、密钥更换和秘钥销毁的过程。

 3.7　习题

1. 理解 DES 算法。
2. 理解 RSA 算法。
3. 说明秘钥管理的内容。
4. 画图说明秘钥管理体制。

第4章 安全机制

学习重点

1. 理解安全机制和安全服务的关系。
2. 理解安全和隐私的概念。
3. 理解PKI的工作机制。
4. 理解认证的基本工作机制。
5. 理解访问控制的机制。

4.1 概述

现在是信息化社会，越来越多的用到各种电子产品，这不可避免的涉及安全问题。而安全产品的生产要有一些规范以及标准，了解一些安全服务以及安全机制就显得尤为必要。

OSI 安全体系结构的研究始于 1982 年，于 1988 年完成，其成果标志是 ISO 发布了 ISO7498-2 标准，作为 OSI 基本参考模型的补充。这是基于 OSI 参考模型的七层协议之上的信息安全体系结构。它定义了 5 类安全服务、8 种特定的安全机制、5 种普遍性安全机制。它确定了安全服务与安全机制的关系以及在 OSI 七层模型中安全服务的配置。它还确定了 OSI 安全体系的安全管理。

安全服务是指计算机网络提供的安全防护措施。国际标准化组织（ISO）定义了以下几种基本的安全服务：认证服务、访问控制、数据机密性服务、数据完整性服务、不可否认服务。

安全机制是用来实施安全服务的机制。安全机制既可以是具体的、特定的，也可以是通用的。主要的安全机制有以下几种：加密机制、数字签名机制、访问控制机制、数据完整性机制、认证交换机制、流量填充机制、路由控制机制和公证机制等。

安全服务和安全机制两者之间的关系如表 4-1 所示。

表 4-1　安全服务与安全机制的关系

服务 \ 安全机制	加密	数字签名	访问控制	数据完整	鉴别交换	业务填充	路由控制	公证
同等实体认证	Y	Y	●	●	Y	●	●	●
数据源认证	Y	Y	●	●	●	●	●	●
访问控制	●	●	Y	●	●	●	●	●
连接保密性	Y	●	●	●	●	●	Y	●
无连接保密性	Y	●	●	●	●	●	Y	●
选择域保密性	Y	●	●	●	●	●	●	●
流量保密性	Y	●	●	●	●	Y	Y	●
带恢复连接完整性	Y	●	●	Y	●	●	●	●
无恢复连接完整性	Y	●	●	Y	●	●	●	●
选择域连接完整性	Y	●	●	Y	●	●	●	●
无连接完整性	Y	Y	●	Y	●	●	●	●
选择域无连接完整性	Y	Y	●	Y	●	●	●	●
源不可否认性	●	Y	●	Y	●	●	●	Y
宿不可否认性	●	Y	●	Y	●	●	●	Y

注：“Y”表示该项安全机制适合提供对应的安全服务，它既可以单独使用，也可以与其他机制联合使用；而“●”则表示不适合。

ISO7498-2 标准定义的安全服务的标准为生产一些安全产品提供了一个参考方向与

基础，也就是说安全产品必须包括安全服务中的一些特性才能称之为“安全的”，而安全机制则是为了制定安全服务所依循的基础。

4.2　开放的互联网安全模型

模型（Model）就是一个系统的抽象表现（Abstract Representation）。由于一个真实的系统可能太庞大，也可能含有许多细节，常常超过人类智力可能认知的范围，所以人们必须从系统中“抽”离出重要的“现象”（Essential Factor），让人们能够认识与理解系统的重要特性，包括系统各组件的静态与动态合作关系。本节分析互联网的安全模型。

4.2.1　安全模型

在网络信息传输或存储过程中，为了保证信息传输的安全性，一般需要一个值得信任的第三方，负责向源结点和目的结点进行秘密信息分发，同时在双方发生争执时，也要起到仲裁的作用；保证信息不被非法利用采取访问控制技术。

在基本的安全模型中，通信的双方在进行信息传输前，先建立起一条逻辑通道，并提供安全的机制和服务，来实现在开放网络环境中信息的安全传输。图 4-1 所示即为基本安全模型的示意图。

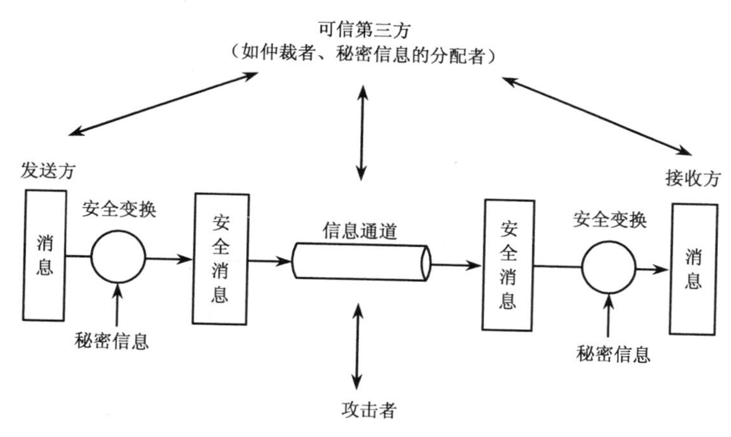

图 4-1　信息安全信息流模型

① 从源结点发出的信息，使用信息加密等加密技术对其进行安全的转发，从而实现该信息的保密性，同时也可以在该信息中附加一些特征的信息，作为源结点的身份验证。

② 源结点与目的结点应该共享如加密密钥这样的保密信息，这些信息除了发送双方和可信任的第三方以外，对其他用户都是保密的。

③ 对信息访问的身份合法性验证，只有具有授权并且通过某些验证的访问者才可以实现对信息的利用，如通过口令等验证。

④ 对访问信息系统的监控，其可以完成检测、审计各种威胁，防止非法入侵，保护信息安全。

信息安全访问控制模型如图 4-2 所示。

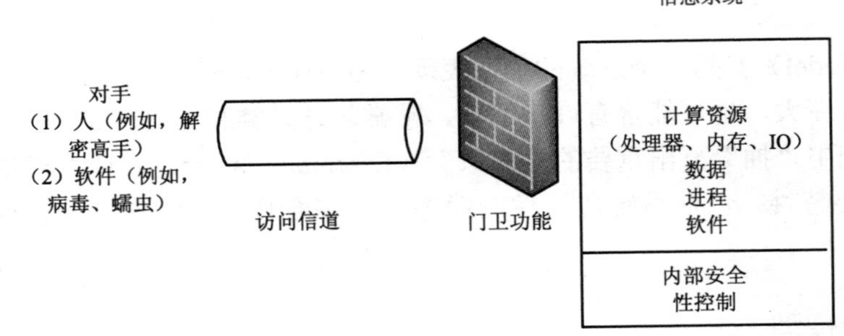

图 4-2　信息安全访问控制模型

4.2.2　安全机制

ISO7498-2 定义的八种安全机制如图 4-3 所示。

① 加密机制：对数据进行密码变换以产生密文。

② 数据完整性机制：利用信息本身创建一个键值，接收方收到信息本身和键值，也对此信息计算键值，对键值比较，若相同则信息完整。

③ 数字签名机制：附加在数据单元中的一些数据，以证明声称发送信息的人。

④ 鉴别交换机制：在 N 层上利用各种鉴别技术来实现对等实体鉴别。

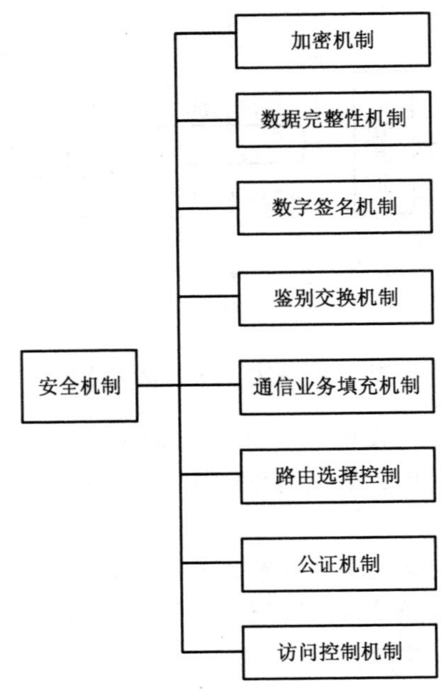

图 4-3　OSI 安全机制

⑤ 通信业务填充机制：在数据流中嵌入一些数据，对抗通信业务分析的保护方法。

⑥ 路由选择控制：根据物理安全、攻击状况、数据安全级别，选择路由的方法。

⑦ 公证机制：由第三方公证，保证实体之间通信数据的完整性。

⑧ 访问控制机制：根据实体已经鉴别的身份、实体信息、实体的权利，实施访问。

4.2.3 安全服务

ISO7498-2 定义的五种安全服务如图 4-4 所示。

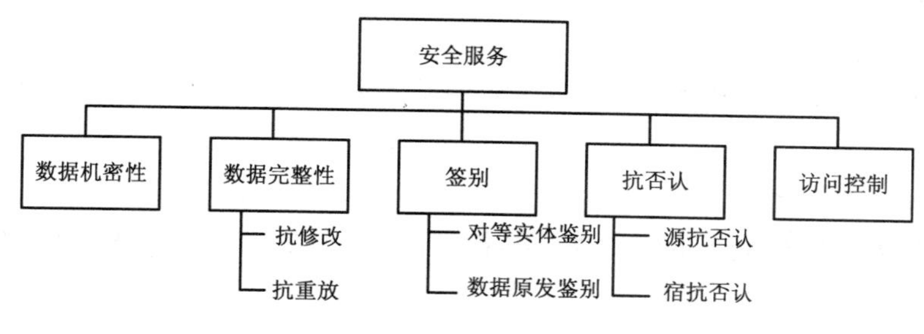

图 4-4 OSI 安全服务

1. 鉴别

鉴别服务提供对通信中的对等实体和数据来源的鉴别，分述如下：

（1）对等实体鉴别

确认有关的对等实体是所需的实体。这种服务由 *N* 层提供时，将使 *N*+1 层实体确信与之打交道的对等实体正是它所需要的 *N*+1 实体。

这种服务在连接建立或在数据传送阶段的某些时刻提供使用，用以证实一个或多个连接实体的身份。使用这种服务可以（仅仅在使用时间内）确信：一个实体此时没有试图冒充（一个实体伪装为另一个不同的实体）别的实体，或没有试图将先前的连接作非授权地重放（出于非法的目的而重新发送截获的合法通信数据项的副本）；实施单向或双向对等实体鉴别也是可能的，可以带有效期检验，也可以不带。这种服务能够提供各种不同程度的鉴别保护。

（2）数据原发鉴别

确认接收到的数据的来源是所要求的。这种服务当由 *N* 层提供时，将使 *N*+1 实体确信数据来源正是所要求的对等 *N*+1 实体。数据原发鉴别服务对数据单元的来源提供确认。这种服务对数据单元的重放或篡改不提供鉴别保护。

2. 访问控制

防止对资源的未授权使用，包括防止以未授权方式使用某一资源。这种服务提供保护以对付开放系统互连可访问资源的非授权使用。这些资源可以是经开放系统互连协议访问到的 OSI 资源或非 OSI 资源。这种保护服务可应用于对资源的各种不同类型的访问（例如，使用通信资源、读写或删除信息资源、处理资源的操作），或应用于对某种资源的所有访问。

这种访问控制要与不同的安全策略协调一致。

3．数据机密性

这种服务对数据提供保护，使之不被非授权地泄露。具体分为以下几种：

（1）连接机密性

这种服务为一次 *N* 连接上的全部 *N* 用户数据保证其机密性。但对于某些使用中的数据，或在某些层次上，将所有数据（例如加速数据或连接请求中的数据）都保护起来反而是不适宜的。

（2）无连接机密性

这种服务为单个无连接的 N-SDU（N 层服务数据单元）中的全部 *N* 用户数据提供机密性保护。

（3）选择字段机密性

这种服务为那些被选择的字段保证其机密性，这些字段或处于 *N* 连接的 *N* 用户数据中，或为单个无连接的 N-SDU 中的字段。

（4）通信业务流机密性

这种服务提供的保护，使得无法通过观察通信业务流推断出其中的机密信息。

4．数据完整性

这种服务对付主动威胁。在一次连接上，连接开始时使用对某实体的鉴别服务，并在连接的存活期使用数据完整性服务就能联合起来为在此连接上传送的所有数据单元的来源提供确证，为这些数据单元的完整性提供确证，例如使用顺序号，可为数据单元的重放提供检测。数据完整性可分为以下几种：

（1）带恢复的连接完整性

这种服务为 *N* 连接上的所有 *N* 用户数据保证其完整性，并检测整个 SDU 序列中的数据遭到的任何篡改、插入、删除或同时进行补救或恢复。

（2）无恢复的连接完整性

与上款的服务相同，只是不做补救或恢复。

（3）选择字段的连接完整性

这种服务为在一次连接上传送的N-SDU的*N*用户数据中的选择字段保证其完整性，所取形式是确定这些被选字段是否遭受了篡改、插入、删除或不可用。

（4）无连接完整性

这种服务当由 *N* 层提供时，对发出请求的那个 *N*+1 实体提供了完整保护。

这种服务为单个的无连接的SDU保证其完整性，所取形式可以是一个接收到的SDU是否遭受了篡改。此外，在一定程度上也能提供对连接重放的检测。

（5）选择字段无连接完整性

这种服务为单个连接上的 SDU 中的被选字段保证其完整性，所取形式为被选字段是否遭受了篡改。

5. 抗否认

这种服务可取如下两种形式，或两者之一：

（1）有数据原发证明的抗否认

为数据的接收者提供数据的原发证据。这将使发送者不承认未发送过这些数据或否认其内容的企图不能得逞。

（2）有交付证明的抗否认

为数据的发送者提供数据交付证据。这将使接收者事后不承认收到过这些数据或否认其内容的企图不能得逞。

4.3 PKI 技术

PKI 技术的主要任务是在开放环境中为开放性业务提供数字签名服务。数字签名必然涉及密钥管理，可以说 PKI 是公钥动态管理的一种标准化技术。PKI 主要由两部分协议构成：制作协议和运行协议，PKI 的核心是证书，但其主体是运行协议。

4.3.1 信任和隐私

1. 信任

（1）概念

信任在汉语字典里的注释是“相信并加以任用”，“意志坚定地将心托付，无论发生什么事，凭着对一个人的了解，都有理由去相信一个人的所做所为，不会因为流言蜚语，不会由于误解而去改变对一个人的看法，会去求证真相。”

在社会科学中，信任被认为是一种依赖关系。值得信任的个人或团体意味着他们寻求实践政策、道德守则、法律和其先前的承诺。

卢曼给信任的定义为：“信任是为了简化人与人之间的合作关系。”

管理领域中对于人际信任的概念，无论是在人际间、团队间、组织间的层次上，均具备下列六项特色：相互依赖性、心理概念、善意、理性决策、感情成分、最高的信任。

在现代社会体系中，无论从经济上还是社会生活上，信任都已经被赋予了新的含义：对可能存在的危机或者潜在的困难依然保持的正面期待，就叫信任。

在信息安全领域中，目前很难做出一个科学的界定，国际上也没有一个统一的说法。国务院 2006［11］号文《关于网络信任体系建立的若干意见》就事论事地表述为“网络信任体系是以密码技术为基础，以法律法规、技术标准和基础设施为主要内容，以解决网络应用中身份认证、授权管理和责任认定等为目的的完整体系。”

（2）信任模型

信任模型是指建立信任关系和验证证书时寻找和遍历信任路径的模型。PKI 是建立信任模型的一个重要实践，如图 4-5 所示。

信任模型要解决的三个问题：

① 一个实体能够信任的证书是怎样被确定的。

② 这种信任是怎样被建立的。

③ 在一定的环境下，这种信任在什么情形下能够被限制和控制。

2. 隐私

（1）概念

隐私的概念在不同的国家、文化和管辖范围内（有时是在这些范围之内）差别很大。隐私主要是由公众期待和法律解释所形成，因此很难给它一个简单的定义。隐私的权利和义务与个人数据的收集、使用、披露、存储和销毁方面相关。总体来说，隐私是关于企业对于数据所有者所负有的责任，以及关于机构对个人信息的业务活动的透明度。

经济合作与发展组织（OECD）对隐私的定义：任何与已识别或可识别的个人（数据所有者）相关的信息。

美国注册会计师协会（AICPA）和加拿大特许会计协会（CICA）在公认隐私原则（GAPP）标准中提出：隐私是“个人或机构收集、使用、保留和披露个人信息的权利和义务”。

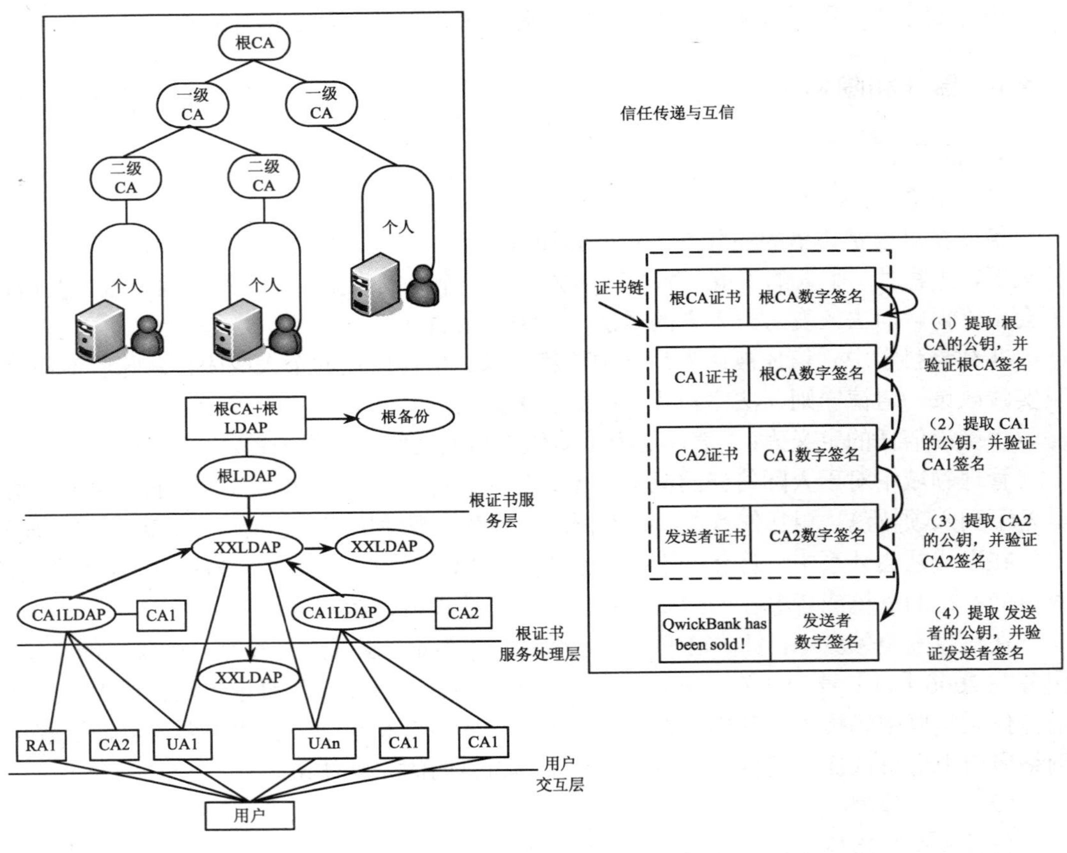

图 4-5　信任模型

（2）隐私保护

① 个人：随着网络的不断发展，相关的安全性问题特别是个人隐私的保护备受关注，据媒体调查显示，互联网时代，55.8%的受访者认为保护个人隐私“越来越难”，29.3%的

人认为“个人信息被随意公开泄露”。而提高保护意识是杜绝个人信息外泄的重要方法。

2000 年以来，个人的隐私和安全变成了一个不容忽视的大问题。手机摄像头无处不在，稍微不小心，自己和恋人的亲密过程可能第二天就会成为网络里的头条，顿时天下皆知。

② 网络保护：

- 个人登录的身份、健康状况。网络用户在申请上网开户、个人主页、免费邮箱以及申请服务商提供的其他服务（购物、医疗、交友等）时，服务商往往要求用户输入姓名、年龄、住址、身份证、工作单位等身份和健康状况，服务者得以合法地获得用户的这些个人隐私，服务者有义务和责任保守个人的这些秘密，未经授权不得泄露。
- 个人的信用和财产状况，包括信用卡、电子消费卡、上网卡、上网账号和密码、交易账号和密码等。个人在上网、网上购物、消费、交易时，登录和使用的各种信用卡、账号均属个人隐私，不得泄露。
- 邮箱地址。邮箱地址同样也是个人的隐私，用户大多数不愿将之公开。掌握、搜集用户的邮箱，并将之公开或提供给他人，致使用户收到大量的广告邮件、垃圾邮件或遭受攻击不能使用，使用户受到干扰，显然也侵犯了用户的隐私权。
- 网络活动踪迹。个人在网上的活动踪迹，如 IP 地址、浏览踪迹、活动内容，均属个人的隐私。显示、跟踪并将该信息公诸于众或提供给他人使用，也属侵权。例如，将某人的 IP 地址告诉黑客，使其受到攻击；或将某人浏览黄色网页、办公时间上网等信息公诸于众，使其形象受损，这些也可构成对网络隐私权的侵犯。

通过使用纯网页版本的软件有利于保护隐私，比如纯网页版本的 PPMEET 视频会议；而需要安装到计算机硬盘上的软件会对用户隐私安全保护方面造成相当大的影响，存在潜在危机。

③ 法律：最高人民法院 2001 年 3 月公布的司法解释中明确了对隐私权的保护。但该解释没有对隐私和隐私权两个概念的内涵和外延进行界定，只是强调“违反公共利益、公共道德，侵害他人隐私”即侵害人违反法律和公共道德的情况，而没有说明如果受侵害的隐私违反公共利益和重要的公共道德时是否受保护的问题，从而造成一种隐私与隐私权两个概念等同的错觉。此问题如不解决，法律适用过程中的冲突与混乱仍将不可避免。

美国 1974 年制定《联邦隐私权法》，1986 年通过《联邦电子通讯隐私法案》，2000 年 4 月出台了第一部关于网上隐私的联邦法律《儿童网上隐私保护法》，还有《公民网络隐私权保护暂行条例》、《个人隐私权与国家信息基础设施》等法律作为业界自律的辅助手段。欧盟在 1997 年通过《电信事业个人数据处理及隐私保护指令》之后，又先后制定了《Internet 上个人隐私权保护的一般原则》、《信息公路上个人数据收集、处理过程中个人权利保护指南》等相关法律。

4.3.2　PKI 的基本定义与组成

1．定义

PKI 的基本定义十分简单，所谓 PKI 就是一个用公钥概念和技术实施和提供安全服务的具有普适性的安全基础设施。PKI 是一种新的安全技术，它由公开密钥密码技术、数字证书、证书发放机构（CA）和关于公开密钥的安全策略等基本成分共同组成。PKI 是利用公钥技术实现网络安全的一种体系，是一种基础设施，网络通信、网上交易是利用它来保证安全的。从某种意义上讲，PKI 包含了安全认证系统，即安全认证系统，CA 系统是 PKI 不可缺的组成部分。

2. 工作原理

通常，使用的加密算法比较简便高效，密钥简短，破译极其困难，由于系统的保密性主要取决于密钥的安全性，所以，在公开的计算机网络上安全地传送和保管密钥是一个严峻的问题。正是由于对称密码学中双方都使用相同的密钥，因此无法实现数据签名和不可否认性等功能。而与此不同的非对称密码学，具有两个密钥，一个是公钥一个是私钥，它们具有这种性质：用公钥加密的文件只能用私钥解密，而私钥加密的文件只能用公钥解密。公钥，顾名思义是公开的，所有的人都可以得到它；私钥，顾名思义是私有的，不应被其他人得到，具有唯一性。这样就可以满足电子商务中需要的一些安全要求。例如，要证明某个文件是特定人的，该人就可以用他的私钥对文件加密，别人如果能用他的公钥解密此文件，说明此文件就是这个人的，这就可以说是一种认证的实现。另外，如果只想让某个人看到一个文件，就可以用此人的公钥加密文件然后传给他，这时只有他自己可以用私钥解密，这可以说是保密性的实现。基于这种原理还可以实现完整性。这就是 PKI 所依赖的核心思想，这部分对于深刻把握 PKI 是很重要的，而恰恰这部分是最有意思的。

3. 组成

PKI 公钥基础设施是提供公钥加密和数字签名服务的系统或平台，目的是为了管理密钥和证书。一个机构通过采用 PKI 框架管理密钥和证书可以建立一个安全的网络环境。PKI 的基本组成如图 4-6 所示。

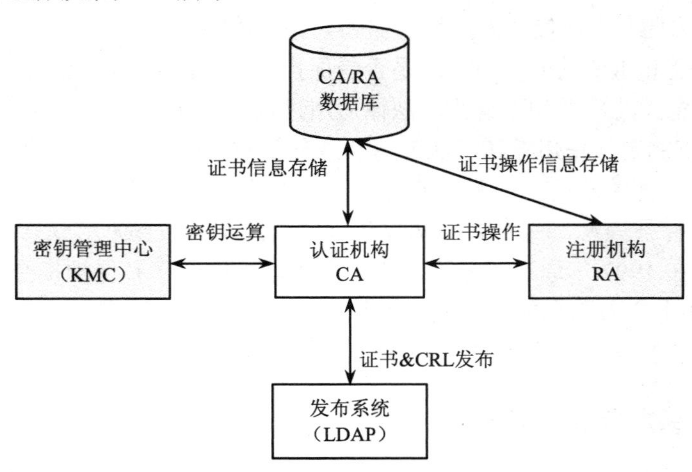

图 4-6 PKI 的基本组成

PKI 主要包括四个部分：X.509 格式的证书（X.509 V3）和证书废止列表 CRL（X.509

V2）、CA 操作协议、CA 管理协议、CA 政策制定。一个典型、完整、有效的 PKI 应用系统至少应具有以下五个部分；

① 认证中心 CA：CA 是 PKI 的核心，CA 负责管理 PKI 结构下的所有用户（包括各种应用程序）的证书，把用户的公钥和用户的其他信息捆绑在一起，在网上验证用户的身份。CA 还要负责用户证书的黑名单登记和黑名单发布，后面有 CA 的详细描述。

② X.500 目录服务器：X.500 目录服务器用于发布用户的证书和黑名单信息，用户可通过标准的 LDAP 协议查询自己或其他人的证书和下载黑名单信息。

③ 具有高强度密码算法（SSL）的安全 WWW 服务器 Secure Socket Layer（SSL）协议最初由 Netscape 企业发展，现已成为网络用来鉴别网站和网页浏览者身份，以及在浏览器使用者及网页服务器之间进行加密通信的全球化标准。

④ Web（安全通信平台）：Web 有 Web Client 端和 Web Server 端两部分，分别安装在客户端和服务器端，通过具有高强度密码算法的 SSL 协议保证客户端和服务器端数据的机密性、完整性、身份验证。

⑤ 自开发安全应用系统：各行业自开发的各种具体应用系统，例如银行、证券的应用系统等。完整的 PKI 包括认证政策的制定（包括遵循的技术标准、各 CA 之间的上下级或同级关系、安全策略、安全程度、服务对象、管理原则和框架等）、认证规则、运作制度的制定、所涉及的各方法律关系内容以及技术的实现等。

4.3.3 PKI 的核心部分 CA

1. CA 的核心功能

认证中心 CA 作为 PKI 的核心部分，CA 实现了 PKI 中一些很重要的功能。概括地说，认证中心（CA）的功能有：证书发放、证书更新、证书撤销和证书验证。CA 的核心功能就是发放和管理数字证书，具体描述如下：

① 接收验证最终用户数字证书的申请。

② 确定是否接受最终用户数字证书的申请——证书的审批。

③ 向申请者颁发、拒绝颁发数字证书——证书的发放。

④ 接收、处理最终用户的数字证书更新请求——证书的更新。

⑤ 接收最终用户数字证书的查询、撤销。

⑥ 产生和发布证书废止列表（CRL）。

⑦ 数字证书的归档。

⑧ 密钥归档。

⑨ 历史数据归档。

认证中心 CA 为了实现其功能，主要由以下三部分组成：

① 注册服务器：通过 Web Server 建立的站点，可为客户提供 24×7 不间断的服务。客户在网上提出证书申请和填写相应的证书申请表。

② 证书申请受理和审核机构：负责证书的申请和审核。它的主要功能是接受客户证书申请并进行审核。

③ 认证中心服务器：是数字证书生成、发放的运行实体，同时提供发放证书的管理、证书废止列表的生成和处理等服务。

2．CA 的要求

在具体实施时，CA 的必须做到以下几点：

① 验证并标识证书申请者的身份。

② 确保 CA 用于签名证书的非对称密钥的质量。

③ 确保整个签证过程的安全性，确保签名私钥的安全性。

④ 证书资料信息（包括公钥证书序列号、CA 标识等）的管理。

⑤ 确定并检查证书的有效期限。

⑥ 确保证书主体标识的唯一性，防止重名。

⑦ 发布并维护作废证书列表。

⑧ 对整个证书签发过程做日志记录。

⑨ 向申请人发出通知。

在这其中最重要的是 CA 自己的一对密钥的管理，它必须确保其高度的机密性，防止他方伪造证书。CA 的公钥在网上公开，因此整个网络系统必须保证完整性。CA 的数字签名保证了证书（实质是持有者的公钥）的合法性和权威性。

3．用户公钥的方式

用户的公钥有两种产生的方式：

① 用户自己生成密钥对，然后将公钥以安全的方式传送给 CA，该过程必须保证用户公钥的验证性和完整性。

② CA 替用户生成密钥对，然后将其以安全的方式传送给用户，该过程必须确保密钥对的机密性、完整性和可验证性。该方式下，由于用户的私钥为 CA 所产生，所以对 CA 的可信性有更高的要求。CA 必须在事后销毁用户的私钥。

一般而言公钥有两大类用途，一个是用于验证数字签名，一个是用于加密信息。相应的在 CA 系统中也需要配置用于数字签名/验证签名的密钥对和用于数据加密/解密的密钥对，分别称为签名密钥对和加密密钥对。由于两种密钥对的功能不同，管理起来也不大相同，所以在 CA 中为一个用户配置两对密钥，两张证书。

CA 中比较重要的几个概念点有：证书库。证书库是 CA 颁发证书和撤销证书的集中存放地，它像网上的“白页”一样，是网上的一种公共信息库，供广大公众进行开放式查询。这是非常关键的一点，因为构建 CA 的最根本目的就是获得他人的公钥。目前通常的做法是将证书和证书撤销信息发布到一个数据库中，成为目录服务器，它采用 LDAP 目录访问协议，其标准格式采用 X.500 系列。随着该数据库的增大，可以采用分布式存放，即采用数据库镜像技术，将其中一部分与本组织有关的证书和证书撤销列表存放到本地，以提高证书的查询效率。这一点是任何一个大规模的 PKI 系统成功实施的基本需求，也是创建一个有效的认证机构 CA 的关键技术之一。

另一个重要的概念是证书的撤销。由于现实生活中的一些原因，比如私钥的泄漏、当事人的失踪死亡等情况的发生，应当对其证书进行撤销。这种撤销应该是及时的，因为如果撤销延迟，那么会使得不再有效的证书仍被使用，将造成一定的损失。在 CA

中，证书的撤销使用的手段是证书撤销列表，即将作废的证书放入 CRL 中，并及时公布于众，根据实际情况不同可以采取周期性发布机制和在线查询机制两种方式。

密钥的备份和恢复也是很重要的一个环节。如果用户由于某种原因丢失了解密数据的密钥，那么被加密的密文将无法解开，这将造成数据丢失。为了避免这种情况发生，PKI 提供了密钥备份于解密密钥的恢复机制。这一工作也是应该由可信的机构 CA 来完成的，而且，密钥的备份与恢复只能针对解密密钥，而签名密钥不能做备份，因为签名密钥是用于不可否认性的证明的，如果存有备份，那么将会不利于保证不可否认性。

还有，一个证书的有效期是有限的，这样规定既有理论上的原因，又有实际操作的因素。在理论上诸如关于当前非对称算法和密钥长度的可破译性分析，同时在实际应用中，证明密钥必须有一定的更换频度，才能得到密钥使用的安全性。因此，一个已颁发的证书需要有过期的措施，以便更换新的证书。为了解决密钥更新的复杂性和人工干预的麻烦，应由 PKI 本身自动完成密钥或证书的更新，完全不需要用户的干预。它的指导思想是：无论用户的证书用于何种目的，在认证时，都会在线自动检查有效期，当失效日期到来之前的某时间间隔内，自动启动更新程序，生成一个新的证书来替代旧证书。

4.3.4 数字证书

数字证书就是互联网通信中标志通信各方身份信息的一系列数据，提供了一种在 Internet 上验证身份的方式，其作用类似于司机的驾驶执照或日常生活中的身份证。人们可以在网上用它来识别对方的身份。数字证书是一个经证书授权中心数字签名的包含公开密钥拥有者信息以及公开密钥的文件。最简单的证书包含一个公开密钥、名称以及证书授权中心的数字签名。其基本内容包括：

① 证书的版本信息。

② 证书授予的主体名称和标识。

③ 证书的唯一序列号。

④ 证书所使用的签名算法。

⑤ 证书的发行机构名称及其私钥的签名。

⑥ 证书的有效期。

⑦ 证书使用者的名称及其公钥的信息等。

数字证书里存有很多数字和英文，当使用数字证书进行身份认证时，它将随机生成 128 位的身份码，每份数字证书都能生成相应但每次都不可能相同的数码，从而保证数据传输的保密性，即相当于生成一个复杂的密码。

数字证书绑定了公钥及其持有者的真实身份，它类似于现实生活中的居民身份证，所不同的是数字证书不再是纸质的证照，而是一段含有证书持有者身份信息并经过认证中心审核签发的电子数据，可以更加方便灵活地运用在电子商务和电子政务中，如图 4-7 所示。

数字证书的应用。

① 个人证书、电子邮件证书。

② 企业（法人/员工）证书。

③ 设备证书、服务器证书。

④ 虚拟专用网证书。

⑤ 代码和表单签名证书。

⑥ 数字时间戳（Digital Time Stamp，DTS）。

⑦ 数字水印（非数字证书）。

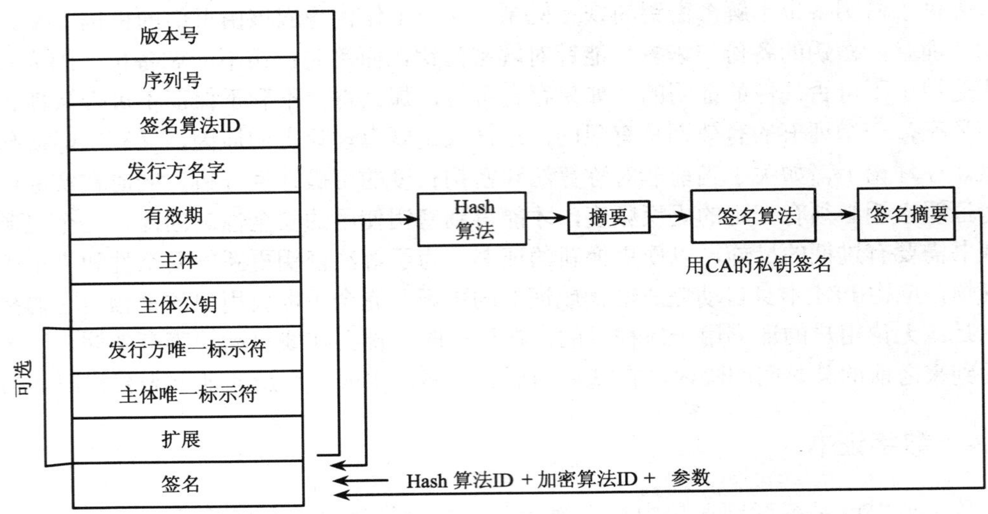

图 4-7　数字证书

4.4　数字签名

4.4.1　基本概念

数字签名，就是只有信息的发送者才能产生的别人无法伪造的一段数字串，这段数字串同时也是对信息的发送者发送信息真实性的一个有效证明。

数字签名是非对称密钥加密技术与数字摘要技术的应用。

数字签名的文件的完整性是很容易验证的（不需要骑缝章、骑缝签名，也不需要笔迹专家），而且数字签名具有不可抵赖性（不需要笔迹专家来验证）。

简单地说，所谓数字签名就是附加在数据单元上的一些数据，或是对数据单元所作的密码变换。这种数据或变换允许数据单元的接收者用以确认数据单元的来源和数据单元的完整性并保护数据，防止被人（例如接收者）进行伪造。它是对电子形式的消息进行签名的一种方法，一个签名消息能在一个通信网络中传输。基于公钥密码体制和私钥密码体制都可以获得数字签名，特殊数字签名有盲签名、代理签名、群签名、不可否认签名、公平盲签名、门限签名、具有消息恢复功能的签名等，它与具体应用环境密切相关。显然，数字签名的应用涉及法律问题，美国联邦政府基于有限域上的离散对数问题制定了自己的数字签名标准（DSS）。

数字签名（Digital Signature）技术是不对称加密算法的典型应用。数字签名的应用过程是：数据源发送方使用自己的私钥对数据校验和或其他与数据内容有关的变量进行加密处理，完成对数据的合法“签名”；数据接收方则利用对方的公钥来解读收到的“数字签名”，并将解读结果用于对数据完整性的检验，以确认签名的合法性。数字签名技术是在网络系统虚拟环境中确认身份的重要技术，完全可以代替现实过程中的“亲笔签字”，在技术和法律上有保证。在数字签名应用中，发送者的公钥可以很方便地得到，但其私钥则需要严格保密。

4.4.2　单向陷门函数

单向陷门函数（散列函数/哈希函数/压缩函数）是有一个陷门的一类特殊单向函数。它首先是一个单向函数，在一个方向上易于计算而反方向却难于计算。但是，如果知道那个秘密陷门，则也能很容易地在另一个方向计算这个函数。即已知 x，易于计算 $f(x)$，而已知 $f(x)$，却难于计算 x。然而，一旦给出 $f(x)$ 和一些秘密信息 y，就很容易计算 x。在公开密钥密码中，计算 $f(x)$ 相当于加密，陷门 y 相当于私有密钥，而利用陷门 y 求 $f(x)$ 中的 x 则相当于解密。利用单向陷门函数可实现对消息的摘要，如图 4-8 所示。

图 4-8　单向陷门函数

单向陷门函数具有以下特性：

① 单向性：从输出很难确定输入消息。

② 一致性：相同输入产生相同输出（稳定）。

③ 随机性：随机外观，以防猜测源消息。

④ 唯一性：不同输入产生不同输出。

⑤ 均匀性：输入的每一位变化均匀反映到输出。

常用单向函数算法如下：

① MD5（Message Digest Algorithm 5，消息摘要算法 5）：RSA 数据安全公司开发。

② SHA（Secure Hash Algorithm，安全哈希算法）：可以对任意长度的数据运算生成一个 160 位的数值。

③ MAC（Message Authentication Code，消息认证代码）：一种使用密钥的单向函数，可用以在系统或用户之间传递认证文件或消息。

④ CRC（Cyclic Redundancy Check，循环冗余校验码）。

4.4.3　数字签名技术

数字签名技术是将摘要信息用发送者的私钥加密，与原文一起传送给接收者。接收者只有用发送的公钥才能解密被加密的摘要信息，然后用 Hash 函数对收到的原文产生一个摘要信息，与解密的摘要信息对比。如果相同，则说明收到的信息是完整的，在传输过程中没有被修改，否则说明信息被修改过，因此数字签名能够验证信息的完整性，如图 4-9 所示。

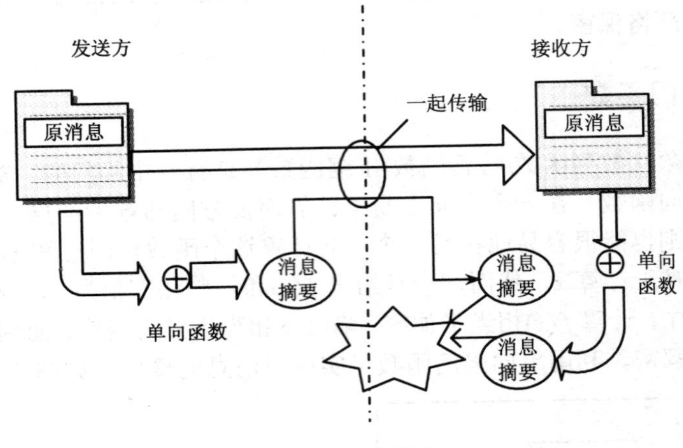

图 4-9　数字签名

目前常用的数字签名体制主要是基于公钥密码体制的数字签名。包括普通数字签名和特殊数字签名。普通数字签名算法有 RSA、ElGamal、Fiat-Shamir、Guillou-Quisquarter、Schnorr、Ong-Schnorr-Shamir 数字签名算法、Des/DSA、椭圆曲线数字签名算法和有限自动机数字签名算法等。

1. RSA 体制

RSA 体制的数字签名和验证的算法过程如下：

① 发送方首先用 Hash 函数从原文得到数字签名，然后采用公开密钥体系用发达方的私有密钥对数字签名进行加密，并把加密后的数字签名附加在要发送的原文后面。

② 发送一方选择一个秘密密钥对文件进行加密，并把加密后的文件通过网络传输到接收方。

③ 发送方用接收方的公开密钥对密秘密钥进行加密，并通过网络把加密后的秘密密钥传输到接收方。

④ 接收方使用自己的私有密钥对密钥信息进行解密，得到秘密密钥的明文。

⑤ 接收方用秘密密钥对文件进行解密，得到经过加密的数字签名。

⑥ 接收方用发送方的公开密钥对数字签名进行解密，得到数字签名的明文。

⑦ 接收方用得到的明文和 Hash 函数重新计算数字签名，并与解密后的数字签名进行对比。如果两个数字签名是相同的，说明文件在传输过程中没有被破坏。

如果第三方冒充发送方发出了一个文件，因为接收方在对数字签名进行解密时使用的是发送方的公开密钥，只要第三方不知道发送方的私有密钥，解密出来的数字签名和经过计算的数字签名必然是不相同的。这就提供了一个安全的确认发送方身份的方法。

2. DSS 数字签名体制

美国 NIST 1994 年颁布的一个数字签名标准，其基本算法如图 4-10 所示。

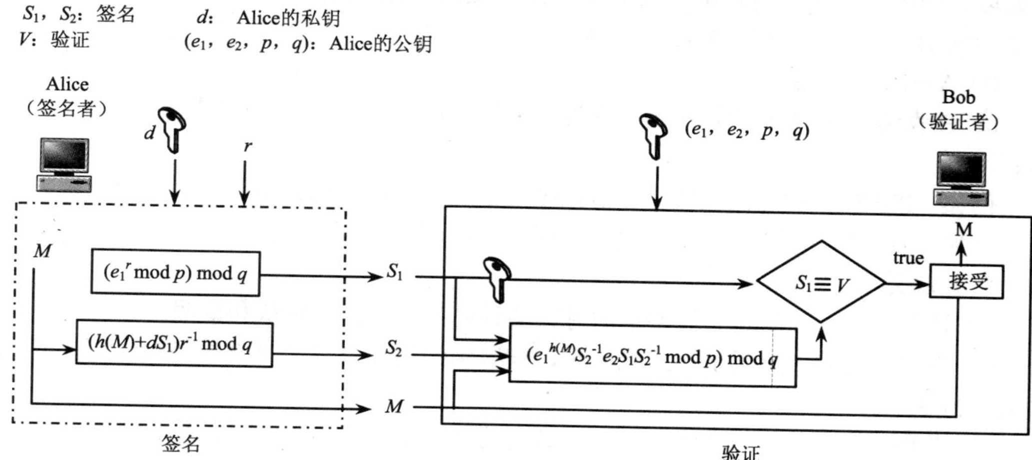

图 4-10　DSS 数字签名算法

（1）签名

① 发送方选择一个随机数 r。

② 计算出第一个签名 S_1。

③ 创建一个消息摘要 $h(M)$。

④ 计算第二个消息摘要 S_2。

⑤ 发送 M，S_1，S_2。

（2）验证

① 检验 S_1 符合条件：$0<S_1<q$。

② 检验 S_2 符合条件：$0<S_2<q$。

③ 运用和发送方相同的算法计算 $h(M)$。

④ 计算 V。

⑤ 比较 S_1 是否和 V 同余，同余则接受信息，否则拒绝。

（3）盲签名

定义：消息需要某人签名，但签名者不能知道文档的内容。

基本思想：

① Bob 创建一个信息并把它隐藏起来，Bob 发送信息给 Alice。

② Alice 在这个隐藏的信息上签名，在把签名转到这个信息上。

③ Bob 打开这个签名可以获得在原信息上的签名。

4.5　认证

4.5.1　认证的概念

认证（Authentication）又称鉴别、确认，是证实某事是否名符其实或是否有效的一个过程。认证与加密的区别在于：加密用以确保数据的保密性，阻止敌手的被动攻击，如截取、窃听等；认证用以确保报文发送者和接收者的真实性以及报文的完整性，阻止敌手的主动攻击，如冒充、篡改、重播等。

① A→B：X 信息。

② B 收到 X 后，要证实 A 的真实性（主体鉴别），并证实 X 的完整性、真实性（客体鉴别）。

例如，ISP 在提供有偿服务时，需按缴费情况控制用户的访问许可（身份认证）。

又如，收到信息是对信息的完整性和真实性的鉴别（数字签名）。

（1）定义

① 认证（鉴别）就是对被鉴别的对象某种属性真实性的确认和证明。

② 当被鉴别的对象属于人或机构时，被鉴别的属性是其“身份”，称为“身份”鉴别或身份认证。

③ 当鉴别的对象是一个消息时，被鉴别的属性是：是否被篡改，称为完整性鉴别；是否泄密，称为消息机密性鉴别；是否过时，称为消息新鲜性鉴别；是否来自正确的源，称为消息源鉴别；是否到达意定的目的地，称为消息目的地鉴别；是否可读，称为消息的可读性鉴别。

④ 如果一个消息的来源和目的地都得到确认，则称该消息为双向认证或双向可追溯。

⑤ 若一个消息的可读性、完整性、新鲜性、机密性和双向可追溯性都得到认证（鉴别）时，则称该消息为安全的。

（2）认证分类

① 从鉴别的对象分：

- 人：主体鉴别，身份是否相符，代表信任程度的认可或确认。
- 事：客体鉴别，事物属性的真实性、值得信任的结论。

② 从鉴别的方法分：

- 以事鉴别：对“事”的相信逻辑推理验证的方法。
- 以物鉴别：对“人”的信任对比验证的方法。

4.5.2 消息认证

认证往往是通过密码协议实现的，密码协议又称安全协议。

① 常规的加密认证。

② 消息认证码（MAC）。

③ 加密 Hash 函数。

消息认证码（Message Authentication Code，MAC）是消息内容和秘密钥的公开函数，其输出是固定长度的短数据块。

如图 4-11 所示，假定通信双方共享秘密钥 K。若发送方 A 向接收方 B 发送报文 M，则 A 计算 MAC，并将报文 M 和 MAC 发送给接收方。接收方收到报文后，用相同的秘密钥 K 进行相同的计算得出新的 MAC，并将其与接收到的 MAC 进行比较。若二者相等，则确认以下两点：

① 接收方可以相信报文未被修改。如果攻击者改变了报文，因为已假定攻击者不知

道秘钥，所以他不知道如何对 MAC 做相应的修改，这将使接收方计算出的 MAC 不等于接收到的 MAC。

② 接收方可以相信报文来自一定的发送方。因为其他各方均不知道秘密密钥，因此他们不能产生具有正确 MAC 的报文。

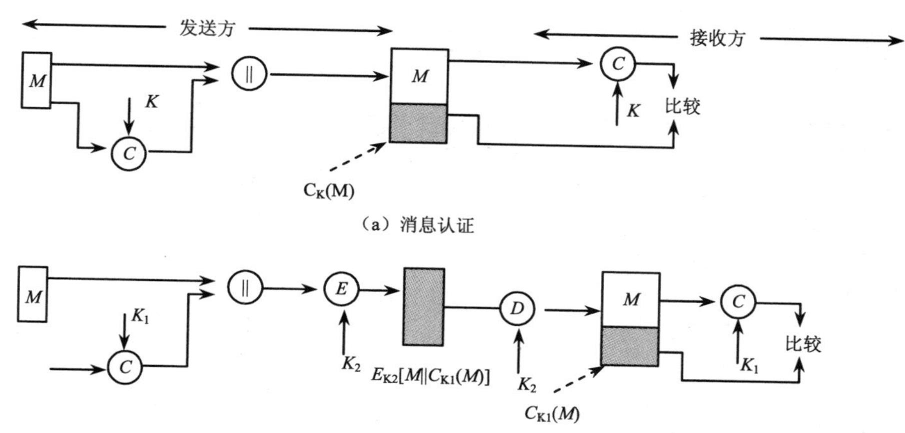

（a）消息认证

（b）认证性和保密性：对明文认证

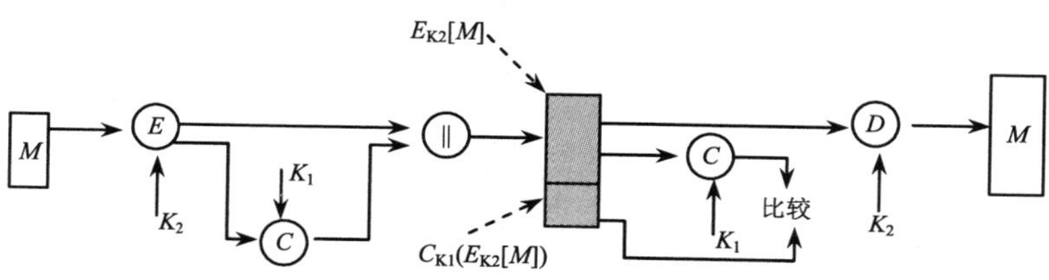

（c）认证性和保密性：对密文认证

图 4-11 消息认证

4.5.3 身份认证

定义：设计用来让一方验证另一方的一种技术。实体可以是人、程序、客户或服务器。需要验证身份的实体称为原告，试图验明原告身份的一方称为验证者。

区别消息认证和实体认证：

① 消息认证也许不会实时发生，实体认证却是可能的。

② 消息认证只验证一个信息，对于每一个新的信息这一过程都要重复一次，实体验证是在整个会话过程中对原告进行验证。

身份认证如图 4-12 所示。

1. 验证的类型

① 知道某事：这是一个只有要验证原告才知道的秘密。例如，密码、PIN、密钥、私钥等。

② 拥有某事：可以提供原告身份证明材料。例如，密码、驾驶执照、身份证、信用卡、智能卡等。

③ 固有某事：原告的本质特征。例如，传统签名、指纹、声音、面相、视网膜模式、笔迹等。

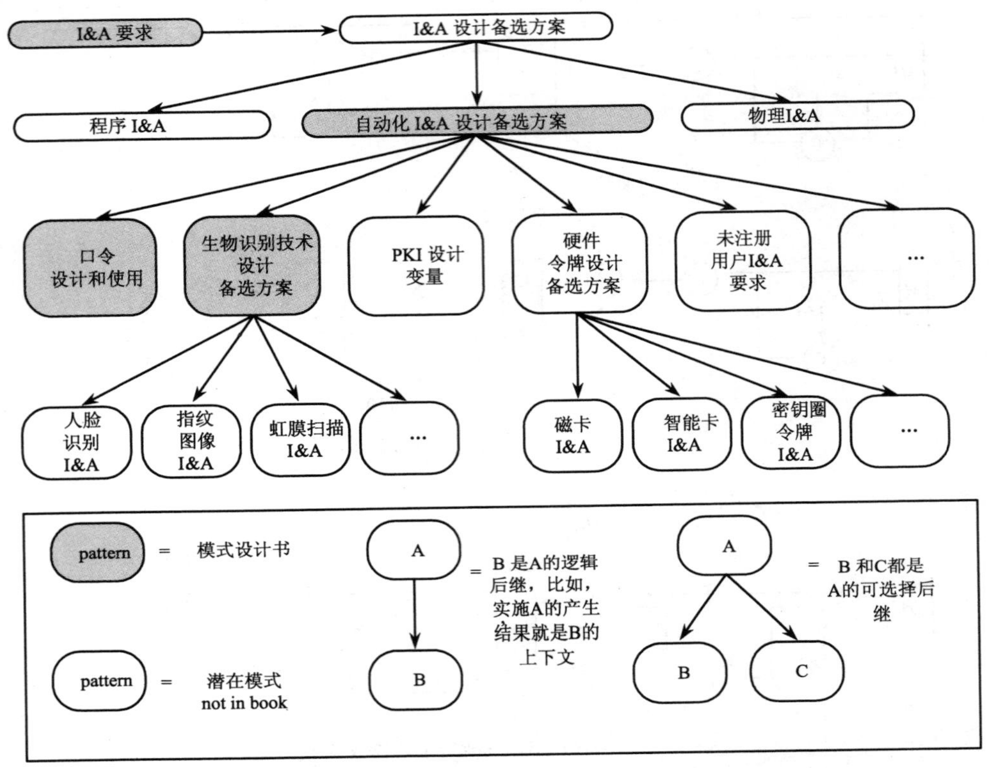

图 4-12　身份认证

2. 验证的方法

（1）单向认证

称通信的一方对另一方的认证为单向认证。设 A、B 是一定的两个站，A 是发送方，B 是接收方。若采用传统密码，则 A 认证 B 是否为其意定的通信站点的过程如下（假设 A、B 共享保密的会话密钥）：

A→B：$E\ (R_A, K_s)$

B→A：$D\ (R_A, K_{dB})$

（2）双向认证

称通信双方同时对其另一方的认证为双向认证或相互认证。若利用传统密码，A 和 B 相互认证对方是否为一定的通信站点的过程如下：

A→B：$E\ (R_A, K_s)$

B→A：$E\ (R_A||R_B, K_s)$

A→B：$E(R_B, K_s)$

若采用公开密钥密码，A 和 B 相互认证对方是否为其意定通信站点的过程如下：

A→B：R_A

B→A：$D(R_A \| R_B, K_{dB})$

A→B：$D(R_B, K_{dA})$

（3）口令认证（见图 4-13～图 4-15）

P_A：Alice's stored password

Pass：Password sent by claimant

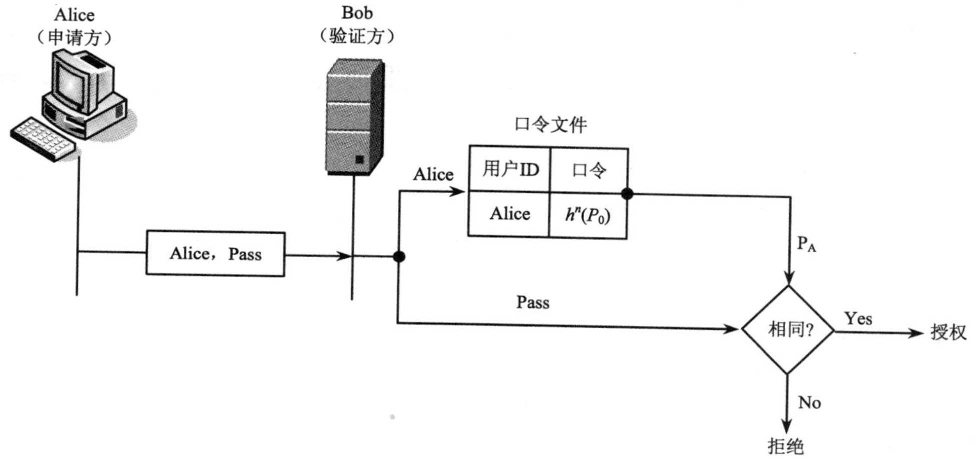

图 4-13 口令认证（1）

P_A：Alice's stored password

Pass：Password sent by claimant

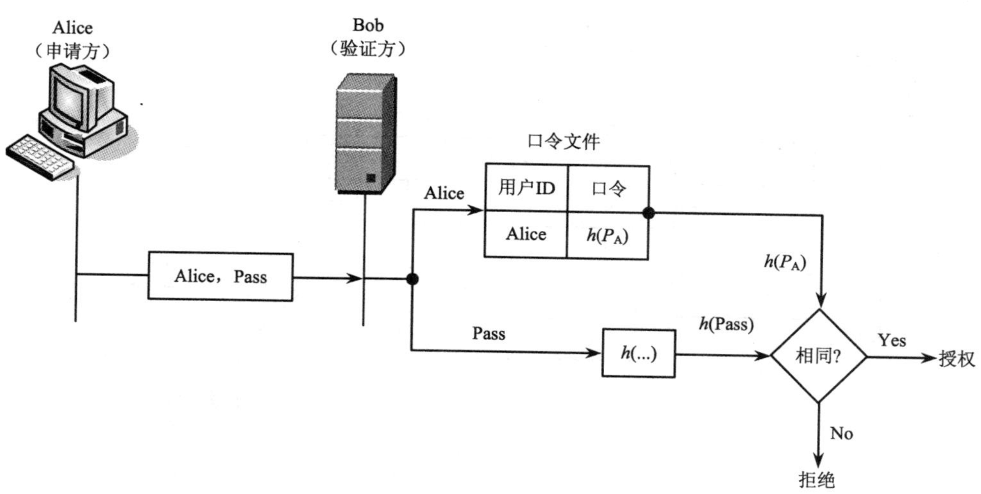

图 4-14 口令认证（2）

P_A：Alice's password

S_A：Alice's salt

Pass：Password sent by claimant

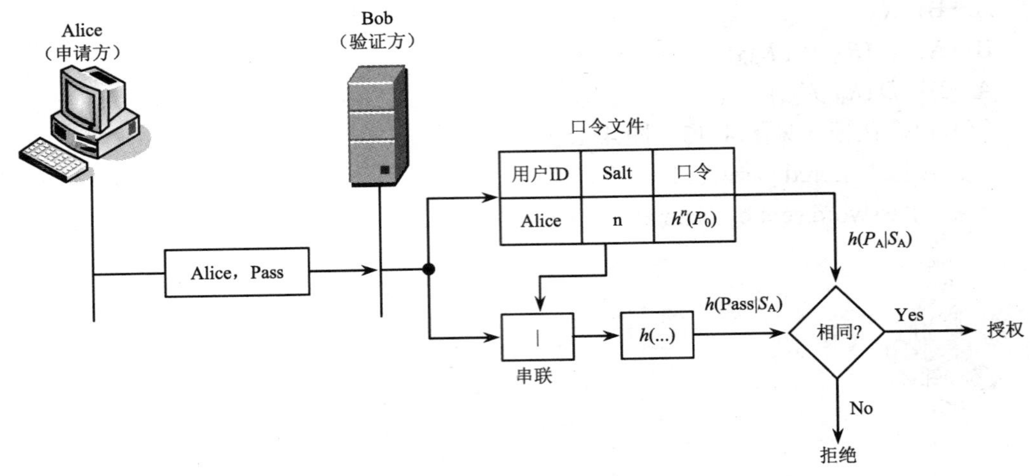

图 4-15　口令认证（3）

（4）一次性密码认证（见图 4-16）

用户和系统都同意使用一个口令列表。

用户和系统都同意连续升级口令。初始口令 P_1，使用一次则产生 P_2，且用 P_1 加密 P_2，再次使用生成 P_3，用 P_2 加密。

用户和系统同意使用哈希函数创建连续升级的口令。初始口令 P_0 和计数器 n，系统计算 $h^n(p_0)$，h^n 表示 n 次使用一个哈希函数。

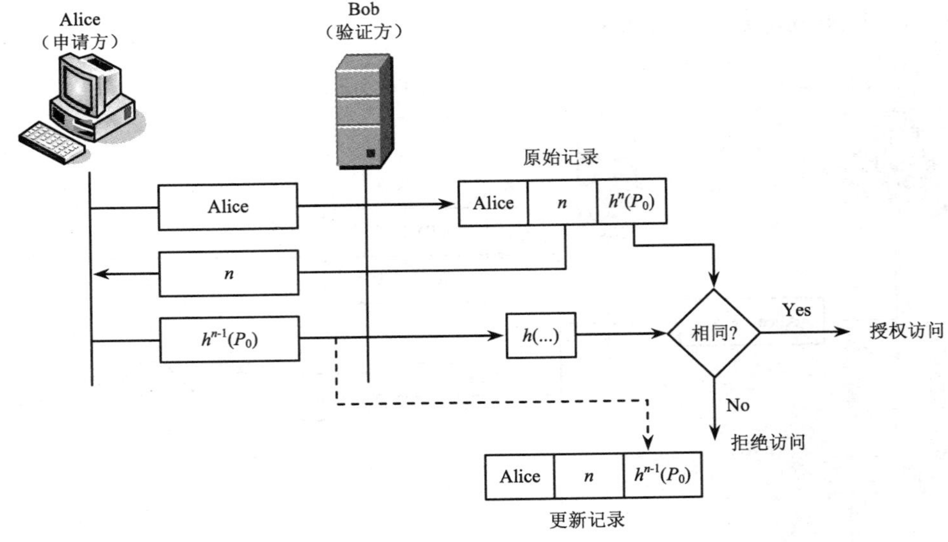

图 4-16　一次性密码认证

（5）挑战-应答（见图 4-17）

口令认证需要用户知道一个秘密即口令，暴露的秘密就失去了认证的意义。而挑战-应答是不需要知道秘密就能证明自己的身份。

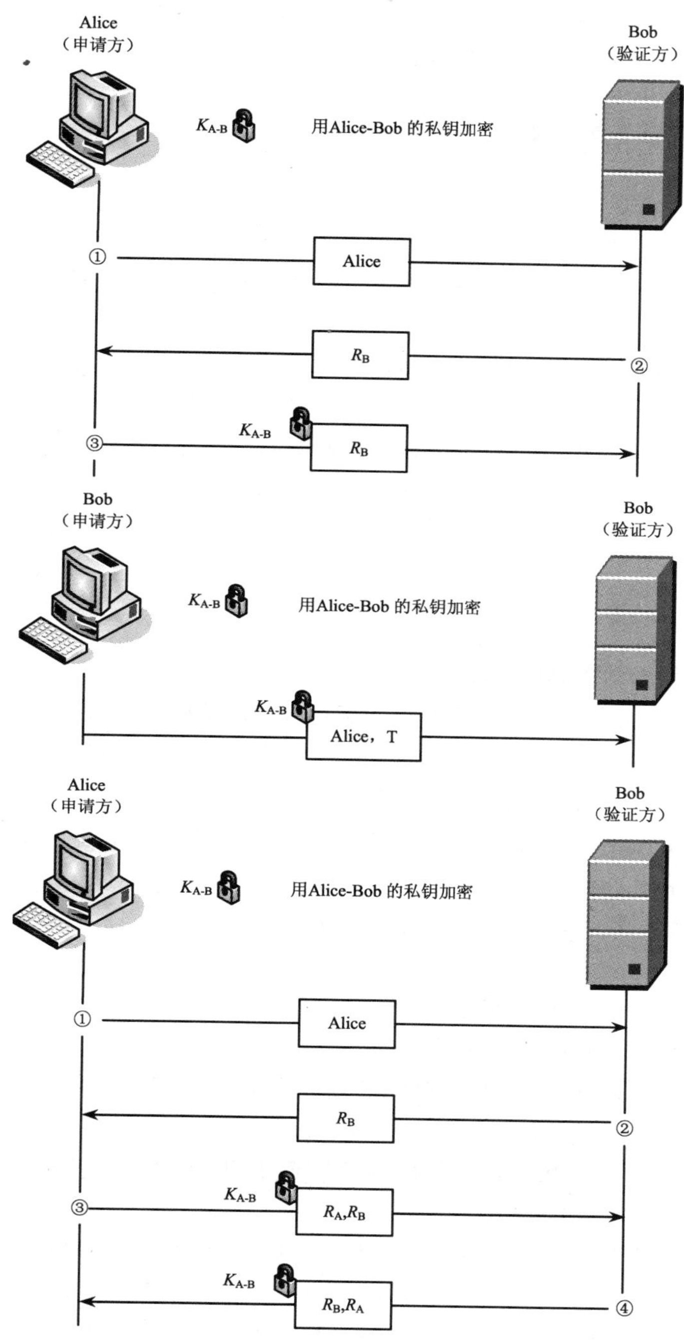

图 4-17 挑战-应答模式

4.6　访问控制

访问控制是对信息系统资源进行保护的重要措施，理解访问控制的基本概念有助于信息系统的拥有者选择和使用访问控制手段对系统进行防护。

4.6.1　访问控制的基本概念

1．访问控制的定义

访问是使信息在主体和对象间流动的一种交互方式。

主体是指主动的实体，该实体造成了信息的流动和系统状态的改变，主体通常包括人、进程和设备。

对象是指包含或接收信息的被动实体。对对象的访问意味着对其中所包含信息的访问。对象通常包括记录、块、页、段、文件、目录、目录树和程序以及位、字节、字、字段、处理器、显示器、键盘、时钟、打印机和网络结点。

访问控制决定了谁能够访问系统，能访问系统的何种资源以及如何使用这些资源。适当的访问控制能够阻止未经允许的用户有意或无意地获取数据。访问控制的手段包括用户识别代码、口令、登录控制、资源授权（例如用户配置文件、资源配置文件和控制列表）、授权核查、日志和审计。

2．访问控制和内部控制的关系

控制（Control）是为了达成既定的目的和目标而采取的管理行动。管理通过计划、组织和指导一系列有效的活动为目的和目标的达成提供保障。这样，控制就成为适当的管理计划、组织和指导的必然结果。

内部控制（Internal Control）是为了在组织内保障以下目标的实现而采取的方法：

① 信息的可靠性和完整性。

② 政策、计划、规程、法律、法规和合同的执行。

③ 资产的保护。

④ 资源使用的经济性和有效性。

⑤ 业务及计划既定目的和目标的达成。

访问控制（Access Control）与计算机信息系统相关的内容包括：

① 限制主体对客体的访问。

② 限制主体和其他主体通信或使用计算机系统或网络中的功能或服务的权力或能力。例如，人是主体，文件是客体。

“保护资产”是内部控制和访问控制的共同目标。例如，内部控制涉及所有的资产，包括有形的和无形的资产，包括计算机相关的资产，也包括和计算机无关的资产。访问控制涉及无形（知识）资产（如程序、数据、程序库）以及有形资产（如硬件和放置计算机的房产）。访问控制是整体安全控制的一部分。

4.6.2 访问控制的类型

安全控制包括六种类型的控制手段：防御型、探测型、矫正型、管理型、技术型和操作型控制。

① 防御型控制用于阻止不良事件的发生。

② 探测型控制用于探测已经发生的不良事件。

③ 矫正型控制用于矫正已经发生的不良事件。

④ 管理型控制用于管理系统的开发、维护和使用，包括针对系统的策略、规程、行为规范、个人的角色和义务、个人职能和人事安全决策。

⑤ 技术型控制是用于为信息技术系统和应用提供自动保护的硬件和软件控制手段。技术型控制应用于技术系统和应用中。

⑥ 操作型控制是用于保护操作系统和应用的日常规程和机制。它们主要涉及在人们（相对于系统）使用和操作中使用的安全方法。操作型控制影响到系统和应用的环境。

另外三种和控制有关的概念是补偿型控制、综合型控制和规避型控制。

① 补偿型控制在一个领域的控制能力较弱而在另一个领域控制能力较强，反之亦然。

② 综合型控制使用两个或更多的控制来加强对功能、程序或操作的控制效果。这里，两个控制协同工作能够强化整个控制环境。

③ 规避型控制的原理就是对资源进行分割管理。资源是系统或系统网络中需要管理的实体。资源可以包括物理实体如打印机、盘库、路由器和逻辑实体如用户和用户组。规避型控制的目的是将两个实体彼此分开以保证实体的安全和可靠。规避型控制的例子有：将资产和威胁分隔开来以规避潜在的风险；计算机设备和无线电接收设备分隔开来以避免扩散的电磁信号被外界截获；生产系统和测试系统分隔开来以避免对程序代码的污染和数据的破坏；将系统开发过程和数据输入过程分隔开来；将系统组件相互分隔开来。

4.6.3 访问控制的手段

以下分类列出了部分访问控制手段：

（1）物理类控制手段

① 防御型手段 ：

- 文书备份。
- 围墙和栅栏。
- 保安。
- 证件识别系统。
- 加锁的门。
- 双供电系统。
- 生物识别型门禁系统。
- 工作场所的选择。
- 灭火系统。

② 探测型手段：

- 移动监测探头。

- 烟感和温感探头。
- 闭路监控。
- 传感和报警系统。

（2）管理类控制手段

① 防御型手段：

- 安全知识培训。
- 职务分离。
- 职员雇用手续。
- 职员离职手续。
- 监督管理。
- 灾难恢复和应急计划。
- 计算机使用的登记。

② 探测型手段

- 安全评估。
- 性能评估。
- 敏感资料标识。
- 制度执行检查。

（3）技术类控制手段

① 防御型手段：

- 访问控制软件。
- 防病毒软件。
- 库代码控制系统。
- 口令。
- 智能卡。
- 加密。
- 拨号访问控制和回叫系统。

② 探测型手段：

- 审计技术。
- 入侵探测系统。
- 等级化标准。
- 防火墙技术。
- 行为检测。

4.6.4　访问控制模型

访问控制模型是用于规定如何作出访问决定的模型。传统的访问控制模型包括一组由操作规则定义的基本操作状态。典型的状态包含一组主体（S）、一组对象（O）、一组访问权（A［S，O］）包括读、写、执行和拥有。

访问控制模型涵盖对象、主体和操作，通过对访问者的控制达到保护重要资源的目的。对象包括终端、文本和文件，系统用户和程序被定义为主体。操作是主体和对象的交互。访问控制模型除了提供机密性和完整性外，还提供记账性。记账性是通过审计访问记录实现的，访问记录包括主体访问了什么对象和进行了什么操作。下面介绍三种访问控制模型。

（1）任意访问控制

任意访问控制（Discretionary Access Control）是一种允许主体对访问控制施加特定限制的访问控制类型。在很多机构中，用户在没有系统管理员介入的情况下，需要具有设定其他用户访问其所控制资源的能力。这使得控制具有任意性。在这种环境下，用户对信息的访问能力是动态的，在短期内会有快速的变化。任意访问控制经常通过访问控制列表实现，访问控制列表难于集中进行访问控制和访问权力的管理。任意访问控制包括身份型（Identity Based）访问控制和用户指定型（User Directed）访问控制。

（2）强制访问控制

强制访问控制（Mandatory Access Control）是一种不允许主体干涉的访问控制类型。它是基于安全标识和信息分级等信息敏感性的访问控制。强制访问控制包括规则型（Rule Based）访问控制和管理指定型（Administratively-Based）访问控制。

（3）非任意访问控制

非任意访问控制（Non-discretionary Access Control）是为满足安全策略和目标而采用的一系列集中管理的控制手段。访问控制是由访问者在机构中的角色决定的。角色包括职务特征、任务、责任、义务和资格。访问者在系统中的角色有管理者赋予或吊销。当员工离开机构时，其在系统中的所有角色都应该吊销。大的公司通常会有频繁的人员流动，基于角色的安全策略是唯一合理的选择。晶格型访问（Lattice-based）控制将主体和对象排列成一组元素对，每个元素对的访问权都有上限和下限。

保证系统各部分协调工作对访问控制来说是很重要的。至少必须考虑三种基本的访问控制类型：物理的、操作系统的和应用的。通常，应用层面的访问控制是随应用的不同而各不一样的。但是，为了保证应用层面的访问控制的有效性，必须提供有效的操作系统层面访问控制。否则，就有可能绕过应用控制直接访问应用资源。而操作系统和应用系统都需要物理访问控制的保护。

4.6.5 访问控制管理

访问控制管理涉及访问控制在系统中的部署、测试、监控以及对用户访问的终止。虽然不一定需要对每一个用户设定具体的访问权限，但是访问控制管理依然需要大量复杂和艰巨的工作。访问控制决定需要考虑机构的策略、员工的职务描述、信息的敏感性、用户的职务需求（Need-to-Know）等因素。

有三种基本的访问管理模式：集中式、分布式和混合式。每种管理模式各有优缺点。应该根据机构的实际情况选择合适的管理模式。

（1）集中式管理

集中管理就是由一个管理者设置访问控制。当用户对信息的需求发生变化时，只能由这个管理者改变用户的访问权限。由于只有极少数人有更改访问权限的权力，所以这种控制是比较严格的。每个用户的账号都可以被集中监控，当用户离开机构时，其所有的访问权限可以被很容易地终止。因为管理者较少，所以整个过程和执行标准的一致性就比较容易达到。但是，当需要快速而大量修改访问权限时，管理者的工作负担和压力就会很大。

（2）分布式管理

分布式管理就是把访问的控制权交给文件的拥有者或创建者，通常是职能部门的管理者（Functional Managers）。这就等于把控制权交给了对信息负有直接责任、对信息的使用最熟悉、最有资格判断谁需要信息的管理者的手中。但是，这也同时造成在执行访问控制的过程和标准上的不一致性。在任一时刻，很难确定整个系统所有的用户的访问控制情况。不同管理者在实施访问控制时的差异会造成控制的相互冲突以致无法满足整个机构的需求。同时，也有可能造成在员工调动和离职时访问权不能有效地清除。

（3）混合式管理

混合式管理是集中式管理和分布式管理的结合。它的特点是由集中式管理负责整个机构中基本的访问控制，而由职能管理者就其所负责的资源对用户进行具体的访问控制。混合式管理的主要缺点是难以划分哪些访问控制应集中控制，哪些应在本地控制。

4.7 小结

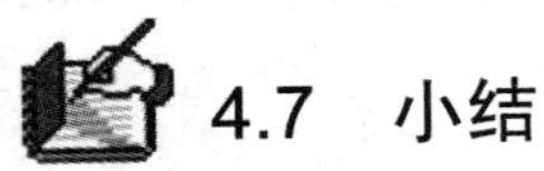

本章重点讨论了几个重点的信息安全机制，包括PKI技术、数字签名、认证、访问控制。

PKI 技术是公钥动态管理的一种标准化技术。PKI 主要由两部分协议构成：制作协议和运行协议，PKI 的核心是证书，但其主体是运行协议。数字签名就是附加在数据单元上的一些数据，或是对数据单元所作的密码变换。这种数据或变换允许数据单元的接收者用以确认数据单元的来源和数据单元的完整性并保护数据，防止被人（例如接收者）进行伪造。它是对电子形式的消息进行签名的一种方法，是不对称加密算法的典型应用。认证（Authentication）又称鉴别、确认，是证实某事是否名符其实或是否有效的一个过程，用以确保报文发送者和接收者的真实性以及报文的完整性，阻止他人的主动攻击，如冒充、篡改、重播等。访问控制是对信息系统资源进行保护的重要措施，是使信息在主体和对象间流动的一种交互方式。访问控制的基本模型有任意访问控制、强制访问控制和非任意访问控制。

4.8 习题

1. 画图说明信息安全的模型。
2. 说明信息安全的机制。
3. 说明信息安全服务。
4. 说明 PKI 技术的基本原理。
5. 理解信任和隐私。
6. 请画图说明数字签名的应用过程。
7. 说明认证的几种基本方式。
8. 说明访问控制的基本模型，以及有哪几类访问控制模型。

第5章 基本网络安全技术

学习重点

1．理解网络安全技术。

2．掌握防火墙技术的概念、原理、应用等。

3．掌握入侵检测技术的概念、原理、和应用等。

4．理解VPN技术。

5．了解SSL和IPSEC安全协议。

5.1 概述

21 世纪全世界的计算机都将通过 Internet 联到一起，信息安全的内涵也就发生了根本的变化。它不仅从一般性的防卫变成了一种非常普通的防范，而且还从一种专门的领域变成了无处不在。当人类步入 21 世纪这一信息社会、网络社会的时候，我国将建立起一套完整的网络安全体系，特别是从政策上和法律上建立起有中国特色的网络安全体系。

一个国家的信息安全体系实际上包括国家的法规和政策，以及技术与市场的发展平台。我国在构建信息防卫系统时，应着力发展自己独特的安全产品。我国要想真正解决网络安全问题，最终的办法就是通过发展民族的安全产业，带动我国网络安全技术的整体提高。

网络安全产品有以下几大特点：第一，网络安全来源于安全策略与技术的多样化，如果采用一种统一的技术和策略也就不安全了；第二，网络的安全机制与技术要不断地变化；第三，随着网络在社会各方面的延伸，进入网络的手段也越来越多，因此网络安全技术是一个十分复杂的系统工程。为此，建立有中国特色的网络安全体系，需要国家政策和法规的支持及集团联合研究开发。安全与反安全就像矛盾的两个方面，总是不断地向上攀升，所以安全产业将来也是一个随着新技术发展而不断发展的产业。

网络基本安全技术主要包括接入网络的安全技术、在网络内部活动的安全技术、数据传输的安全技术等，与之对应的有防火墙技术、入侵检测技术、VPN 技术以及相关的安全协议。

5.2 防火墙技术

目前，防火墙技术是一种较为流行、有效、直观的网络安全保障技术。它是以现代网络技术和信息安全技术为基础，用来加强内部网络和外部网络之间的各种信息服务和信息传输安全性的防护技术。

5.2.1 防火墙的功能

防火墙类似一堵城墙，将服务器与客户主机进行物理隔离，并在此基础上实现服务器与客户主机之间的授权互访、互通等功能。

网络防火墙技术是一种用来加强网络之间访问控制，防止外部网络用户以非法手段通过外部网络进入内部网络，访问内部网络资源，保护内部网络操作环境的特殊网络互联设备。它对两个或多个网络之间传输的数据包按照一定的安全策略来实施检查，以决定网络之间的通信是否被允许，并监视网络运行状态，如图 5-1 所示。

防火墙指设置在不同网络或网络安全域（公共网和企业内部网）之间的一系列部件的组合。且具有下列性质：

① 它是不同网络（安全域）之间信息流动的唯一出入口。

② 它能根据规定的安全政策控制（允许、拒绝、监测）出入网络的信息流。

③ 它本身具有很高的抗攻击能力，也是提供信息安全服务，实现网络和信息安全的基础设施。

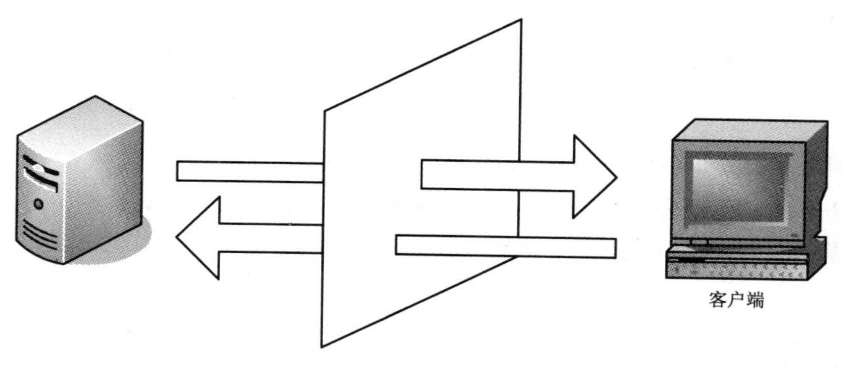

图 5-1　防火墙

防火墙是为了保护内部网络的一种技术，因此，防火墙应具有以下功能：

1．保护脆弱和有缺陷的网络服务

一个防火墙能极大地提高一个内部网络的安全性，并通过过滤不安全的服务而降低风险。由于只有经过精心选择的应用协议才能通过防火墙，所以网络环境变得更安全。例如，防火墙可以禁止诸如众所周知的不安全的 NFS 协议进出受保护网络，这样外部的攻击者就不可能利用这些脆弱的协议来攻击内部网络。

防火墙同时可以保护网络免受基于路由的攻击，如 IP 选项中的源路由攻击和 ICMP 重定向中的重定向路径。防火墙应该可以拒绝所有以上类型攻击的报文并通知防火墙管理员。

2．集中化的安全管理

通过以防火墙为中心的安全方案配置，能将所有安全软件（如口令、加密、身份认证、审计等）配置在防火墙上。与将网络安全问题分散到各个主机上相比，防火墙的集中安全管理更经济。例如，在网络访问时，一次一密口令系统和其他的身份认证系统完全可以不必分散在各个主机上，而集中在防火墙上。

3．加强对网络系统的访问控制

一个防火墙的主要功能是对整个网络的访问控制。例如，防火墙可以屏蔽部分主机，使外部网络无法访问，同样可以屏蔽部分主机的特定服务，使得外部网络可以访问该主机的其他服务，但无法访问该主机的特定服务。

防火墙不应向外界提供网络中任何不需要服务的访问权，控制对特殊站点的访问：如有些主机或服务能被外部网络访问，而有些则需被保护起来，防止不必要的访问。

4．加强隐私

隐私是内部网络非常关心的问题。一个内部网络中不引人注意的细节可能包含了有关安全的线索而引起外部攻击者的兴趣，甚至因此而暴露内部网络的某些安全漏洞。

使用防火墙就可以隐蔽那些透漏内部细节如 Finger、DNS 等服务。Finger 显示了主机的所有用户的注册名、真名，最后登录时间和使用 Shell 类型等。但是，Finger 显示的信息非常容易被攻击者所获悉。攻击者可以知道一个系统使用的频繁程度，这个系统是否有用户正在连线上网，这个系统是否在被攻击时引起注意等。防火墙可以同样阻塞有关内部网络中的 DNS 信息，这样一台主机的域名和 IP 地址就不会被外界所了解。

5. 对网络存取和访问进行监控审计

如果所有的访问都经过防火墙，那么，防火墙就能记录下这些访问并作出日志记录，同时也能提供网络使用情况的统计数据。当发生可疑动作时，防火墙能进行适当的报警，并提供网络是否受到监测和攻击的详细信息。

另外，收集一个网络的使用和误用情况是非常重要的。首先的理由是可以清楚防火墙是否能够抵挡攻击者的探测和攻击，并且清楚防火墙的控制是否充足。而网络使用统计对网络需求分析和威胁分析等而言也是非常重要的。

5.2.2　基本原理

防火墙的实现技术当前较成熟的主要是包过滤技术、应用代理技术。按照网络的分层体系结构，在不同的分层结构上实现的防火墙不同，所采用的实现方法技术和安全性能也不相同，如图 5-2 所示。

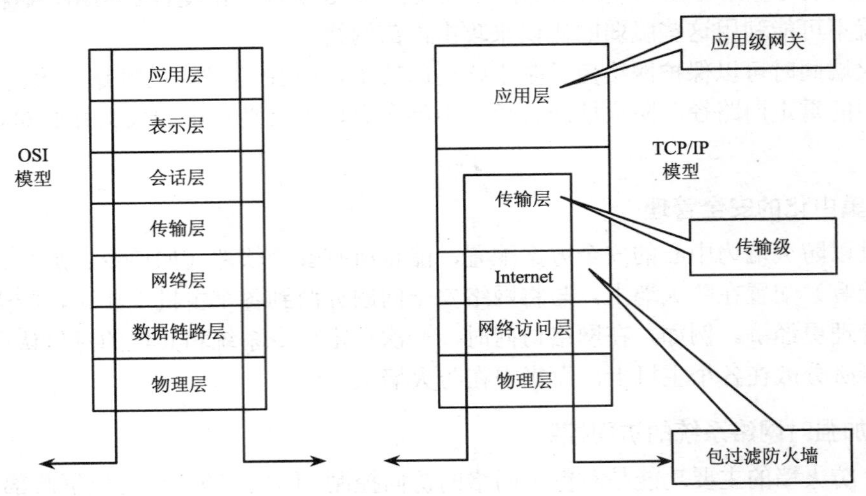

图 5-2　基于网络体系结构的防火墙实现原理

5.2.2.1　包过滤技术

包是网络上信息流动的单位。在网上传输的文件一般在发出端被划分成一串数据包，经过网上的中间站点，最终传到目的地，然后这些包中的数据又重新组成原来的文件。包过滤是指在网络的适当位置，依据系统内设置的过滤规则，对通过网络的数据包进行过滤操作，只有满足条件的数据包才能通过网络，其余的数据包则被从数据流中删除。

包过滤防火墙通常工作在网络层，因此又称网络层防火墙。包过滤是对单个包实施控制，根据数据包内部的源地址、目的地址、协议类型、源端口号及目的端口号、各种标志位以及 ICMP 消息类型等参数与过滤规则进行比较，判断数据是否符合预先制定的安全策略，从而决定数据包的转发或丢弃。

采用包过滤技术的防火墙称为包过滤型防火墙。包过滤是最早运用到防火墙中的技术之一。随着对防火墙的理解和技术的发展，包过滤防火墙也经历了由静态包过滤、动态包过滤和状态检测等过程，下面针对不同的包过滤技术分别介绍。

1. 静态包过滤

静态包过滤技术是指根据定义好的过滤规则审查每个数据包，以确定其是否与某一条包过滤规则匹配，过滤规则是基于数据包的报头信息制定的，通常也称之为访问控制表，如图 5-3 所示。

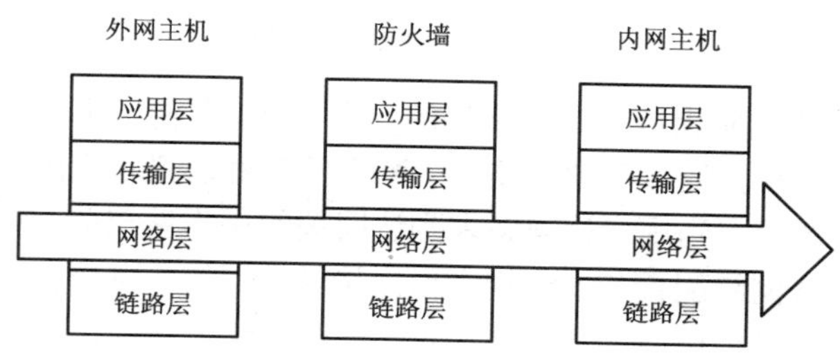

图 5-3　静态包过滤

2. 动态包过滤

这种类型的防火墙采用动态设置包过滤规则的方法，避免了静态包过滤技术所带来的不灵活问题。后面将要讲到的状态检测技术是对这种技术的进一步发展。采用这种技术的防火墙对通过其建立的每一个连接都进行跟踪，并且根据需要可动态地在过滤规则中增加或更新条目，如图 5-4 所示。

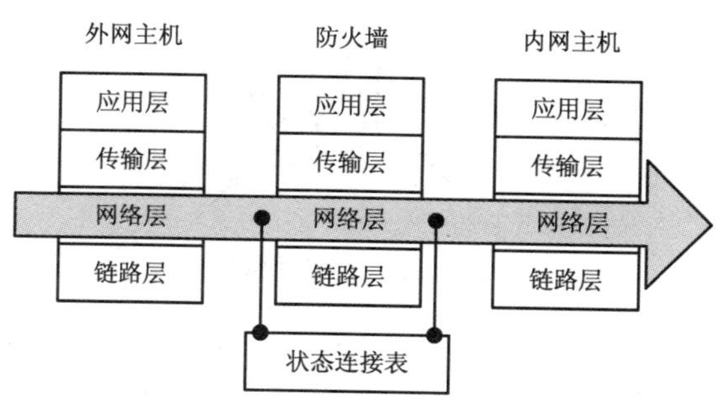

图 5-4　动态包过滤

3. 状态检测技术

状态检测技术是以动态包过滤技术为基础发展起来的基于连接状态的过滤，它把属于同一连接的所有数据包作为一个整体来看待，不仅检查所有通信的数据，还分析先前通信的状态。状态检测技术改进了包过滤技术仅考虑进出网络的数据包，而不关心数据包状态的缺点，在防火墙的核心部分建立状态检测表，并将进出网络的数据当成一个个的会话，利用状态表跟踪每一个会话的状态。状态检测对每一个包的检查不仅根据规则表，更考虑了数据包是否符合会话所处的状态，因此状态检测技术为防火墙提供了对传输层的控制能力，如图 5-5 所示。

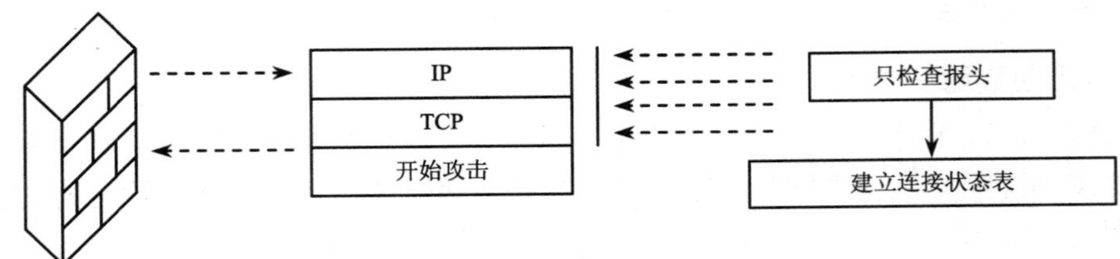

图 5-5　状态检测防火墙

基于状态检测技术的防火墙具有非常好的安全特性，它使用了一个在网关上执行网络安全策略的软件模块，称为监测引擎。监测引擎支持多种协议和应用程序，并可以很容易地实现应用和服务的扩充。当用户访问请求到达网关的操作系统前，状态监视器要抽取有关数据进行分析，结合网络配置和安全规定做出接纳、拒绝、身份认证、报警或给该通信加密等处理动作。一旦某个访问违反安全规定，就会拒绝该访问，并报告有关状态作日志记录。状态监测的另一个优点是它会监测无连接状态的远程过程调用（RPC）和用户数据报（UDP）之类的端口信息，而包过滤和应用网关防火墙都不支持此类应用。

5.2.2.2　应用代理技术

应用代理技术是在 Web 主机上或单独一台计算机上运行代理服务器软件，来监测、侦听来自网络上的信息，对访问内部网的数据起到过滤作用，从而保护内网免受破坏，如图 5-6 所示。

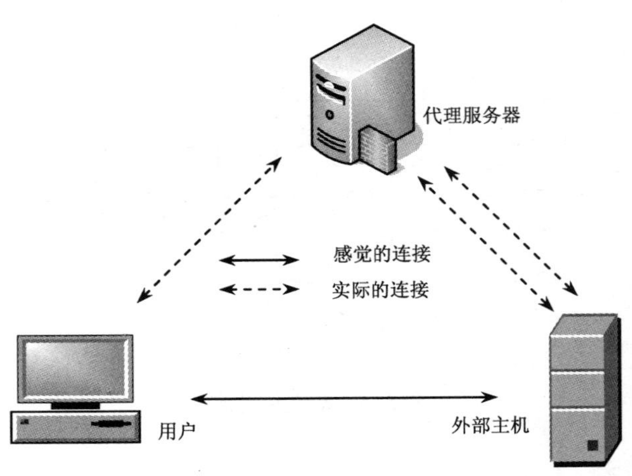

图 5-6　代理技术防火墙

代理服务可以实现用户认证、详细日志、审计跟踪和数据加密等功能，并实现对具体协议及应用的过滤，如阻塞 FTP 连接。这种防火墙能完全控制网络信息的交换，控制会话过程，具有灵活性和安全性，但可能影响网络的性能，对用户不透明，且对每一种服务都要设计一个代理模块，建立对应的网关层，因此实现起来比较复杂。

1．应用级代理

这种防火墙是通过一种代理技术参与到一个 TCP 连接的全过程，如图 5-7 和图 5-8 所示。它一般针对某一特定的应用而使用特定的代理模块，由用户端的代理客户和防火墙端的代理服务器两部分组成，它不仅能理解数据包头的信息，还能理解应用信息内容本身。当代理服务器得到一个客户的连接请求时，它们将核实客户请求，并使用特定的安全的代理应用程序来处理连接请求，将处理后的请求传递到真实的服务器上，然后接收服务器应答，做进一步处理后，将答复交给发出请求的最终客户。代理服务器在外部网络向内部网络申请服务时发挥了中间转接的作用。

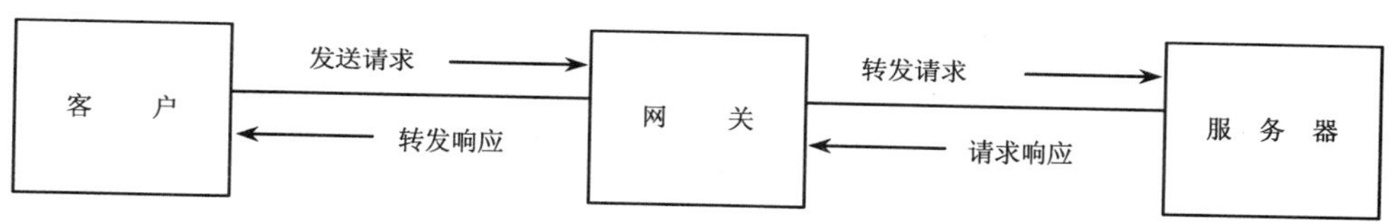

图 5-7　应用级代理

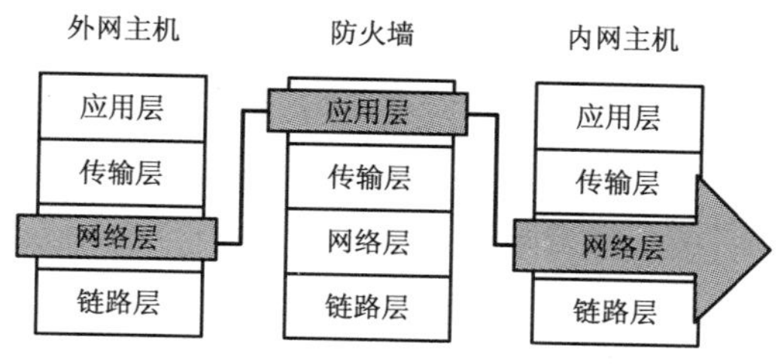

图 5-8　应用级代理工作原理

2．电路级代理

电路级代理又称电路级网关或回路级网关。虽然也使用的是代理技术，但它和应用级代理不同，只是建立起一个回路，对数据只起转发作用。电路级代理只是依赖 TCP 进行连接，而不进行任何附加的包处理或过滤。其工作的基本原理如图 5-9 和图 5-10 所示。

其基本工作过程是：接收客户端的连接请求，代理客户端完成网络连接，在客户端和代理服务器之间中转数据。其工作的基本原理决定了电路级代理服务器是一个通用的代理服务器，适用于多个协议，但这种代理需要对客户端的程序进行修改。

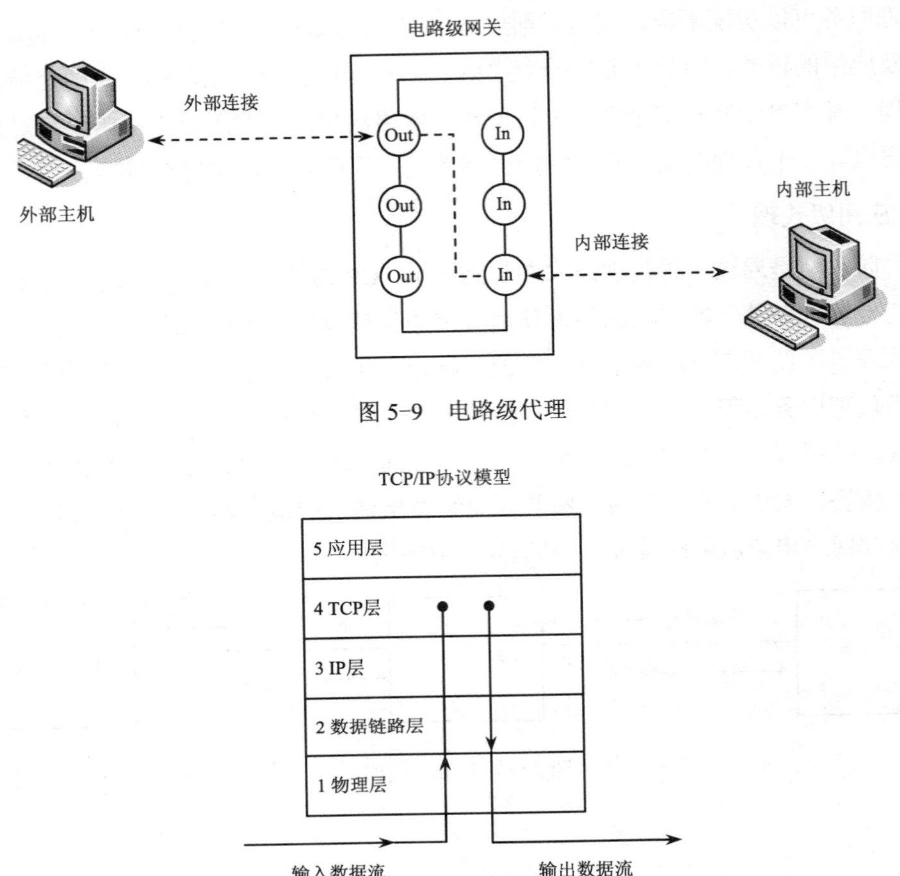

图 5-9　电路级代理

图 5-10　电路级代理工作原理

5.2.3　部署和管理

典型的防火墙是由一个或多个构件组成的，是包过滤技术、代理技术以及其他技术，如身份认证、防病毒技术等的组合，并且取决于人们要求网络提供什么样的服务、接受什么样的风险等级、经费情况、技术人员的水平等。下面将讨论防火墙在不同环境和要求下的部署和管理。

1. 包过滤型防火墙

包过滤型防火墙工作位置如图 5-11 所示。

① 用一台过滤路由器来实现对所接受的每一个数据包做允许拒绝的决定。

② 包的进入接口和出接口如果有匹配，并且规则允许该数据包通过，那么该数据包就会按照路由表中的信息转发；如果匹配并且拒绝该数据包，那么该数据包就会被丢弃；如果没有匹配规则，用户配置的缺省参数会决定是转发还是丢弃数据包。

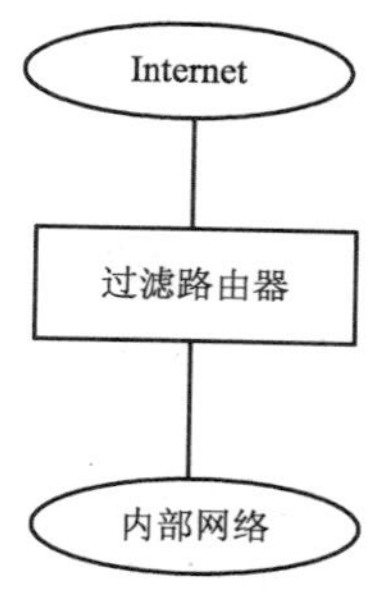

图 5-11　包过滤性防火墙工作位置

2. 双重宿主主机体系结构

双宿主主机是指拥有两个连接到不同网络上的网络接口的主机。如图 5-12 所示。防火墙采用这种连接方式可以阻断 IP 层的通信，两个网络之间的通信可通过应用层数据共享或应用层代理服务来实现完成。一般情况下，采用代理服务的方法来实现双宿主主机的功能。

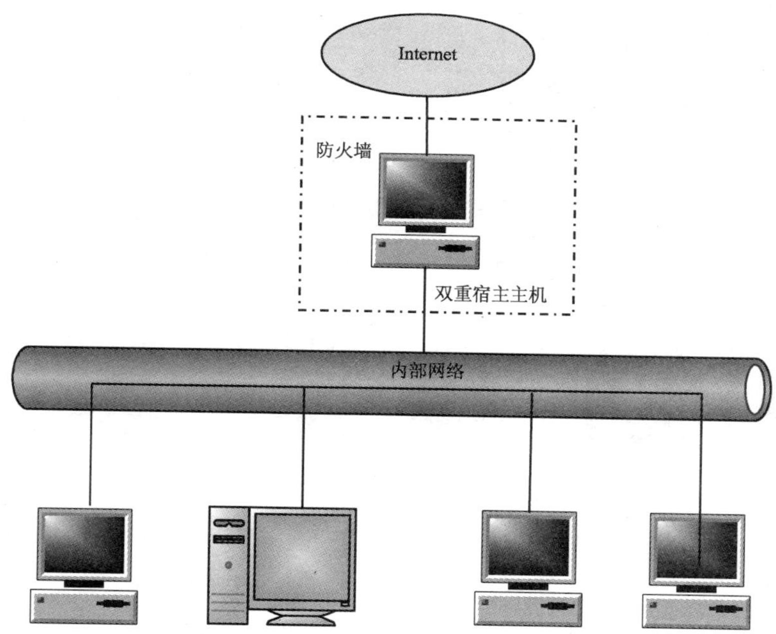

图 5-12　屏蔽主机防火墙

① 双重宿主主机体系结构围绕双重宿主主机构筑。

② 双重宿主主机至少有两个网络接口。

③ 外部网络能与双重宿主主机通信，内部网络也能与双重宿主主机通信，但是外部网络不能与内部网络直接通信，它们之间的通信必须经过双重宿主主机的过滤与控制。

④ 双重宿主主机安装代理服务器软件，可以为不同的服务提供转发，并根据策略进

行过滤和控制。

3．屏蔽主机体系结构

屏蔽主机的连接方式是指通过网络的配置强迫所有的外部主机与一个堡垒主机相连接，而不让它们直接与内部主机直接相连，从而构成了包括过滤路由器和堡垒主机的屏蔽主机型防火墙，如图 5-13 所示。

① 在屏蔽路由器上设置数据包过滤策略，让所有的外部连接之能到达内部堡垒主机。

② 在屏蔽的路由器中数据包过滤策略的设置方案。

③ 允许其他的内部主机为了某些服务开放到 Internet 上的主机连接。

④ 不允许来自内部主机的所有连接。

⑤ 对于内部用户对外部网络的访问，可以强制经过堡垒主机，也可以直接经过屏蔽路由器出去，针对的不同应用采用不同的安全策略。

屏蔽主机体系结构的工作过程及说明图如图 5-13 所示。

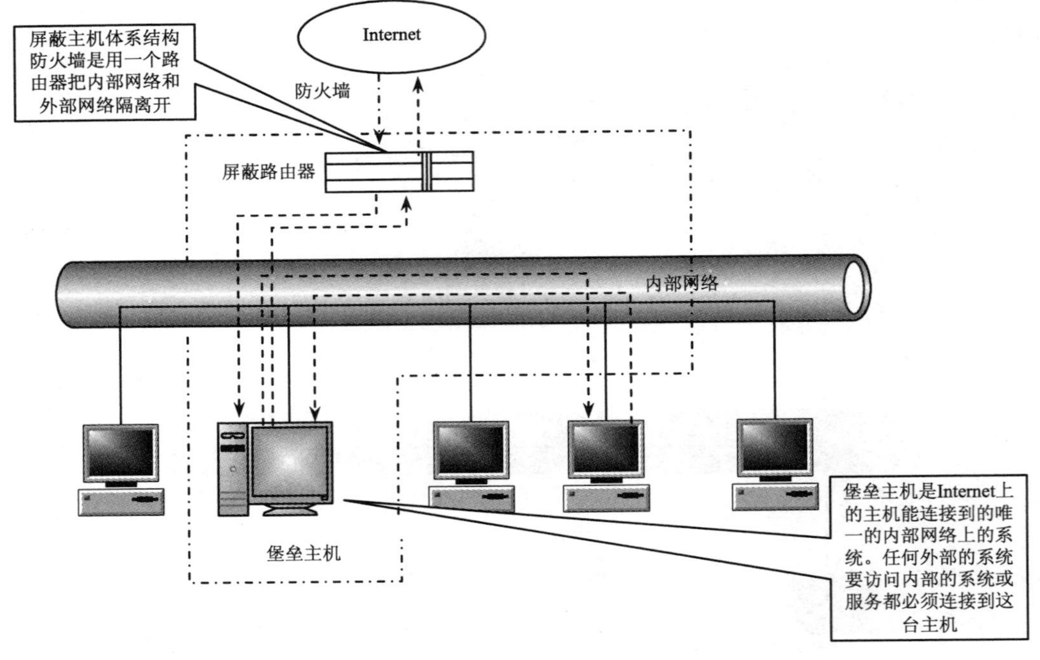

图 5-13　屏蔽主机体系结构工作过程及说明图

4．屏蔽子网体系结构

屏蔽子网连接模式是指在屏蔽主机结构的基础上添加额外的安全层，即通过添加周边网络（即屏蔽子网）更进一步地把内部网络与外部网络隔离开，如图 5-14 所示。

5.2.4　防火墙的局限性

防火墙是网络上使用最多的安全设备，是实现网络安全的重要组成部分之一，但是，防火墙不是万能的，防火墙也存在局限性和脆弱性。

1．防火墙十大局限性

① 防火墙不能防范不经过防火墙的攻击。没有经过防火墙的数据，防火墙无法检查。

② 防火墙不能解决来自内部网络的攻击和安全问题。防火墙可以设计为既防外也防内，谁都不可信，但绝大多数单位因为不方便，不要求防火墙防内。

③ 防火墙不能防止策略配置不当或错误配置引起的安全威胁。防火墙是一个被动的安全策略执行设备，就像门卫一样，要根据政策规定来执行安全，而不能自作主张。

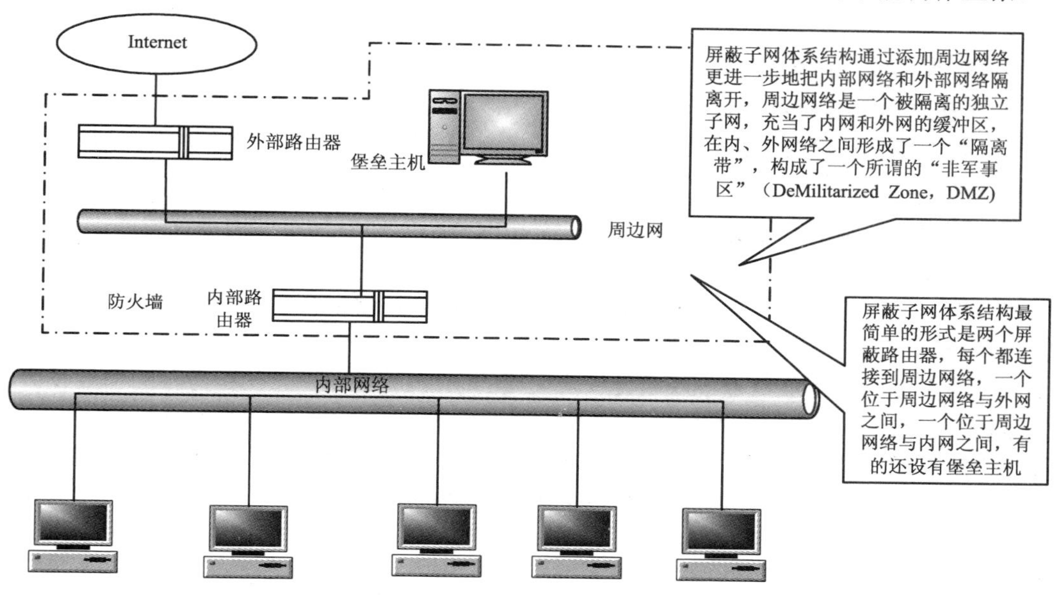

图 5-14　屏蔽子网体系结构工作过程及说明图

④ 防火墙不能防止可接触的人为或自然的破坏。防火墙是一个安全设备，但防火墙本身必须存在于一个安全的地方。

⑤ 防火墙不能防止利用标准网络协议中的缺陷进行的攻击。一旦防火墙准许某些标准网络协议，防火墙不能防止利用该协议中的缺陷进行的攻击。

⑥ 防火墙不能防止利用服务器系统漏洞所进行的攻击。黑客通过防火墙准许的访问端口对该服务器的漏洞进行攻击，防火墙不能防止。

⑦ 防火墙不能防止受病毒感染的文件的传输。防火墙本身并不具备查杀病毒的功能，即使集成了第三方的防病毒的软件，也没有一种软件可以查杀所有的病毒。

⑧ 防火墙不能防止数据驱动式的攻击。当有些表面看来无害的数据邮寄或复制到内部网的主机上并被执行时，可能会发生数据驱动式的攻击。

⑨ 防火墙不能防止内部的泄密行为。防火墙内部的一个合法用户主动泄密，防火墙是无能为力的。

⑩ 防火墙不能防止本身的安全漏洞的威胁。防火墙保护别人有时却无法保护自己，目前还没有厂商绝对保证防火墙不会存在安全漏洞。因此对防火墙也必须提供某种安全保护。

2．防火墙十大脆弱性

① 防火墙的操作系统不能保证没有漏洞。目前还没有一家防火墙厂商说，其防火墙没有操作系统。有操作系统就不能绝对保证没有安全漏洞。

② 防火墙的硬件不能保证不失效。所有的硬件都有一个生命周期，都会老化，总有失效的一天。

③ 防火墙软件不能保证没有漏洞。防火墙软件也是软件，是软件就会有漏洞。

④ 防火墙无法解决TCP/IP等协议的漏洞。防火墙本身就是基于TCP/IP等协议来实现的，就无法解决TCP/IP操作的漏洞。

⑤ 防火墙无法区分恶意命令还是善意命令。有很多命令对管理员而言，是一项合法命令，而在黑客手里就可能是一个危险的命令。

⑥ 防火墙无法区分恶意流量和善意流量。一个用户使用PING命令，用作网络诊断和网络攻击，从流量上是没有差异的。

⑦ 防火墙的安全性与多功能成反比。多功能与防火墙的安全原则是背道而驰的。因此，除非确信需要某些功能，否则，应该功能最小化。

⑧ 防火墙的安全性和速度成反比。防火墙的安全性是建立在对数据的检查之上，检查越细越安全，但检查越细速度越慢。

⑨ 防火墙的多功能与速度成反比。防火墙的功能越多，对CPU和内存的消耗越大，功能越多，检查的越多，速度越慢。

⑩ 防火墙无法保证准许服务的安全性。防火墙准许某项服务，却不能保证该服务的安全性。准许服务的安全性问题必须由应用安全来解决。

5.3　入侵检测技术

随着网络面临的安全问题不断增多，曾经作为最主要的安全防范手段的防火墙，已经不能满足人们对网络安全的需求。作为对防火墙及其有益的补充，IDS（入侵检测系统）能够帮助网络系统快速发现攻击的发生，它扩展了系统管理员的安全管理能力（包括安全审计、监视、进攻识别和响应），提高了信息安全基础结构的完整性。

5.3.1　入侵检测基本原理

5.3.1.1　入侵经检测的概念

美国国家安全通信委员会（NSTAC）下属的入侵检测小组（IDSG）在1997年给出的关于“入侵”的定义是：入侵是对信息系统的非授权访问以及（或者）未经许可在信息系统中进行的操作。检测被解释为检查并进行测试。入侵检测是从计算机网络或计算机系统中的若干关键点搜集信息并对其进行分析，从中发现网络或系统中是否有违反安全策略的行为和遭到袭击的迹象的一种机制。按照美国国家安全通信委员会下属的入侵检测小组在1997年给出的关于“入侵检测”的定义如下：入侵检测是对企图入侵、正在进行的入侵或者已经发生的入侵进行识别的过程。

使用入侵检测的目的是为了保护网络的安全，实现机密性、完整性和可用性的信息安全目标。ISS 公司提出了 PPDR 模型，给出了策略（Policy）、防护（Protection）、检测（Detection）、响应（Response）之间的关系，如图 5-15 所示。

PPDR 模型是一个动态的计算机系统安全理论模型。P2DR 特点是动态性和基于时间的特性。其包含的内容是指：

① 策略：P2DR 模型的核心内容。具体实施过程中，策略规定了系统所要达到的安全目标和为达到目标所采取的各种具体安全措施及其实施强度等。

② 防护：具体包括制定安全管理规则、进行系统安全配置工作以及安装各种安全防护设备。

③ 检测：在采取各种安全措施后，根据系统运行情况的变化，对系统安全状态进行实时的动态监控。

④ 响应：当发现了入侵活动或入侵结果后，需要系统作出及时的反应并采取措施，其中包括记录入侵行为、通知管理员、阻断进一步的入侵活动以及恢复系统正常运行等。

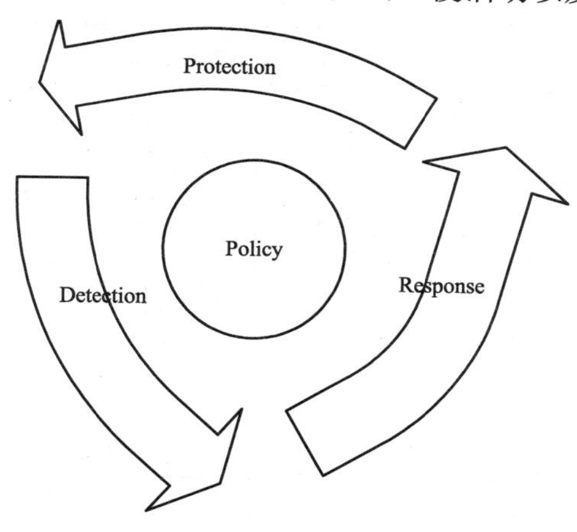

图 5-15　PPDR 模型

PPDR 模型阐述了如下结论：安全的目标实际上就是尽可能地增大保护时间，尽量减少检测时间和响应时间。入侵检测技术（Intrusion Detection）就是实现 P2DR 模型中 Detection 部分的主要技术手段。在 P2DR 模型中，安全策略处于中心地位，但是从另一个角度来看，安全策略也是制定入侵检测中检测策略的一个重要信息来源，入侵检测系统需要根据现有已知的安全策略信息，来更好地配置系统模块参数信息。当发现入侵行为后，入侵检测系统会通过响应模块改变系统的防护措施，改善系统的防护能力，从而实现动态的系统安全模型。因此，从技术手段上分析，入侵检测可以看作是实现 P2DR 模型的承前启后的关键环节。

5.3.1.2　入侵检测基本原理

入侵检测的工作原理就是通过收集网络中的有关信息和数据，对其进行分析，发现隐藏在其中的攻击者的足迹，并获取攻击证据和制止攻击者的行为，最后进行数据恢复，从而达到保护用户网络资源的目的。入侵检测的基本原理如图 5-16 所示。入侵检测作为一种积极主动的安全防护技术，提供了对内部攻击、外部攻击和误操作的实时保护，被认为是防火墙后面的第二道安全防线。

入侵检测的主动性体现在：首先，入侵检测时基于安全策略来进行安全防护的，对网络中的各种安全或不安全的活动尽可能地进行搜集并使其成为安全防护的规则，从而实现在事前做好准备、事中检测、事后提供新的安全策略的螺旋形上升的安全防护体系。其次，入侵检测能经常性地及时地发现信息系统的各个环节的问题，如系统的漏洞、系统的日常统计规律的比较等，进而采取相应的安全响应，如给系统打补丁，从而达到主动防护的目的。

入侵检测作为防火墙的补充主要体现在防火墙可以理解为"凭票入场"，而入侵检测为"对号入座"。对于网络数据而言，所谓"凭票入场"就是通过对数据包头的检查，确定其是否符合规则，从而采取过滤或代理的方式对数据报进行相应的处理。而"对号入座"就是要对主机或结点的数据进行检测，确定其在合适的策略下应该改处在什么位置或不该处在什么位置。

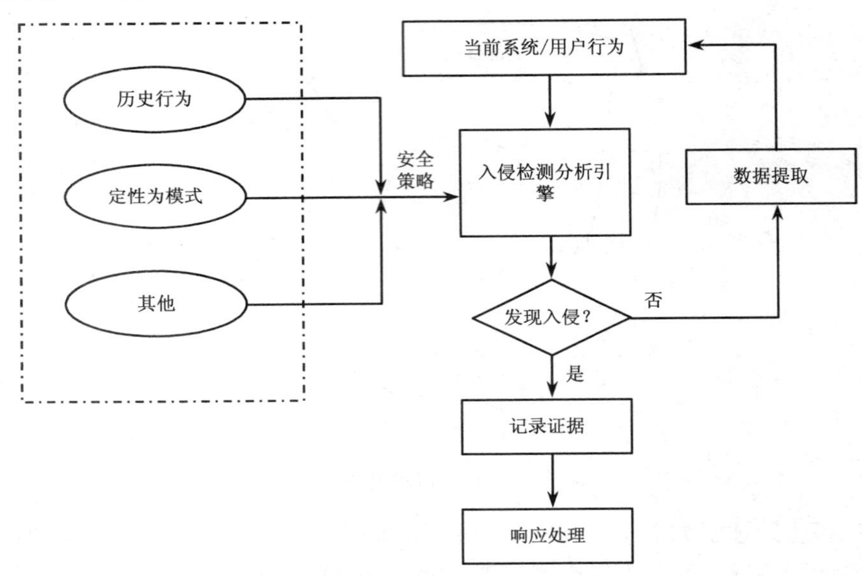

图 5-16　入侵检测工作流程

5.3.1.3　入侵检测技术

检测技术核心是对数据监控的分析技术，其对入侵检测的能力、准确性和检测效率有着重要的作用。目前的入侵检测技术主要分为两大类：

1. 误用检测

误用入侵检测的技术基础是分析各种类型的攻击手段，并找出可能的"攻击特征"集合。误用入侵检测利用这些特征集合或者是对应的规则集合，对当前的数据来源进行各种处理后，再进行特征匹配或者规则匹配工作，如果发现满足条件的匹配，则指示发生了一次攻击行为。

2．异常检测

异常入侵检测是基于一个假设：任一入侵或异常行为都与合法行为/正常行为之间存在可检测的差异。异常检测需要对监控的目标建立一个合法的轮廓，然后通过检测当前活动与系统历史正常活动情况之间的差异来实现。

5.3.2　入侵检测系统

James Anderson 最早提出入侵检测概念，1980 年 4 月他为美国空军作了“Computer Security Threat Monitoring and Surveillance”（计算机安全威胁监控与监视）的技术报告，该报告被人们认为是入侵检测的开创性报告。1984—1986 年，Denning 和 Neumann 在 SRI 公司内设计和实现了一个实时入侵检测系统，即著名的入侵检测专家系统（IDES），该系统是早期入侵检测系统中最有影响力的一个。1987 年，D．E．Denning 发表的经典论文“An Intrusion Detection Modal”中首次给出了一个入侵检测的抽象模型，并将入侵检测作为一种新的安全防御措施提出。

5.3.2.1　入侵检测系统结构

入侵检测系统通常由三部分组成，如图 5-17 所示。

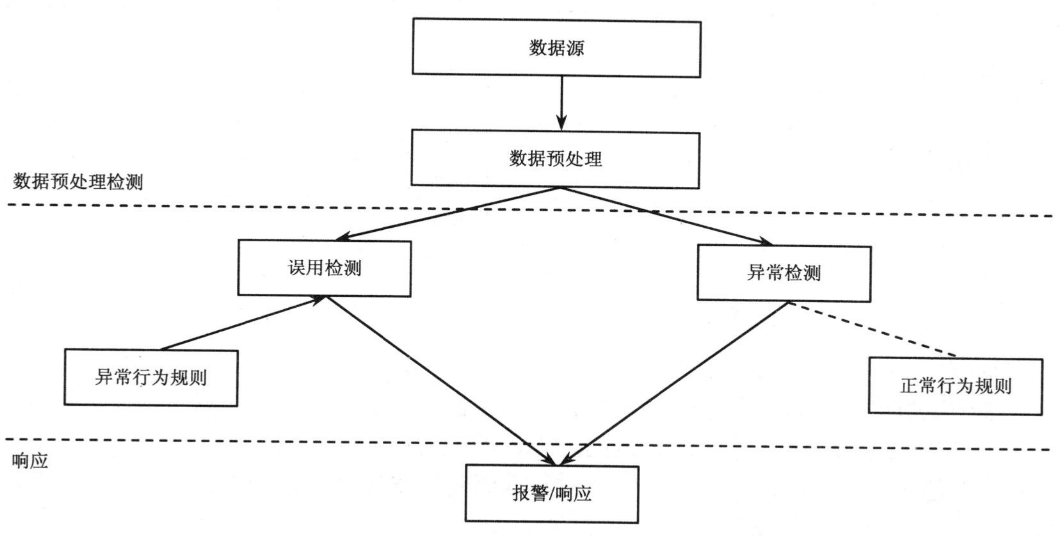

图 5-17　入侵检测的基本组成

① 提供检测分析数据的数据采集与预处理部分。该部分主要负责从网络或系统环境中采集数据，并作简单的预处理，便于检测模块分析，然后直接作为输入传送给检测模块。最初的入侵检测系统大多直接采用系统的审计信息，因此不需要额外的数据采集模块。但一方面系统审计信息本身信息量不大，很多关键信息可能漏掉；另一方面，审计数据为事后产生的，不利于及时检测入侵。因此，现在的入侵检测系统多有独立的数据采集模块，如网络数据包的捕获、用户触发命令的采集、进程触发系统调用的获取等。

② 分析数据，实施检测部分。该部分是完成数据分析，确定受监控目标是否异常，实施检测的关键模块。根据实施检测方法的不同又可分为误用检测和异常检测。

③ 基于分析结果实施响应操作的报警响应部分。该部分是为了在发现入侵时能够对入侵进行及时的处理。最理想的方式是能够对入侵行为进行自动处理，但由于入侵检测结果的准确性差，给自动响应带来了高风险，目前仍很少采用完全自动响应处理。目前的响应大多是通知、提醒管理员，由管理员人工处理。

5.3.2.2　入侵检测系统的分类

从不同的角度，按照不同的分类标准，可以将入侵检测系统分为不同的类别，如表 5-1 所示。

表 5-1　入侵检测分类表

	分类依据	入侵检测系统类别
入侵检测系统	检测分析方法	异常检测型 IDS
		误用检测型 IDS
	检测的数据来源	基于主机的入侵检测系统
		基于网络的入侵检测系统
		混合型的入侵检测系统
	体系结构	集中式 IDS
		等级式 IDS
		协作式 IDS
	检测的时效性	实时入侵检测系统
		事后入侵检测系统
	响应方式	主动响应 IDS
		被动响应 IDS

5.3.2.3　常见的入侵检测系统

1. 基于主机的 IDS

基于主机的入侵检测由于数据源来自单个主机，这使得它能够相对精确、可靠地分析入侵活动，它不但可以检测出系统的远程入侵，还可以检测出本地入侵。另外，基于主机的入侵检测对网络流量不敏感，一般不会因为网络流量的增加而漏掉对入侵行为的监视。其模型如图 5-18 所示。

基于主机的入侵检测系统主要监视主机操作系统审计记录和系统日志文件等。如 Windows NT 上的系统事件安全日志，UNIX 系统中的 syslog 文件，一旦发现这些文件发生任何变化，IDS 将比较新的日志记录与攻击模式作比较，进行匹配，一旦匹配，监测系统就会发出警报，并且采取相应的行动。

基于主机的 IDS 的主要优点：

① 非常适合加密和交换的环境。

② 接近实时的监测和响应。

③ 不需要额外的硬件。

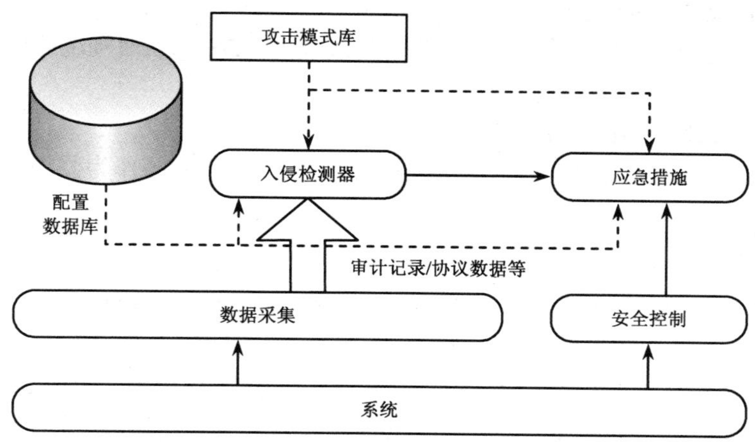

图 5-18　基于主机的入侵检测

2. 基于网络的 IDS

基于网络的入侵检测系统数据源来自网络流量。基于网络的入侵检测系统在关键的网段或交换部分侦听，监控着流经该网段多个主机的网络通信流量，从而达到保护网络和主机不受侵犯的目的。基于网络的入侵检测系统的检测范围是整个网段。其模型如图 5-19 所示。

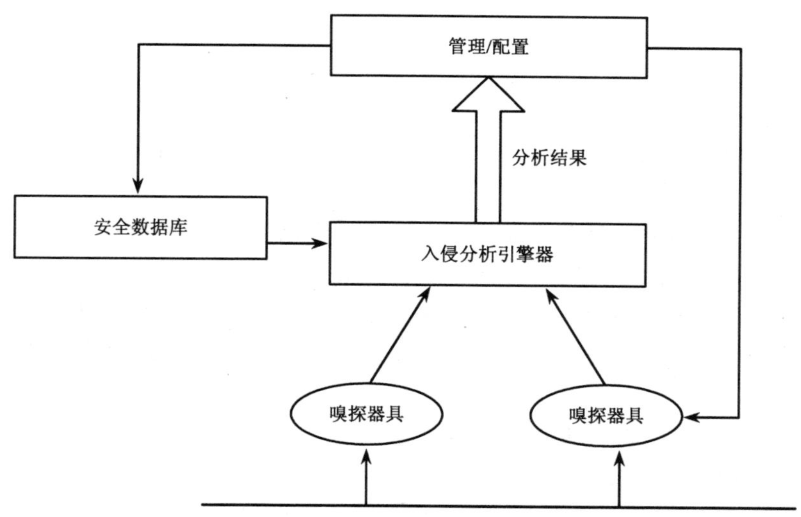

图 5-19　基于网络的入侵检测

基于网络的 IDS 使用原始的网络分组数据包作为进行攻击分析的数据源，一般要利用网络适配器来实时监视和分析所有通过网络进行传输的通信，一旦监测到攻击，IDS 会立即响应或报警或中断连接等。

基于网络的 IDS 的主要优点：

① 成本低。

② 攻击者很难转移证据。

③ 实时的监测和响应，一旦发生恶意访问或攻击，IDS 会立即发现并快速做出响应，从而把攻击对系统得破坏降到最低限度。

④ 能够监测未成功的攻击企图。

⑤ 操作系统独立。基于网络的 IDS 不依赖主机的操作系统作为监测的资源。

5.3.3 体系结构

为了提高 IDS 产品、组件及与其他安全产品之间的互操作性和互用性，美国国防高级研究计划署（DARPA）和互联网工程任务组（IETF）的入侵检测工作组（IDWG）发起制定了一系列建议草案，从体系结构、API、通信机制、语言格式等方面规范 IDS 的标准。

CIDF（Common Intrusion Detection Framework，公共入侵检测框架）是 DARPA 从 1997 年 3 月就开始制定的一套规范，最早由加州大学戴维斯分校安全实验室主持起草工作。它定义了 IDS 表达检测信息的标准语言以及 IDS 组件之间的通信协议，使各种 IDS 可以协同工作，实现各 IDS 之间的组件重用，被作为构建分布式 IDS 的基础。

CIDF 的规格文档主要包括四部分：IDS 的通信机制、体系结构、CISL（Common Intrusion Specification Language，通用入侵描述语言）和应用编程接口 API。

1. CIDF 的通信机制

（1）CIDF 组件间的通信结构

CIDF 将通信机制构成一个三层模型：

① GIDO（Generalized Intrusion Detection Object，通用入侵检测对象）层：它把部件间交换的数据形式都做了详细的定义，统称为 Gidos 并用 CISL 描述，以使 IDS 理解。

② 消息层：负责对信息加密认证，不关心传输的内容，只负责建立一个可靠的传输通道，确保被加密认证消息在防火墙或 NAT 等设备之间传输过程中的可靠性。同样，GIDO 层也只考虑所传递信息的语义，而不关心这些消息怎样被传递。

③ 协商传输层：协商传输层不属于 CIDF 规范，可以采用多种现有的传输机制实现。但是，单一的传输协议无法满足 CIDF 各种各样的应用需求，只有当两个特定的组件对信道使用达成一致认识时，才能进行通信。协商传输层规定 GIDO 在各个组件之间的传输机制。

（2）CIDF 的通信机制的功能及其实现

CIDF 的通信机制主要解决两个问题：

① 保证 CIDFD 的组件能安全、正确地与其他组件建立连接（包括定位和鉴别）。

② 连接建立后，组件能有效地进行通信。

这两个功能通过中介服务和消息层法实现。

① 中介服务（Matchmaking Service）：通过中介代理专门负责提供查询其他 CIDF 组件集的服务。这是为 CIDF 各组件之间的相互识别、定位和信息共享提供了一个统一的标准机制。它大大提高了组件的互操作性，降低了开发多组件入侵检测与响应系统的难度。通常是基于一个大型目录服务 LDAP（Lightweight Directory Access Protocol，轻量

级目录访问协议)，每个组件都要通过该目录服务进行注册，并通告其他组件它所使用或产生的 GIDO 类型。在此基础上，组件才能被归入它所属的类别中，组件之间才能互相通信。目录中还可以存放组件的公共密钥，实现对组件接收和发送 GIDO 时的身份认证。

② 消息层法：消息层利用消息格式中的选项，在客户端与服务器端握手阶段就可以完成提供路由信息追踪、数据加密和认证等功能，从而在易受攻击的环境中实现了一种安全（保密、可信、完整）并可靠的信息交互机制。具体地说，消息层可以做到：

- 使通信与阻塞和非阻塞处理无关。
- 使通信与数据格式无关。
- 使通信与操作系统无关。
- 使通信与编程语言无关。

2. CIDF 的体系结构

CIDF 在 IDES 和 NIDES 的基础上提出了一个通用模型，将入侵检测系统分为图 5-20 所示的四个基本组件：事件产生器、事件分析器、响应单元和事件数据库。其中，事件产生器、事件分析器和响应单元通常表现为应用程序的形式，而事件数据库则往往是文件或数据流的形式。许多 IDS 厂商则以数据收集器、数据分析器和控制台三个术语来分别代替事件产生器、事件分析器和响应单元。

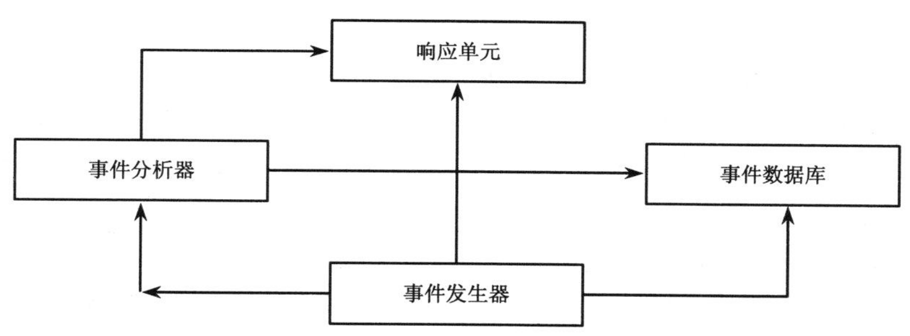

图 5-20　CIDF 的体系结构

CIDF 将 IDS 需要分析的数据统称为事件，它可以是网络中的数据包，也可以是从系统日志或其他途径得到的信息。

（1）事件产生器

事件产生器的任务是从入侵检测系统之外的整个计算环境中收集事件，并将这些事件转换成 CIDF 的 GIDO 格式传送给其他组件。例如，事件产生器可以是读取 C2 级审计踪迹并将其转换为 GIDO 格式的过滤器，也可以是被动地监视网络并根据网络数据流产生事件的另一种过滤器，还可以是 SQL 数据库中产生描述事务的事件的应用代码。

（2）事件分析器

事件分析器分析从其他组件收到的 GIDO，分析它们，并将产生的新 GIDO 返回给其他组件。分析器可以是一个轮廓描述工具，统计性地检查当前事件是否可能与以前某个事件来自同一个时间序列；也可以是一个特征检测工具，在一个事件序列中检查是否有已知的滥用攻击特征；还可以是一个相关器，将有联系的事件放到一起，以便以后进一步分析。

（3）事件数据库

用来存储 GIDO，以备系统需要的时候使用。它可以是复杂的数据库，也可以是简单的文件。

（4）响应单元

响应单元根据收到的 GIDO 做出反应，如杀死相关进程、将连接复位、修改文件权限等。

由于 CIDF 有一个标准格式 GIDO，所以这些组件也适用于其他环境，只需要将典型的环境特征转换成 GIDO 格式，这样就提高了组件之间的消息共享和互通。

3. CISL

CIDF 的总体目标是实现软件的复用和 IDR（入侵检测与响应）组件之间的互操作性。首先，IDR 组件基础结构必须是安全、健壮、可伸缩的，CIDF 的工作重点是定义了一种应用层的语言 CISL（Common Intrusion Specification Language，公共入侵规范语言），用来描述 IDR 组件之间传送的信息，以及制定一套对这些信息进行编码的协议。CISL 可以表示 CIDF 中的各种信息，如原始事件信息（审计踪迹记录和网络数据流信息）、分析结果（系统异常和攻击特征描述）、响应提示（停止某些特定的活动或修改组件的安全参数）等。

CISL 使用了一种被称为 S 表达式的通用语言构建方法，S 表达式可以对标记和数据进行简单的递归编组，即对标记加上数据，然后封装在括号内完成编组，这跟 LISP 有些类似。S 表达式的最开头是语义标识符（简称 SID），用于显示编组列表的语义。例如，下面的 S 表达式：

（HostName 'first. example. Com'）

编组列表的 SID 是 HostName，它说明后面的字符串“first. example. com”将被解释为一个主机的名字。

有时，只有使用很复杂的 S 表达式才能描述出某些事件的详细情况，这就需要使用大量的 SID。SID 在 CISL 中起着非常重要的作用，用来表示时间、定位、动作、角色、属性等，只有使用大量的 SID，才能构造出合适的句子。CISL 使用范例对各种事件和分析结果进行编码，把编码的句子进行适当的封装，就得到了 GIDO。

4. CIDF 的程序接口

CIDF 的 API 负责 GIDO 的编码、解码和传递，它提供的调用功能使程序员可以在不了解编码和传递过程具体细节的情况下，以一种很简单的方式构建和传递 GIDO。

GIDOD 生成分为两个步骤：

（1）构造表示 GIDO 的树形结构

在构造树形结构时，SID 分为两组：一组把 S 表达式作为参数（即动词、副词、角色、连接词等），另一组把单个数据或一个数据阵列作为参数（即原子），这样就可以把一个完整的句子表示成一棵树，每个 SID 表示成一个结点，最高层的 SID 是树根。因为每个 S 表达式都包含一定的数据，所以，树的每个分支末端都有表示原子 SID 的叶子。

（2）将此结构编成字节码

将字节码进行解码跟上面的过程正好相反。CIDF 的 API 为实现者和应用开发者都提供了很多的方便，并分为两类：GIDO 编码/解码 API 和消息层 API。

5.3.4　入侵检测的部署管理

入侵检测系统有不同的部署方式和特点。根据所掌握的网络检测和安全需求，选取各种类型的入侵检测系统。将多种入侵检测系统按照预定的计划进行部署，确保每个入侵检测系统都能够在相应部署点上发挥作用，共同防护，保障网络的安全运行。

基于网络的入侵检测系统可以在网络的多个位置进行部署。根据检测器部署位置的不同，入侵检测系统具有不同的工作特点。用户需要根据自己的网络环境以及安全需求进行网络部署，以达到预定的网络安全需求。

入侵检测的部署点可以划分为四个位置（见图 5-21）：

① DMZ 区。

② 外网入口。

③ 内网主干。

④ 关键子网。

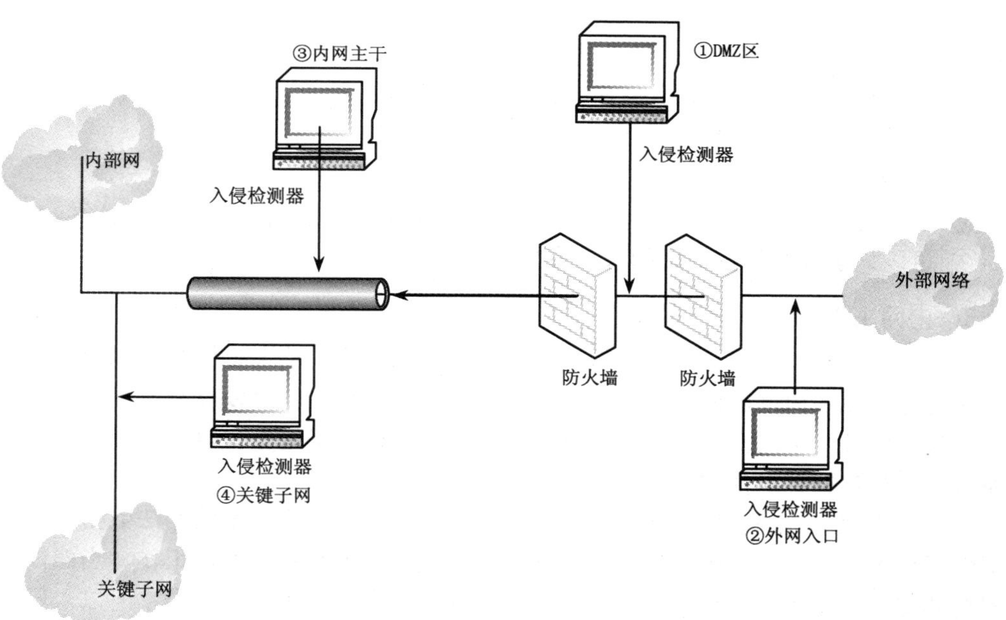

图 5-21　IDS 部署示意图

1．DMZ 区

DMZ 区部署点在 DMZ 区的总口上，这是入侵检测器最常见的部署位置。在这里入侵检测器可以检测到所有针对用户向外提供服务的服务器进行攻击的行为。对于用户来说，防止对外服务的服务器受到攻击是最为重要的。由于 DMZ 区中的各个服务器提供的服务有限，所以针对这些对外提供的服务进行入侵检测，可以使入侵检测器发挥最大的优势，对进出的网络数据进行分析。由于 DMZ 区中的服务器是外网可见的，因此在这里的入侵检测也是最为需要的。

在该部署点进行入侵检测有以下优点：

① 检测来自外部的攻击，这些攻击已经渗入过第一层防御体系。

② 可以容易地检测网络防火墙的性能并找到配置策略中的问题。

③ DMZ 区通常放置的是对内外提供服务的重要的服务设备，因此，所检测的对象集中于关键的服务设备。

④ 即使进入的攻击行为不可识别，入侵检测系统经过正确的配置也可以从被攻击主机的反馈中获得受到攻击的信息。

2．外网入口

外网入口部署点位于防火墙之前，入侵检测器在这个部署点可以检测所有进出防火墙外网口的数据。在这个位置上，入侵检测器可以检测到所有来自外部网络的可能的攻击行为并进行记录，这些攻击包括对内部服务器的攻击、对防火墙本身的攻击以及内网机器不正常的数据通信行为。

由于该部署点在防火墙之前，因此入侵检测器将处理所有的进出数据。这种方式虽然对整体入侵行为记录有帮助，但由于入侵检测器本身性能上的局限，该部署点的入侵检测器目前的效果并不理想，同时对于进行 NAT 的内部网来说，入侵检测器不能定位攻击的源或目的地址，系统管理员在处理攻击行为上存在一定的难度。

在该部署点进行入侵检测有以下优点：

① 可以对针对目标网络的攻击进行计数，并记录最为原始的攻击数据包。

② 可以记录针对目标网络的攻击类型。

3．内网主干

内网主干部署点是最常用的部署位置，在这里入侵检测器主要检测内网流出和经过防火墙过滤后流入内网的网络数据。在这个位置，入侵检测器可以检测所有通过防火墙进入的攻击以及内部网向外部的不正常操作，并且可以准确地定位攻击的源和目的，方便系统管理员进行针对性的网络管理。

由于防火墙的过滤作用，防火墙已经根据规则要求抛弃了大量的非法数据包。这样就降低了通过入侵检测器的数据流量，使得入侵检测器能够更有效地工作。当然，由于入侵检测器在防火墙的内部，防火墙已经根据规则要求阻断了部分攻击，所以入侵检测器并不能记录下所有可能的入侵行为。

在该部署点进行入侵检测的优点：检测大量的网络通信提高了检测攻击的识别可能；检测内网可信用户的越权行为；实现对内部网络信息的检测。

4．关键子网

在内部网中，总有一些子网因为存在关键性数据和服务，需要更严格的管理，如资产管理子网、财务子网、员工档案子网等，这些子网是整个网络系统中的关键子网。

通过对这些子网进行安全检测，可以检测到来自内部以及外部的所有不正常的网络行为，这样可以有效地保护关键的网络不会被外部或没有权限的内部用户侵入，造成关键数据泄露或丢失。由于关键子网位于内网的内部，因此流量相对要小一些，可以保证入侵检测器的有效检测。

在该部署点进行入侵检测具有以下优点：

① 集中资源用于检测针对关键系统和资源的来自企业内外部的攻击。

② 将有限的资源进行有效部署，获取最高的使用价值。

在基于网络的入侵检测系统部署并配置完成后，基于主机的入侵检测系统的部署可以给系统提供高级别的保护。

但是，将基于主机的入侵检测系统安装在企业中的每一个主机上是一种相当大的时间和资金的浪费，同时每一台主机都需要根据自身的情况进行特别的安装和设置，相关的日志和升级。

因此，基于主机的入侵检测系统主要安装在关键主机上，这样可以减少规划部署的花费，使管理的精力集中在最重要最需要保护的主机上。

同时，为了便于对基于主机的入侵检测系统的检测结果进行及时检查，需要对系统产生的日志进行集中的分析、整理和显示，可以大大减少对网络安全系统日常维护的复杂性和难度。

由于基于主机的入侵检测系统本身需要占用服务器的计算和存储资源，因此，要根据服务器本身的空闲负载能力选取不同类型的入侵检测系统并进行专门的配置。

5.4　VPN 技术

VPN 是 Virtual Private Network 的缩写，即虚拟专用网，是通过一个公用网络（通常是因特网）建立一个临时的、安全的连接，是一条穿过混乱的公用网络的安全、稳定的隧道。通常，VPN 是对企业内部网的扩展，通过它可以帮助远程用户、公司分支机构、商业伙伴及供应商同公司的内部网建立可信的安全连接，并保证数据的安全传输。VPN 可用于不断增长的移动用户的全球因特网接入，以实现安全连接；可用于实现企业网站之间安全通信的虚拟专用线路，用于经济有效地连接到商业伙伴和用户的安全外联网虚拟专用网。

5.4.1　基本原理

1. 基本原理

VPN 是将物理分布在不同地点的网络通过公用骨干网，尤其是 Internet 连接而成的逻辑上的虚拟子网，其连接示意图如图 5-22 所示。为了保障信息的安全，VPN 架构中采用了多种安全机制，如隧道技术（Tunneling）、加解密技术（Encryption）、密钥管理技术、身份认证技术（Authentication）等，通过上述的各项网络安全技术，确保资料在公众网络中传输时不被窃取，或是即使被窃取了，对方亦无法读取数据包内所传送的资料。

2. VPN 的优点

（1）节约成本

这是 VPN 网络技术的最为重要的一个优势，也是它取胜传统的专线网络的关键所在。据行业调查公司的研究报告显示拥有 VPN 的企业相比起采用传统租用专线的远程接入服务器或 Modem 池和拨号线路的企业能够节省 30%～70%的开销。

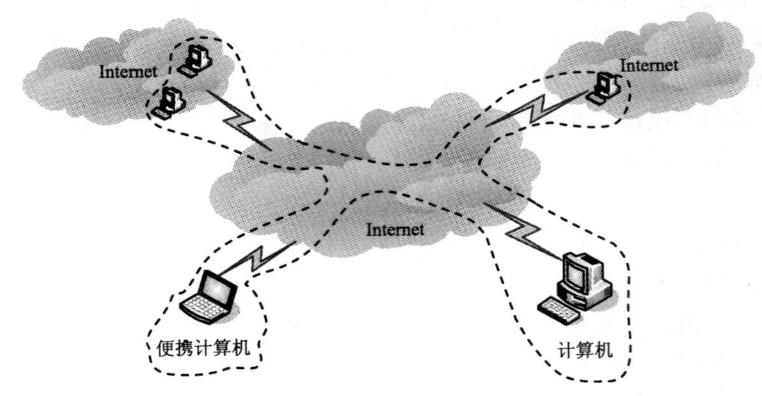

图 5-22　VPN 的连接示意图

（2）增强的安全性

目前 VPN 主要采用四项技术来保证数据通信安全，这四项技术分别是隧道技术（Tunneling）、加解密技术（Encryption & Decryption）、密钥管理技术（Key Management）、身份认证技术（Authentication）。

在用户身份验证安全技术方面，VPN 是通过使用点到点协议（PPP）用户级身份验证的方法来进行验证，这些验证方法包括：密码身份验证协议（PAP）、质询握手身份验证协议（CHAP）、Shiva 密码身份验证协议（SPAP）、Microsoft 质询握手身份验证协议（MS-CHAP）和可选的可扩展身份验证协议（EAP）。

在数据加密和密钥管理方面 VPN 采用微软的点对点加密算法（MPPE）和网际协议安全（IPSec）机制对数据进行加密，并采用公、私密钥对的方法对密钥进行管理。MPPE 使 Windows 95、98 和 NT 4.0 终端可以从全球任何地方进行安全的通信。MPPE 加密确保了数据的安全传输，并具有最小的公共密钥开销。以上的身份验证和加密手段由远程 VPN 服务器强制执行。对于采用拨号方式建立 VPN 连接的情况下，VPN 连接可以实现双重数据加密，使网络数据传输更安全。

（3）网络协议支持

VPN 支持最常用的网络协议，这样基于 IP、IPX 和 NetBEUI 协议网络中的客户机都可以很容易地使用 VPN。这意味着通过 VPN 连接可以远程运行依赖于特殊网络协议的应用程序。新的 VPN 技术可以全面支持如 AppleTalk、DECNet、SNA 等几乎所有的局域网协议，应用更加全面。

（4）容易扩展

如果企业想扩大 VPN 的容量和覆盖范围，企业需做的事情很少，而且能及时实现，因为这些工作都可以交由专业的 NSP 来负责，从而可以保证工程的质量，更可以省去一大堆麻烦。企业只需与新的 NSP 签约，建立账户；或者与原有的 NSP 重签合约，扩大服务范围。VPN 路由器还能对工作站自动进行配置。

（5）完全控制主动权

借助 VPN，企业可以利用 ISP 的设施和服务，同时又完全掌握着自己网络的控制权。例如，企业可以把拨号访问交给 ISP 去做，由自己负责用户的查验、访问权、网络地址、安全性和网络变化管理等重要工作。

（6）安全的 IP 地址

因为 VPN 是加密的，VPN 数据包在因特网中传输时，因特网上的用户只看到公用的 IP 地址，看不到数据包内包含的专有网络地址。因此远程专用网络上指定的地址是受到保护的。IP 地址的不安全性也是在早期的 VPN 没有被充分重视的根本原因之一。

（7）支持新兴应用

许多专用网对许多新兴应用准备不足，如那些要求高带宽的多媒体和协作交互式应用。VPN 则可以支持各种高级的应用，如 IP 语音、IP 传真，还有各种协议，如 RSIP、IPv6、MPLS、SNMPv3 等，而且随着网络接入技术的发展，新型的 VPN 技术可以支持诸如 ADSL、Cable Modem 之类的宽带技术。

5.4.2　VPN 分类

VPN 技术从技术实现角度可分为两大类：拨号 VPN（VDPN）和专线 VPN。其中，拨号 VPN 又可分为客户发起的（Client-Initiated）VPN 和 NAS（Network Access Server，网络访问服务）发起的 VPN：专线 VPN 又可分为基于 IP Tunnel 的专线 VPN 和基于 Virtual Circuit（虚拟电路）的 VPN。

1．拨号 VPN（VDPN）

① 客户发起的 VPN。在客户发起的 VPN 中，用户拨号到本地的 POP 远程网络．由客户来发出请求并建立到某企业内部网的加密隧道。为了建立一个安全的连接，客户端运行 IPSec 软件，客户软件与公司内部网络防火墙上的 IPSec 进程通信，或者直接与支持 IPSec 的路由器通信，确保连接的安全性。

这种形式的 VPN 优点是：

- 远程用户能够同时与多个 Home Gateway 建立 IP Tunnel。
- 远程用户不必重新拨号，就可以进入另一网络。
- VPN 的建立和管理与 ISP（Internet Service Provider，互联网服务提供商）无关。

而缺点则是：因为这种加密的 VPN 隧道对于服务提供商而言是透明的，在客户端需要专用的拨号软件，而且管理移动 PC 上的 IPSec 客户端软件也是比较麻烦的。因此，大部分的服务提供多数会选择 VPN 隧道技术作为其网络的形式，隧道技术将在后面介绍。

② NAS 发起的 VPN。在 NAS 发起的 VPN 中。由服务提供商的 POP 中的 NAS 请求并创建到客户公司路由器（或者 Home Gateway）的 VPN 隧道。NAS 使用 L2F（Layer 2 Forwarding Protocol）或者 L2TP（Layer 2 Tunneling Protocol）协议来建立到客户 Home

Gateway 的安全隧道。对于 Home Gateway 来说，L2F 或 L2 TP 隧道表现得似乎用户是直接拨号到公司内部网上。

在这种拨号 VPN 形式中，用户认证两级处理。当用户拨入时，首先由服务提供商 NAS 执行基本的认证。这个认证仅仅识别出用户的公司身份。然后。NAS 打开到用户公司 Home Gateway 的隧道．由 Home Gateway 来执行用户级的认证功能。

这种 VPN 形式的优点有：

- 对拨号用户透明，用户 PC 上无须特殊的客户软件。因而管理简单化。
- 由于是由服务提供商初始化隧道，因此可以提供优质的拨号 VPN 服务，如通过预留 Modem 端口，优先的数据传送等手段保证拨号 VPN 用户得到所需的服务。

③ NAS 可以同时支持 Internet 或其他公用网络和 VPN 服务。

④ 由于到某一目的的通信量全部通过单一隧道传送，大规模部署将更具有可扩充性和管理性。

这种 VPN 形式的缺点有：

- 当远程用户进入其他网络时，需要重新拨号，并且只能以另一用户名登录。
- 远程用户不能同时进入多个网络。

2. 专线 VPN

（1）基于 IP Tunnel（IP 隧道）的专线 VPN

VPN 与常规的直接拨号网络不同，在 VPN 中，PPP（Point to Point Protocol）点到点协议数据包流不走专用线路，而是通过共享 IP 网络上的隧道进行传输。这两者的关键不同点是隧道代替了实际的专用线路。那么隧道是如何形成的呢?

隧道是由隧道协议形成的，这与各种网络技术是依靠相应的网络协议完成通信没有区别。为了传输来自不同网络的数据包，最普遍使用的方法是先把各种网络协议（IP、IPX 等）封装到 PPP 里，再把这整个 PPP 数据包装入隧道协议里。隧道协议一般封装在 IP 协议中。但也可以是 ATM（Asynchronous Transfer Mode，异步传输模式）或 Frame Relay（帧中继）。由于隧道搭载的是 PPP 数据包（第二层），所以这种封装方法称为“第二层隧道”。另一种方法是把各种网络协议直接装入隧道协议中（3Com 公司的 VTP 就是这种隧道协议），由于隧道直接搭载第三层协议的数据包。所以被称为“第三层隧道”，但这种方法应用比较少。

（2）基于 Virtual Circuit（虚拟电路）的 VPN

服务提供商可以提供虚拟电路来建立 VPN 服务。用 PVC 在帧中继 ATM 网络中建立点对点连接，并通过路由器来管理第三层的通信。电信运营商等可以采用这种办法，充分利用其现有的帧交换（如帧中继）或信元交换（如 ATM）基础设施来提供 VPN 服务。

在前面叙述的专线 VPN 和拨号 VPN 本质上都是通过在公共 IP 网络中建立隧道（Tunnel）来实现传输的。与之不同，基于虚拟电路的 VPN 通过在公共的帧或信元交换网络上的路由器来实现 IP 服务．是使用 PVC（Permanent Virtual Channel，永久虚路径）而不是 Tunnel 来实现保密等安全性。因此，加密是不需要的。

这种形式的 VPN 具有以下优点：

① 受控的路由服务为具有帧或信元基础设施的服务提供商提供一种便宜、快速的建

立 VPN 服务的办法。

② 可充分利用 FR CIR（Committed Information Rate，约定信息速率）和 ATM QoS（Quality of Service）来确保 QoS。

③ 虚拟电路拓扑的弹性。

④ 连接无须加密。

这种形式的 VPN 具有以下缺点：

① 不能灵活地选择路由。

② 比 IP Tunnel 的专线 VPN 的费用高。

③ 缺少 IP 的多业务能力（如 Voice Over IP Video Over IP 等）。

5.4.3　VPN 部署应用

VPN 有三种典型的应用类型：Access VPN（远程访问 VPN）、Intranet VPN（企业内部 VPN）和 Extranet VPN（企业扩展 VPN）。

1. 远程访问 VPN

Access VPN 即所谓的移动 VPN，适用于企业内部人员流动频繁或远程办公的情况，出差员工或者在家办公的员工利用当地 ISP（Internet Service Provider，Internet 服务提供商）就可以和企业的 VPN 网关建立私有的隧道连接，如图 5-23 所示。

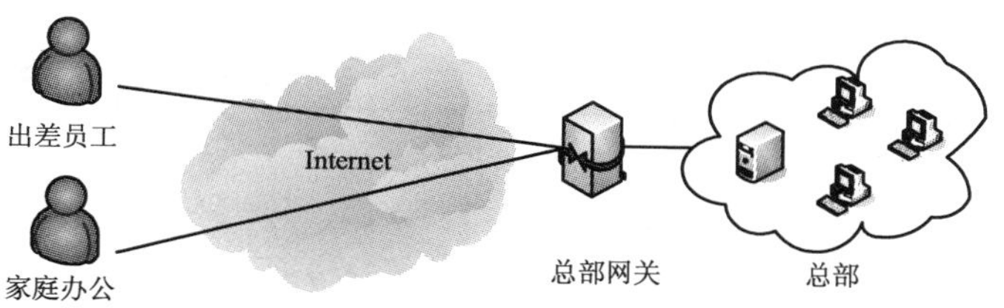

图 5-23　Access VPN

Access VPN 对应于传统的远程访问内部网络。在传统方式中，在企业网络内部需要架设一个拨号服务器作为 RAS（Remote Access Server），用户通过拨号到该 RAS 来访问企业内部网。这种方式需要购买专门的 RAS 设备，价格昂贵，用户只能进行拨号，也不能保证通信安全，而且对于远程用户可能要支付昂贵的长途拨号费用。

Access VPN 通过拨入当地的 ISP 进入 Internet 再连接企业的 VPN 网关，在用户和 VPN 网关之间建立一个安全的“隧道”，通过该隧道安全地访问远程的内部网，这样既节省了通信费用，又能保证安全性。

Access VPN 的拨入方式包括拨号、ISDN、数字用户线路（xDSL）等，唯一的要求就是能够使用合法 IP 地址访问 Internet，具体何种方式没有关系。通过这些灵活的拨入方式能够让移动用户、远程用户或分支机构安全地接入到内部网络。

2. 企业内部 VPN

如果要进行企业内部异地分支机构的互联，可以使用 Intranet VPN 方式，这是所谓的网关对网关 VPN，它对应于传统的 Intranet 解决方案，如图 5-24 所示。

Intranet VPN 在异地两个网络的网关之间建立了一个加密的 VPN 隧道，两端的内部网络可以通过该 VPN 隧道安全地进行通信，就好像和本地网络通信一样。

Intranet VPN 利用公共网络（如 Internet）的基础设施，连接企业总部、远程办事处和分支机构。企业拥有与专用网络相同的策略，包括安全、服务质量（QoS）、可管理性和可靠性。

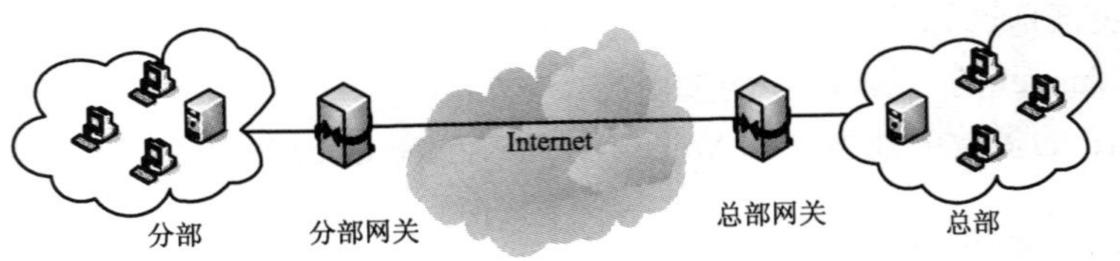

图 5-24　Intranet VPN

3．企业扩展 VPN

如果一个企业希望将客户、供应商、合作伙伴或兴趣群体连接到企业内部网，可以使用 Extranet VPN，它对应于传统的 Extranet 解决方案，如图 5-25 所示。

Extranet VPN 其实也是一种网关对网关的 VPN，与 Intranet VPN 不同的是，它需要在不同企业的内部网络之间组建，需要有不同协议和设备之间的配合和不同的安全配置。

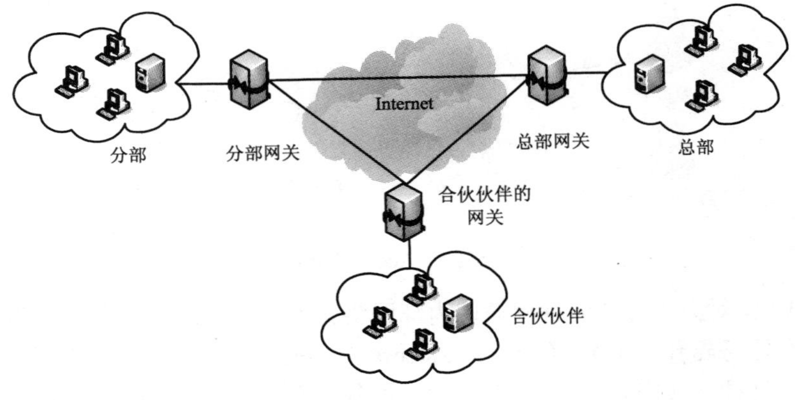

图 5-25　Extranet VPN

5.5　网络安全协议

5.5.1　概念

安全协议本质上是关于某种应用的一系列规定，包括功能、参数、格式、模式等，通信各方只有共同遵守协议才能互相操作。

安全协议和其他协议一样具有如下特点：

① 协议中的每个人都必须了解协议，并且预先知道所要完成的所有步骤。

② 协议中的每个人都必须同意并遵循它。

③ 协议必须是清楚的，每一步必须明确定义，并且不会引起误解。

④ 协议必须是完整的，对每种可能的情况必须规定具体的动作。

安全协议的目的：

① 计算机需要正式的协议来完成人们不用考虑就能做的事情。

② 保证公平和安全

③ 根据完成某一任务的机理，协议抽象出完成此任务的过程。

在信息网络中，可以在 ISO 七层协议中的任何一层采取安全措施。大部分安全措施都采用特定的协议来实现，如在网络层加密和认证采用 IPSec 协议，在传输层加密和认证采用 SSL 协议等，如图 5-26 所示。

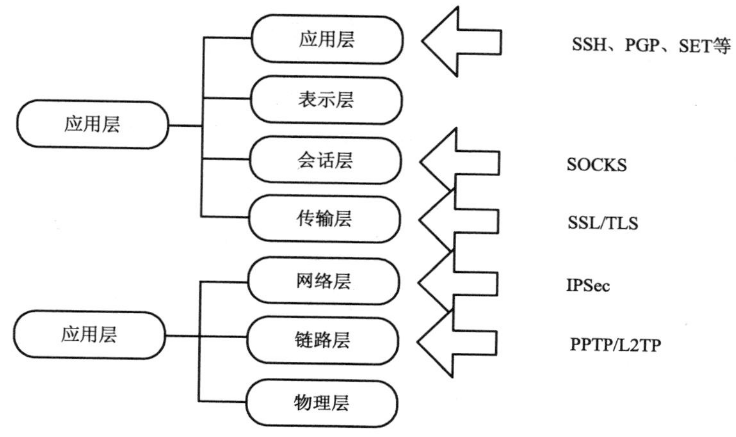

图 5-26　OSI 七层协议与安全协议

目前许多安全产品采用了网络安全协议，为保障安全产品的互通互联，必须采用统一的协议规范。如基于 IPSec 的 VPN（虚拟专用网）技术，在 Windows2000/XP 下也内置了 IPSec 的实现；SSL 也得到广泛应用：Web 浏览器通过使用 SSL 来达到网页传输的安全性。

5.5.2　SSL 安全套接字

安全套接层协议 SSL（Secure Sockets Layer）是 Netscape 公司提出的基于 Web 应用的安全协议，它指定了一种在应用程序协议和 TCP/IP 协议间提供数据安全性分层的机制，但常用于安全 Web 应用的 HTTPS 协议。

① 在 TCP/IP 协议栈中所处的层次如图 5-27 所示。

<table>
<tr><td colspan="3">应用层（如HTTP、FTP、Telnet、SMTP等）</td></tr>
<tr><td>SSL握手协议</td><td>SSL更改密码规程协议</td><td>SSL报警协议</td></tr>
<tr><td colspan="3">SSL记录协议</td></tr>
<tr><td colspan="3">TCP</td></tr>
<tr><td colspan="3">IP</td></tr>
</table>

图 5-27　SSL 在 TCP/IP 协议栈中所处的层次

② 安全服务：SSL 为 TCP/IP 连接提供数据加密、服务器认证、消息完整性以及可选的客户机认证。

③ 加密机制：SSL 采用 RSA、DES，3DES 等密码体制以及 MD 系列 Hash 函数、Diffie-Hellman 密钥交换算法。

④ 工作原理：客户机向服务器发送 SSL 版本号和选定的加密算法；服务器回应相同信息外还回送一个含 RSA 公钥的数字证书；客户机检查收到的证书是否在可信任 CA 列表中，若在，则用对应 CA 的公钥对证书解密获取服务器公钥；若不在，则断开连接终止会话。客户机随机产生一个 DES 会话密钥，并用服务器公钥加密后再传给服务器。服务器用私钥解密出会话密钥后发回一个确认报文，以后双方就用会话密钥对传送的报文加密。

⑤ 应用领域：主要用于 Web 通信安全、电子商务，还被用在对 SMTP、POP3、Telnet 等应用服务的安全保障上。

⑥ 优点：SSL 设置简单成本低，银行和商家无须大规模系统改造；凡构建于 TCP/IP 协议簇上的 C/S 模式需进行安全通信时都可使用，持卡人想进行电子商务交易，无须在自己的计算机上安装专门软件，只要浏览器支持即可；SSL 在应用层协议通信前就已完成加密算法，通信密钥的协商及服务器认证工作，此后应用层协议所传送的所有数据都会被加密，从而保证通信的安全性。

⑦ 缺点：SSL 除了传输过程外不能提供任何安全保证。不能提供交易的不可否认性。客户认证是可选的，所以无法保证购买者就是该信用卡合法拥有者。SSL 不是专为信用卡交易而设计，在多方参与的电子交易中，SSL 协议并不能协调各方间的安全传输和信任关系。

5.5.3　IPSec 协议

网络层安全协议 IPSec（Internet Protocol Security）由 IETF 制定，面向 TCMP，它是为 IPv4 和 IPv6 协议提供基于加密安全的协议。

① 在 TCP/IP 协议栈中所处的层次如图 5-28 所示。

② 安全服务：IPSec 提供访问控制、无连接完整性、数据源的认证、防重放攻击、机密性（加密）、有限通信量的机密性等安全服务。另外，IPSec 的 DOI 也支持 IP 压缩。

③ 加密机制：IPSec 通过支持 DES、三重 DES、IDEA、AES 等确保通信双方的机密性；身份认证用 DSS 或 RSA 算法；用消息鉴别算法 HMAC 计算 MAC，以进行数据源验证服务。

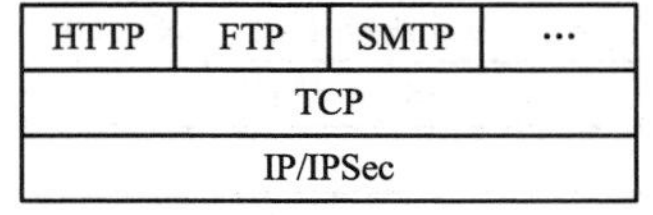

图 5-28　IPSec 在 TOP/IP 协议栈中所处的层次

④ 工作原理：IPSec 有传输模式和隧道模式两种工作模式，如图 5-29 所示。传输模式用于两台主机之间，保护传输层协议头，实现端对端的安全性。隧道模式用于主机与路由器之间，保护整个 IP 数据包。

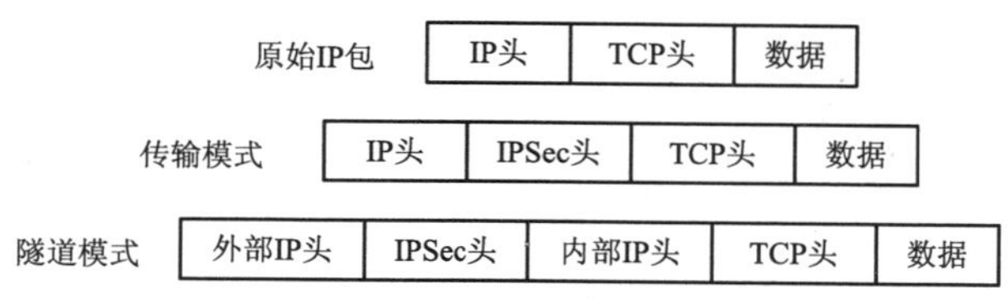

图 5-29　IPSec 的两种工作模式

⑤ 应用领域：IPSec 可为各种分布式应用，如远程登录、客户、服务器、电子邮件、文件传输、Web 访问等提供安全。可保证 LAN、专用和公用 WAN 以及 Internet 的通信安全。目前主要应用于 VPN、路由器中。

⑥ 优点：IPSec 可用来在多个防火墙和服务器间提供安全性，可确保运行在 TCP/IP 协议上的 VPNs 间的互操作性。它对于最终用户和应用程序是透明的。

⑦ 缺点：IPSec 系统复杂，且不能保护流量的隐蔽性；除 TCP/IP 外，不支持其他协议；IPSec 与防火墙、NAT 等的安全结构也是一个复杂的问题。

5.6　小结

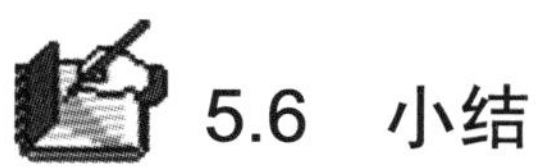

本章讨论了网络安全技术问题，主要包括防火墙技术、入侵检测技术、VPN 技术以及两个重要的网络安全协议。

网络防火墙技术是一种用来加强网络之间访问控制，防止外部网络用户以非法手段通过外部网络进入内部网络，访问内部网络资源，保护内部网络操作环境的特殊网络互联设备。防火墙采用包过滤或者代理服务等技术，对进出网络的数据包进行相应的处理以解决对网络的攻击问题。

入侵检测是依据 PPDR 安全模型而设计的通过收集网络中的有关信息和数据，对其进行分析，发现隐藏在其中的攻击者的足迹，并获取攻击证据和制止攻击者的行为，最后进行数据恢复，从而达到保护用户网络资源的目的。入侵检测通过误用检测或者滥用检测的算法可以实现基于主机的或者基于网络的入侵检测系统。

VPN 是将物理分布在不同地点的网络通过公用骨干网，尤其是 Internet 连接而成的逻辑上的虚拟子网。VPN 架构中采用了多种安全机制，如隧道技术、加解密技术、密钥管理技术、身份认证技术等，确保资料在公众网络中传输时不会泄密。

SSL 安全套接字是位于网络体系结构中 TCP 层和应用层之间的一族为 TCP/IP 连接提供数据加密、服务器认证、消息完整性以及可选的客户机认证安全协议。IPSec 协议是为了实现网络层访问控制、无连接完整性、数据源的认证、防重放攻击、机密性（加密）、有限通信量的机密性等安全服务的安全协议。

题

火墙的工作原理。

防火墙的优缺点。

月如何使用防火墙实现网络安全。

要叙述入侵检测的工作原理。

说明入侵检测的判断标准。

6. 什么是入侵检测系统？有哪几种入侵检测系统？
7. 简要叙述 VPN 的工作原理。
8. 说明 VPN 的应用模型有哪几种。
9. SSL 是什么？用于解决什么问题？
10. IPSec 是什么？用于解决什么问题？

第6章 物联网感知层安全

学习重点

1. RFID系统的安全问题及应对措施。
2. 传感器结点的安全问题及应对措施。
3. 智能卡系统的安全问题及应对措施。

6.1 概述

感知层位于物联网体系结构的底层。在感知层，通过各种类型的设备和技术，实现“物”及其周围环境等各种信息的全面感知，这是物联网应用的基础。常用的感知设备/技术主要有无线射频标识 RFID、传感器和智能卡等。本章介绍这三种感知技术相关的基本概念，重点分析它们面临的安全威胁以及所采取的对策。此外，感知信息的位置和时间在物联网应用中也具有十分重要的意义，本章也介绍全球定位系统的基本概念。

6.2 生物特征识别

身份认证就是通过各种技术或非技术手段，向对方证明自己的身份，以获得行使某种权利的许可。物联网中，出于安全考虑，代表物的各种感知设备要接入网络必须通过一定形式的认证。传统的身份识别方式主要有基于密码的方式和基于凭证（如身份证、护照、智能卡等）的方式。这些方法存在携带不便、容易伪造、遗失、损毁或被破解等诸多缺点，安全性、可靠性较差。

生物特征识别是指通过计算机技术，利用人体所固有的生理特征或行为特征来进行个人身份认证的一种技术。人体的生物特征具有唯一性、长期（终身）不变性、不易丢失或伪造等特点，因而生物特征识别的安全性更高，可靠性更好。基于生物特征的识别是未来身份认证的发展方向。用于身份认证的生物特征可分为两类：生理特征和行为特征。生理特征与生俱来，多为先天性的，包括指纹、掌纹、手形、脸型、虹膜、视网膜、耳廓、DNA（脱氧核糖核酸）等；行为特征则是习惯使然，多为后天性的，包括笔迹、话音、步态、击键动作等。目前实用的生物特征识别技术主要有指纹识别、人脸识别和虹膜识别等。

6.2.1 指纹识别

指纹是人手指末端指腹上由凹凸的皮肤所形成的纹路，也可指这些纹路在物体上印下的印痕。指纹纹理在婴儿胚胎时期就已经确定，其形态和细节特征不会随着年龄的增长或身体健康程度的变化而变化。指纹纹理特征的形成具有随机性，因人而异，世界上两个人指纹相同的概率几乎为零。指纹即使磨损，只要不伤及真皮，也能重新长出。指纹识别就是通过比对指纹的纹路特征点来进行鉴别。

整个指纹识别过程包括指纹登记和识别两个过程。指纹登记由指纹图像采集、图像处理和特征提取三部分组成。登记过程中提取的指纹特征存储在数据库中，用于识别过程中进行比对。指纹识别包括四部分，其中前三部分与指纹登记相同，最后一部分是特征匹配，即提取出指纹图像特征后，与登记过程中存储的指纹特征进行比较，以确定两者的相似性，如图 6-1 所示。

① 指纹采集：通过专门的仪器采集指纹图像并将图像数字化的过程。目前指纹采集主要通过光学式、电容式或压感式设备进行。

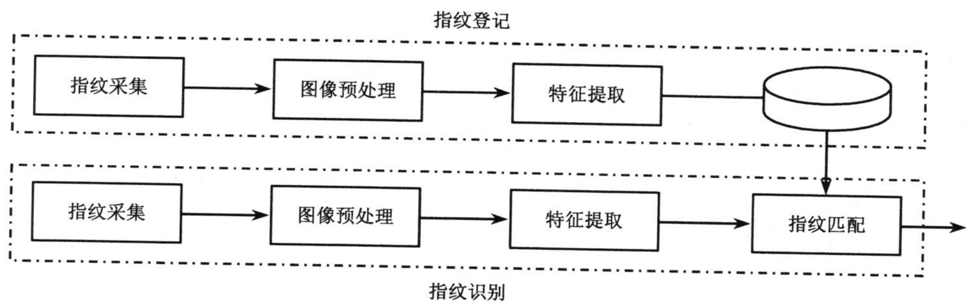

图 6-1　指纹识别过程

② 图像预处理：可以分为图像分割、增强、二值化和细化等几个步骤。图像分割指把指纹图像从背景中分离出来，提高特征提取的可靠性；图像增强的目的是为了突出指纹纹线结构，抑制纹线上及背景中的噪声干扰；二值化指将指纹图像变为黑白二值图像；细化是将经过前面几步处理过的指纹图像中指纹的“脊”（脊是指纹图像中对应手指皮肤凸起部分的黑色线条，脊之间的空白部分称为“谷”）的宽度降到最小，去除原纹线上的毛刺，使纹线更加清晰，尽量减少因为毛刺生成的伪交叉点、断点等。

③ 特征提取：常用的指纹特征描述方法是基于纹路的结构特征。指纹特征一般可以分为全局特征、局部特征和细微特征。全局特征包括纹型、模式区、核心点、三角点、纹数等；局部特征包括端点、分叉点、分歧点、孤立点、短纹、环点、桥、曲率等；细微特征一般不用在指纹识别中。

④ 特征匹配：将两幅指纹图像的特征数据进行相似性的比较。若两幅指纹图像的特征数据相同或达到一定程度的相似性，可认为指纹匹配。

指纹识别已经经过了实际应用的检验，是目前应用最为广泛的生物特征识别技术。指纹识别的缺点是它是接触式的，具有侵犯性。指纹也易磨损，手指太干和太湿都不利于指纹图像的提取。

6.2.2　虹膜识别

虹膜是位于人眼表面黑色瞳孔和白色孔膜之间的圆环状区域，每一个虹膜都包含一个独一无二的基于像冠、水晶体、细丝、斑点、结构、凹点、射线、皱纹和条纹等特征的结构。类似于指纹，没有任何两个虹膜是完全一样的，虹膜的形成由遗传基因决定，人体基因决定了虹膜的形态、生理、颜色和总的外观。人发育到八个月左右，虹膜就基本上发育到了足够尺寸，进入了相对稳定的时期，形貌可以保持数十年没有多少变化。另外，虹膜在眼睛的内部，用外科手术很难改变其结构，且要冒很大风险；瞳孔随光线的强弱变化，想用伪造的虹膜代替活的虹膜也是不可能的。虹膜识别就是利用人眼图像中虹膜区域的特征形成特征模板，通过比较这些特征参数完成识别。

虹膜识别过程与指纹识别类似，也分为登记和识别过程，登记过程与识别过程“特征匹配”之前的步骤相同。图 6-2 给出了虹膜识别过程的流程：虹膜图像采集、图像预处理、虹膜特征提取和特征匹配。

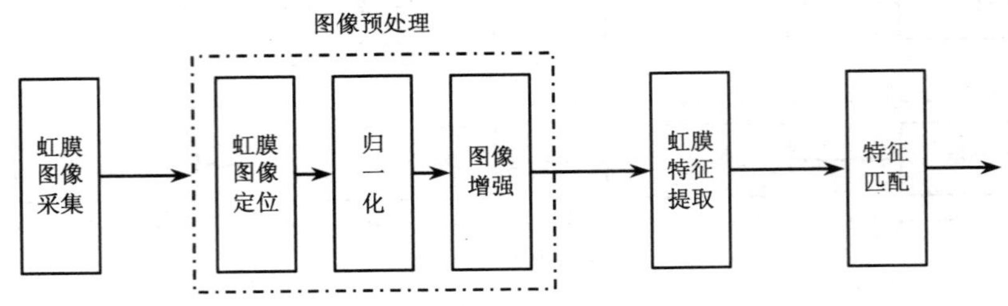

图 6-2　虹膜识别过程

① 虹膜图像采集：通过专门的图像采集仪器获得虹膜图像并数字化。与指纹图像采集相比，要获取高质量的虹膜图像比较困难。虹膜的直径大概是 1 cm，所以对拍摄距离有要求，需要人的配合。

② 图像预处理：包括虹膜图像定位、归一化和图像增强几部分。虹膜图像定位的目的是定位虹膜的内外边缘，将虹膜部分从原始的图像中分割出来；归一化是为了消除图像获取时的旋转、尺度变化，以及消除睫毛遮盖等带来的影响；图像增强则是为了克服因光照不足或不均造成的图像对比度过低或图像亮度不均等现象。

③ 虹膜特征提取和匹配：目前常用的虹膜特征提取与匹配的方法有 Gabor 滤波算法、拉普拉斯金字塔算法、小波变换过零检测方法、多通道 Gabor 滤波方法、Haar 小波分解方法、基于局部过零检测的方法、基于 Gaussian-Hermite 矩描述的识别方法等。

6.2.3　人脸识别

人脸识别是通过比较人脸视觉特征信息进行身份鉴别的一种技术。同样，人脸识别也包括登记和识别两个过程。识别过程分为人脸图像摄取、人脸检测、人脸特征提取以及人脸识别几个阶段，如图 6-3 所示。登记过程与“识别”步骤之前的识别过程相同。

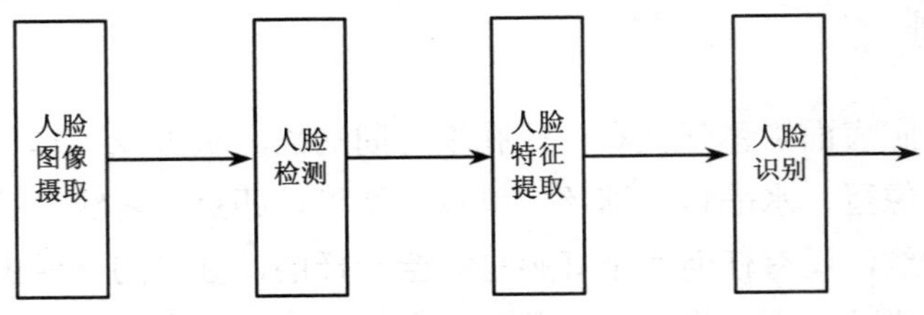

图 6-3　人脸识别过程

① 常用的人脸图像摄取技术有标准视频和热成像技术。标准视频技术通过摄像头摄取人面部的图像，而热成像技术通过分析由面部的毛细血管的血液产生的热线来产生面部图像。与视频摄像技术不同，热成像技术并不需要好的光源，即使在黑暗情况下也可以使用。

② 人脸检测是指对于任意一幅给定的图像，采用一定的策略对其进行搜索，以确定其中是否含有人脸，如果有则返回人脸的数目、位置、尺度、位姿等信息的参数化描述。人脸检测常用的方法有：

- 基于几何特征的方法：常采用的几何特征有人脸五官（如眼睛、鼻子、嘴巴等）的局部形状特征、脸型特征以及五官在脸上分布的几何特征。
- 基于模板匹配的方法：主要有直接灰度模板匹配、特征脸（Eigen Face）方法等。
- 基于学习的方法：通过收集大量的人脸样本、非人脸样本进行学习，主要有人工神经网（ANN）、支持向量机（SVM）等。

③ 特征提取是人脸识别中的核心步骤，直接影响识别精度。通常对描述人脸的特征有两方面要求：一是提取的特征应具有很好的人脸表征能力、较强的鉴别力和区分度；二是提取的特征要处于低维空间，这样可去除特征之间的相关性并且有利于分类器的设计。目前特征提取的方法归纳起来有两大类：基于整体特征的提取方法和基于局部特征的提取方法。基于整体特征的提取方法不仅保留了人脸各部件间的位置关系，而且也保留了各部件的局部特征信息。将人脸的整体特征和局部特征结合起来进行人脸识别可提高识别的准确度。

④ 人脸识别则是指利用已知的人脸身份数据库来鉴别被测图像中人脸的身份。人脸识别方法主要分为三类：

- 基于统计的识别方法，包括特征脸（Eigen Face）方法、隐马尔科夫模型（Hidden Markov Model，HMM）方法等。
- 基于连接机制的识别方法，包括神经网络方法和弹性图匹配（Elastic Graph Matching，EGC）方法等。
- 综合方法。

⑤ 人脸识别的主要优点是非接触式的被动识别（不需要人的主动配合），缺点是容易受到光照、视角、遮挡物、环境、表情等的影响，造成识别困难。三维人脸能够提供比二维图像更为丰富的信息，人脸识别的研究已进入三维识别阶段。

然而，各种生物特征识别技术都有其一定的使用范围和使用要求，单一的生物特征识别系统在实际应用中有各自的局限性，如有些人的指纹无法提取特征，患白内障的人虹膜会发生变化等。因此，生物识别领域向多种生物识别技术结合的方向发展。

6.3 RFID 安全

6.3.1 概述

射频识别（Radio Frequency IDentification，RFID）技术是物联网的关键技术之一，它利用无线通信技术，在读写设备和贴有电子标签的物品之间交换数据，可用于物品的自动识别和跟踪。RFID 最突出的特点在于可进行非接触式的读写，识别运动中的物体。根据电子标签类型的不同，读写的距离可以从数厘米到几十米。批量读技术也可以同时并行地读取大量标签。

RFID 技术起源于第二次世界大战时期的飞机雷达探测技术。英军为了区分盟军和德军的飞机，在盟军的飞机上安装了一个无线电收发器。战斗中控制塔上的探询器向空中的飞机发射一个询问信号，盟军的飞机在接收到探寻信号后，会向探询器回送一个应答信号，从而可以区分出是己方还是敌方的飞机。

RFID 技术的发展可按 10 年期大致划分，如表 6-1 所示。

表 6-1　RFID 技术发展过程

时　间	RFID 技术发展状况
1941—1950 年	雷达的改进和应用催生了 RFID 技术，1948 年奠定了 RFID 技术的理论基础
1951—1960 年	早期 RFID 技术的探索阶段，主要处于实验室实验研究
1961—1970 年	RFID 技术的理论得到了发展，开始了一些应用尝试
1971—1980 年	RFID 技术与产品处于一个大发展的时期，各种 RFID 技术测试得到加速，出现了一些最早的 RFID 应用
1981—1990 年	RFID 技术及产品进入商业应用阶段，各种规模应用开始出现
1991—2000 年	RFID 技术标准化问题日趋得到重视，RFID 产品得到广泛采用，RFID 产品逐渐成为人们生活中的一部分
2001 年以后	标准化问题日趋为人们所重视，RFID 产品种类更加丰富

6.3.2　系统组成

典型的 RFID 系统包括读写器（Interrogator）、电子标签（Tag）和信息网络系统三部分，如图 6-4 所示。

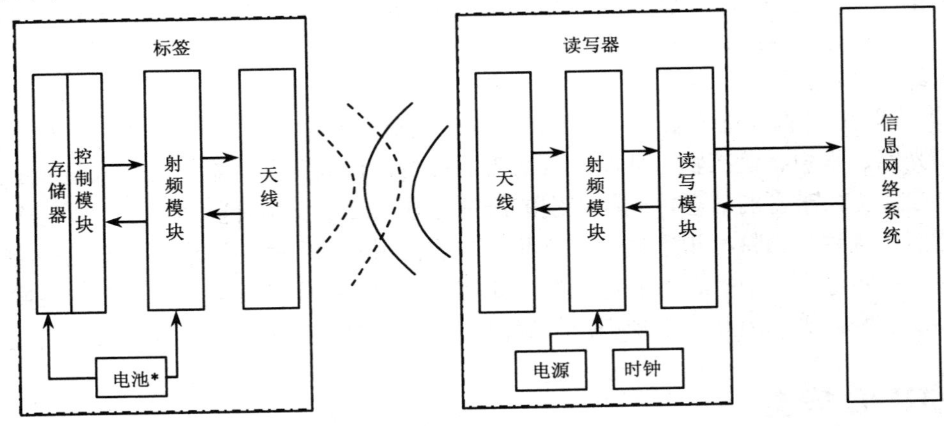

图 6-4　RFID 系统组成框图

1. 电子标签

电子标签（Tag）是一个微型的无线收发装置，主要由存储器/控制模块、射频模块以及天线等组成。有的电子标签还包括电源。电子标签中存储的主要信息是电子产品编码（Electronic Product Code，EPC）。读取电子标签时，EPC 信息编码后经射频模块调制，通过天线发射出去；向标签写入信息时，天线接收到信号后，经射频模块进行解调、解码，然后写入存储器。

全球电子产品编码 EPC 体系与欧洲商品编码（European Article Numbering，EAN）、美国统一代码委员会（United States Common Code，UCC）编码兼容，是全球统一标识系统的重要组成部分，也是物联网的核心与关键技术。EPC 的目标是提供对物理世界对象的唯一标识，一个 EPC 编码分配给一个且仅一个物品使用，它的主要作用是作为物品相关信息在信息网络系统中的标识。

EPC 标签编码的通用结构是一个二进制比特串，由一个分层次、可变长度的标头以及一系列数字字段组成，如图 6-5 所示。编码的总长度、结构和功能由标头确定。标头具有可变长度，如 2 位或 8 位。标签长度可通过检查标头最左的几位进行识别，使 RFID 读写器可以很容易确定标签长度。EPC 编码现在应用较多的主要有 64 位、96 位以及 256 位三种，它们的标签结构如表 6-2 所示。

标头	数字字段1	数字字段2	…

图 6-5　EPC 标签编码的通用结构

表 6-2　EPC96/256 位编码结构

EPC-96 编码结构			
标　头	厂商识别代码	对象分类代码	序　列　号
8	28	24	36
EPC-256 编码结构			
标　头	厂商识别代码	对象分类代码	序　列　号
8	32	56	160
8	64	56	128
8	128	56	64

根据供电方式、工作频率、标签读写特性以及工作方式的不同，电子标签可以划分为不同的类别，如表 6-3 所示。

表 6-3　电子标签分类

● 根据标签的供电形式			
类　别	供 电 方 式	优　点	缺　点
有源式电子标签	通过标签自身携带的内部电池供电	电能充足，工作可靠性高，信号传送的距离远	价格高，体积大，使用寿命受到电池电量限制，且随着电池能量的消耗，数据传输的距离会越来越小
无源式电子标签	电子标签不携带电池，需要靠外界提供能量才能工作	价格低、体积小，是电子标签的主流；具有永久使用期，支持长时间的数据传输和永久性数据存储	数据的传输距离受到限制
半有源式电子标签	标签内部电池仅对标签内部电路供电，电池的能量并不转换为射频能量		

续表

• 根据标签的工作频率

类　别	工 作 频 率	主 要 特 点
低频电子标签	工作频率范围为 30～300 kHz，典型的工作频率有 125 kHz、133 kHz	一般为无源式电子标签。标签内存储数据量较少，只适合于低速、近距离（一般情况下小于 1 m）的识别应用
中高频电子标签	工作频率为 3～30 MHz，典型工作频率有 13.56 MHz	一般也采用无源方式，基本特点与低频标签相似，由于工作频率的提高，可以选用较高的传输速率
超高频域微波标签（又称微波电子标签）	典型工作频率有 433.92 MHz、862（902）～928 MHz、2.45 GHz、5.8 GHz	可分为有源式或无源式标签，射频识别系统阅读距离一般大于 1 m，典型情况为 4～7 m，最大可达 10 m 以上。由于阅读距离的增加，读写器阅读区域中可同时出现多个电子标签，从而提出了多标签同时阅读的需求

• 根据标签的可读性

类　别	存　储　器	主 要 特 点
只读标签	只有只读存储器（Read Only Memory，ROM）	标签内的信息由制造商写入 ROM，电子标签只具有只读功能
可读可写标签	除了 ROM、缓冲存储器外，还有可编程存储器（如 EEPROM）	在适当条件下允许多次对原有存储数据进行擦除，并写入新的数据。一般存储的数据比较大，标签中除了标识码外，还可存储大量的其他相关信息。读标签时，可根据需求读取部分数据
一次写入多次读出标签		用户可一次性写入，写入后数据不能改变

• 根据标签的工作方式

类　别	主 要 特 点
主动式电子标签	一般为有源式标签，标签可主动发送数据给读写器
被动式电子标签	一般为无源式标签，标签工作电源由读写器供给
半主动式电子标签	一般为半有源式标签

2. 读写器

读写器（Interrogator）用来从电子标签中读取其中存储的信息，或将信息写入到电子标签中。读写器的主要组件包括天线、射频模块、读写模块、电源等。读写器对从电子标签中读取的信息进行初步的处理（如差错校验）后，通常将信息发送给信息网络系统进行进一步处理，以实现对物品的自动跟踪、管理。写入电子标签的信息往往来自于网络信息系统。读写器提供了与网络信息系统的通信接口。有的读写器能支持对多个标签的并行读操作。

3. 信息网络系统

信息网络系统存储了与物品相关的信息，用于实现对物品的自动管理、跟踪；物品编码（如 EPC 等）用于标识物品的信息。信息网络系统通常包括 RFID 中间件、对象名称解析服务（Object Name Service，ONS）、实体标记语言（Physical Markup Language，PML）、EPC 信息服务（EPC Information Service，EPCIS）、企业应用软件等。

6.3.3　工作原理

无源式电子标签由于成本低，是电子标签的主流。下面以无源电子标签的读写过程为例介绍 RFID 系统的工作原理。有源电子标签的读写过程类似，只是它的工作电源由自身携带的电池提供。

无源式电子标签的读过程如下：

① 读写器通过它的天线发射出特定频率的射频信号，其中包含有读取电子标签中存储数据的命令。

② 电子标签在有效的工作区域时，能接收到读写器产生的射频信号，自身产生的射频信号也能被读写器接收到（通常标签射频信号的传播距离小于读写器射频信号的传播距离）。电子标签的射频模块接收读写器发出的射频信号，通过电感耦合或电磁反向散射耦合从射频信号中捕获能量，产生感应电流，获得工作能量，即处于被激活状态。

③ 电子标签根据读写器的命令，将自身编码信息通过射频模块调制后经由自身天线发射出去。

④ 读写器天线接收到标签发送的射频信号，经自身射频模块解调后传送到读写模块，并进行初步处理（如进行差错校验）。

⑤ 读写器将处理后的信息经通信接口发送给信息网络系统。

若要向电子标签写入信息，读写器从信息网络系统获取要写入的信息，先激活特定的电子标签，而后将要写入的信息传递给被激活的标签。

电子标签和读写器间的能量感应方式一般分为电感耦合（磁耦合）系统和电磁反向散射耦合（电磁场耦合）系统两种。电感耦合方式适用于中、低频率工作的近距离 RFID 系统，电磁反向散射耦合方式适合于高频、微波工作频率的远距离 RFID 系统。

6.3.4　RFID 标准

RFID 的相关标准主要包括电子标签编码以及读写器和电子标签间的传输协议等。RFID 尚未形成统一的全球化标准，市场呈现多标准并存的局面。

与 RFID 技术和应用相关的国际标准化机构主要有：国际标准化组织（ISO）、国际电工委员会（IEC）、国际电信联盟（ITU）、世界邮联（UPU）等。此外，还有其他的区域性标准化机构，如 EPC Global、UID Center、CEN 等；国家标准化机构，如 BSI、ANSI、DIN；产业联盟，如 ATA、AIAG、EIA 等。这些机构均在制定与 RFID 相关的区域、国家或产业联盟标准，并希望通过不同的渠道提升为国际标准。

目前 RFID 主要存在三个技术标准体系，分别是：EPC Global 标准体系（EPC Global 是 2003 年 9 月由欧洲商品编码协会 EAN 和美国统一代码协会 UCC 共同成立的非营利性组织，其前身是 1999 年在美国麻省理工学院成立的非营利性组织自动识别中心 Auto-ID）、UIC 标准体系（UIC，Ubiquitous ID Center，泛在 ID 中心，日本于 2003 年 3 月成立标准化组织）以及 ISO 标准体系。

EPC Global 物联网体系架构由 EPC 编码、EPC 标签及读写器通信协议、EPC 中间件、对象名称解析服务器（ONS 服务器）和 EPC 信息系统服务器（EPCIS 服务器）等部分构成。EPC 赋予物品唯一的编码，编码长度通常是 64 位或 96 位，也可扩展至 256 位；EPCIS 服务器存储了与 EPC 编码有关的信息；ONS 服务器则提供了 EPC 编码与 EPCIS 服务器的映射关系，即 EPC 编码信息的存放位置。

泛在 ID 中心的泛在识别技术体系架构由泛在识别码（uCode）、信息系统服务器、泛在通信和 uCode 解析服务器四部分构成。uCode 采用 128 位编码，并可进一步扩展至 256 位、384 位、512 位，能兼容现有的多种编码体系，包括 JAN、UPC、ISBN、IPv6、电话号码等；信息系统服务器存储并提供与 uCode 相关的各种信息；uCode 解析服务器确定与 uCode 相关的信息的存放位置（在哪个信息系统服务器上）；泛在通信器主要由 IC 标签、标签读写器和无线广域通信设备等部分构成，用来把 uCode 送至 uCode 解析服务器，并从信息系统服务器获得有关信息。

ISO 制定的 RFID 标准主要有 ISO14443、ISO15693 和 ISO18880。ISO 标准与 EPC Global 标准有融合的趋势，ISO18000-6 标准的 Type C 与 EPC Class 1 Generation 2（C1G2）标准相同。C1G2 是标签与读写器间的通信协议。

比较而言，美国主导的 EPC Global 标准体系在标准建立、软硬件技术开发、应用等方面走在世界前列。

6.3.5 RFID 系统的安全性

6.3.5.1 RFID 系统的安全与隐私问题

RRID 系统的安全性是其能否获得广泛应用的前提。RFID 系统面临着标签数据读写安全、读写器安全以及用户数据隐私等问题。

1．标签数据的安全威胁

（1）窃听（Eavesdropping）

电子标签向读写器传送数据或读写器从电子标签上读取数据时，数据是以无线通信方式在自由空间中传输的。如果没有适当的保护措施，这些数据在传播过程中就可能会被非法的读写器窃听。另外，如果标签没有接入控制措施，非法读写器也能直接向标签发送询问命令，获取标签中的数据。

（2）流量分析（Traffic Analysis）

即使标签数据有安全防护措施，使用流量分析工具也可以追踪一段时间内标签发送的数据。通过对这些数据进行关联分析，就可能获得有关标签的移动、交互等方面的信息，造成用户私密信息的泄露。

（3）欺骗（Spoofing）

攻击者窃听到标签发送的数据后，可以进行流量分析，并基于这些数据伪造出合法的数据，然后用这些伪造的数据覆盖标签中已有的数据，或把这些伪造的数据发送给读写器。

（4）拒绝服务攻击（Denial of Service Attack）

攻击者可以通过毁坏大量的标签实现对 RFID 系统的拒绝服务攻击。例如，如果攻击者掌握了访问标签的密码，就可以向标签发送 kill 命令，使标签永久失效。攻击者也可以使用高功率的射频设备发射与 RFID 系统所用频率相同的信号，从而使整个系统不可用。

2．读写器的安全威胁

攻击者在 RFID 系统附件安装与合法读写器具有相同属性的隐藏读写设备，这些隐藏设备能够窃听系统中标签或合法读写器发送的数据，甚至欺骗合法读写器，与合法读写器交换数据。如果电子标签没有接入控制保护，隐藏的读写设备也能够访问标签中的数据。因此，合法读写器收集的标签数据可能被篡改。RFID 读写器甚至也面临病毒的威胁。

3．用户隐私威胁

RFID 标签被广泛应用于零售、制造等行业，每一件商品（如衣服、电子产品等）都可能携带有一个电子标签。如果用户的隐私信息与所购买商品上的 RFID 标签相关联，隐私信息就可能在用户不知情或未授权的情况下被记录、追踪。

6.3.5.2　应对措施

针对上述各种安全威胁，研究者也提出了各种应对措施。

1．标签数据的保护

（1）密码保护

在电子标签中存储访问密码，实现对标签的访问控制。如果一个 RFID 系统中所有的标签共享一个密码，一旦这个密码泄露，RFID 系统的安全保护将失效；反之，如果每个标签都有一个唯一的密码，读写器就要存储所有这些密码。

（2）标签数据加密

为了防止标签数据在传输过程中被窃听，可以对标签中存储的数据进行加密。

（3）标签数据认证

为了防止读写器读取被篡改或伪造的数据，读写器需要对读取的标签数据进行认证。例如，采用公钥密码体制，用户在向标签写入数据时，先用自己的私钥对要写入的数据和认证信息进行加密，然后把加密后的数据、认证信息以及自己公钥的索引等存储在电子标签中。当读写器读取标签时，从标签中取出加密数据、认证信息和用户公钥索引，获取公钥后对加密的数据进行解密，获得明文数据和解密认证信息。通过比较解密的认证信息和读取的认证信息即可实现对标签中数据的认证。

2．读写器的安全

（1）读写器保护

如果标签应答的时间、信号电气特性等不符合标准规定，读写器可以拒绝接收。如果标签支持频率选择功能，读写器也可以随机指示标签改变通信频率，从而阻止攻击者探测、窃听它们之间的数据传输。

（2）非法读写器探测

可在 RFID 系统中安装一个特殊的设备，用来探测在标签工作频率上的非授权读、更新请求。这需要标签能支持在保留频率工作，指明任何对标签的操作请求。

3．用户隐私安全

（1）杀死标签（Kill Tag）

通过执行 kill 命令销毁标签，使标签永久不可用。已被销毁的标签在任何情况下都会保持被销毁状态，不会再次被激活，也不再对读写器指令产生应答，从而确保其中存储数据的私密性。

（2）法拉第网罩（Faraday Cage）

根据电磁场理论，由传导材料构成的容器可以屏蔽无线电信号，这种容器称为法拉第网罩。把标签放进由法拉第网罩可以阻止标签被扫描，即被动标签接收不到读写器射频信号，不能获得能量，而主动标签发射的信号也被屏蔽，从而阻止外界获得标签中的信息。

（3）主动干扰（Active Jamming）

主动干扰指用一个设备主动广播无线电信号，干扰附近 RFID 读写器的操作。但干扰信号的功率应严格受限，否则可能会造成非法干扰。

（4）阻止标签（Blocker Tag）

阻止标签是一个特殊的被动 RFID 设备，它采用了复杂的算法来模拟许多个普通标签。例如，它可以使用两个天线，向读写器发送不间断的一系列响应，从而阻止其他标签被读写器访问。

（5）逻辑哈希锁（Logical Hash-lock）

这种方法要求标签能执行哈希函数。标签存储了一个元标识（Meta-ID），它是标签访问密钥 Key 的哈希值，即 Meta-ID =Hash(Key)。读写器访问被锁定的标签时，需要向标签提供访问密钥 Key。标签计算密钥 Key 的哈希值，并与存储的 Meta-ID 比较，若相同则解锁，允许读写器进行读写操作，否则拒绝读写器读写请求。采用逻辑哈希锁保护标签中数据的安全，读写器需要保存所有标签的访问密钥。

6.4　传感器安全

6.4.1　概述

传感器（Sensor）是一种能把特定的被测量信息按一定规律转换成某种可用信号输出的器件或装置，以满足信息的记录、传输、处理和控制等要求。所谓“可用信号”一般是电信号，如电压、电流、电阻、电容、频率等。现代的传感器除了具有感知功能外，通常还具有计算和通信等功能。

典型的传感器结构如图 6-6 所示，主要由四部分组成：感知模块、数据计算/存储模块、无线通信模块和电源供给模块。感知模块包括有传感器和 A/D 转换器，负责感知被监测对象的状态信息，并把测量的模拟信息转换成数字信息。有的传感器装备了多种传感模块。数据计算/存储模块包括有存储器和微处理器，它负责控制整个传感器结点的工作，存储并处理感知模块采集的数据或从其他传感结点发送来的数据。无线通信模块用来完成结点间的通信。电源供给模块负责给其他模块供给工作电能，一般是小体积的电池。有的传感器结点还装备有其他可选的模块，如电能产生系统、移动系统、定位系统等。

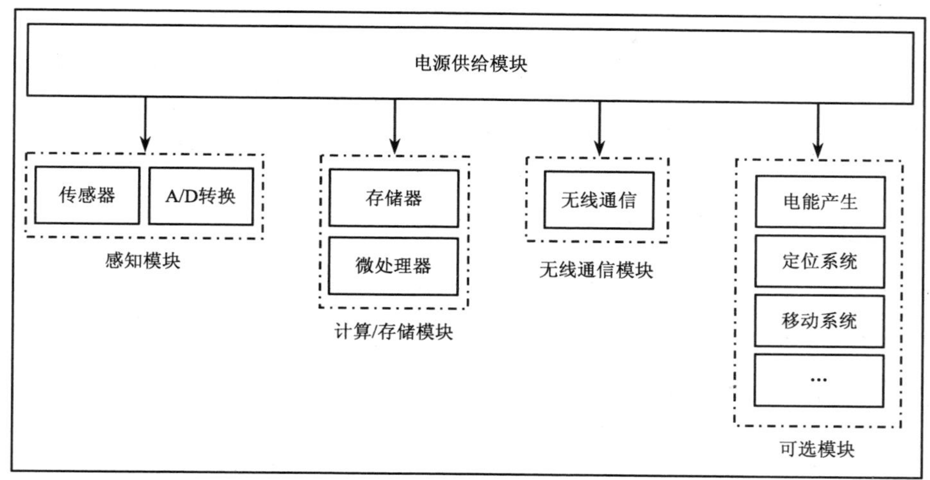

图 6-6　传感器结点结构

通常，成千上万个传感器组成一个传感器网络，用于监测某一特定区域，例如，用于收集某一区域的温度、湿度、光照条件等环境信息。传感器在无线传感网中有两种功用：周围信息的采集器（Collector）和传感网中数据的转发器（Forwarder）。因此，传感器通常还具有路由功能。

传感器结点的资源有限：存储容量小，处理能力弱，尤其是电池能量有限，因而不能完成复杂的运算。

6.4.2　传感器分类

传感器的种类繁多，有许多种分类方法，如表 6-4 所示。

表 6-4　传感器分类

1．按被测量分类（按用途分类）	
机械量	位移、力、速度、加速度等
热工量	温度、热量、流量、流速、压力（差）、液位等
物性参量	浓度、黏度、比重、酸碱度等
状态参量	裂纹、缺陷、泄漏、磨损等
2．按测量原理分类（按工作原理分类）	
注：现有传感器的工作原理都是基于物理、化学或生物等各种效应和定律，这种分类方法便于从原理上认识输入与输出之间的变换关系	
电学式传感器、磁学式传感器、光电式传感器、电势型传感器、电荷传感器、半导体传感、谐振式传感器、电化学传感器	
3．按信号变化特征分类	
结构型	通过传感器结构参量的变化实现信号的变换，如电容式传感器依靠板极间距离的变化引起电容量的改变来实现测量

续表

物性型	利用敏感元件材料本身物理属性的变化来实现信号的变换，如水银温度计利用水银的热胀冷缩现象来测量温度，压电式传感器利用石英晶体的压电效应实现测量
4．按能量关系分类	
能量转换型	传感器直接用被测对象作为输入能量工作，又称有源传感器
能量控制型	传感器从外部获得能量使其工作，由被测量的变化控制外部能量供给的变化，又称无源传感器
5．按对信号的检测转换过程分类	
直接转换型传感器	把输入给传感器的非电量一次性地变换为电信号输出
间接转换型传感器	把输入给传感器的非电量先变换成另外一种非电量，然后转换成电信号输出

6.4.3　传感器结点的安全性

1．传感器结点硬件安全

传感器通常在无人照看的环境下工作，因而面临结点捕获（Node Capturing）的威胁。

为了在传感网中实现信息的安全传输，传感器通常具有加密功能，传感器结点上存储有加密、解密密钥等敏感信息。如果攻击者捕获了传感网中的一个结点，存储在其中的密钥就有可能泄露，从而威胁到整个传感网的安全。除了获取密钥外，攻击者还可以修改捕获结点中的协议，通过该结点合法接入传感器网络。

为了降低结点被捕获造成的安全威胁，一种方法是在结点中集成安全硬件设备。但这种方法增加了结点的复杂性，并且集成的硬件设备也要消耗传感器结点有限的能量。另一种方法是避免在结点中存储长期有效的密钥，而采用密钥分发机制周期性地更新网络中所有结点的密钥。

2．传感器结点软件安全

传感器结点中的软件主要包括操作系统、网络协议、加解密算法、应用程序等。受能量和计算能力限制，传感器结点的软件系统应具有体积小、低功耗的特点。传感器结点常用的操作系统有 uC/OS-II、MaintisOS 以及 TinyOS 等；网络协议也包括应用层、传输层、网络层、数据链路层以及物理层协议。

传感器结点播撒后，在运行过程中，可能需要对其中的软件进行升级。例如，部署新版本的应用程序，或对原软件系统打安全补丁等。因而，传感网中需要安全的软件分发机制，防止攻击者借助软件更新或软件系统漏洞等侵入结点，改变其中的软件，进而威胁结点以及网络的安全。例如，攻击者可以向结点中注入恶意的代码，使结点执行无效的计算或数据传输，消耗结点能量、网络带宽等资源。

3．传感器结点位置安全

传感器结点的位置（Location）是重要的信息，有的情况下不希望泄露给外界。例如，战场上携带传感器的军队显然不希望自己的位置（传感器的位置）暴露给敌方。如果不希望暴露结点位置，可以对传感器的无线信号频谱采取一定技术措施进行掩盖。另外，在发送消息时，可以对消息首部进行加密，消息首部中通常包含有地址等位置信息。

包含有位置信息的数据也应在发送前进行加密。如果对消息首部加密，就需要对数据进行逐跳（Hop-by-Hop）的加密、解密。这会造成一定的能量消耗。

6.5　智能卡安全

6.5.1　概述

1．智能卡的概念

智能卡（Smart Card，SM）是嵌入了集成电路芯片（Integrated Circuit Chip，ICC）的塑料卡片，通常只有口袋大小（Pocket-size）。85.60 mm×39.8 mm 和 25 mm×15 mm 是常见的两种尺寸，这两种卡的厚度均为 0.76 mm。嵌入的集成电路芯片包括微控制器（Microcontroller）和（或）存储器（Memory）。只嵌入存储器的智能卡称为存储卡；同时嵌入微控制器和存储器的智能卡称为 CPU 卡。CPU 卡除存储大量数据外，还能执行特定的应用逻辑，如加密、数字签名等，提供了更强的功能和更好的安全性。

智能卡中存储的数据通过读写设备进行读出或写入。智能卡的数据读写分为接触式和非接触式两种。

2．智能卡的标准

ISO/IEC 是智能卡国际标准的主要制定者，它发布的智能卡国际标准主要有 ISO/IEC-7816、ISO/IEC-14443、ISO/IEC-15693 和 ISO/IEC-7501 等。

ISO/IEC-7816 标准分为 15 部分，其中第 1、2、3 部分定义了接触式智能卡的接口规范，包括接口的物理尺寸、电器特性、通信协议等；第 4、5、6、8、9、11、13 和 15 部分定义了智能卡（包括接触式和非接触式）的逻辑结构、操作命令、应用管理、生物认证、加密服务和应用命名等；第 10 部分定义了存储卡规范；第 7 部分在 SQL 接口的基础上定义了智能卡的安全关系数据库方法。

ISO/IEC-14443 是非接触式智能卡的接口规范，包括无线射频（Radio Frequency，RF）接口、电器接口（Electrical Interface）、通信协议和冲突控制协议等。符合 ISO/IEC-14443 标准的智能卡工作频率是 13.56 MHz，作用范围约 10 cm（3.94 英寸）。ISO/IEC-15936 也是非接触式智能卡标准，与 ISO/IEC-14443 相比，它的最大作用范围增加到约 1 m（3.3 英尺）。

ISO/IEC-7501 是机读旅行文件（Machine-Readable Travel Documents）标准。

6.5.2　智能卡的分类

按智能卡与读写设备间的接口类型分，智能卡可分为接触式智能卡（Contact Smart Card）、非接触式智能卡（Contactless Smart Card）以及双接口智能卡（Dual-Interface Smart Card）。

1．接触式智能卡

接触式智能卡表面有一个约 1 cm^2 的接触区域，包含 11 个金属触点。使用时，必须把卡插入读写设备中，使读写设备与智能卡这些触点上接通。命令、数据的传输通过接触点进行。接触式智能卡自身不带电池，工作电源由读写设备提供。接触式智能卡和读写设备之间的通信协议有两种，基于字符的传输协议和基于数据块的传输协议（ISO/IEC-7816-3）。

2．非接触式智能卡

非接触式智能卡和读写设备间通过无线射频（Radio Frequency，RF）方式进行通信。ISO/IEC-14443 标准定义了两种非接触式智能卡，Type-A 和 Type-B。这两种类型的智能卡都工作在 13.56 MHz 频率，最大通信距离约 10 cm。这两种卡的主要区别是调制方式、编码模式以及协议初始化过程不同。ISO/IEC-15693 定义的非接触式智能卡的最大通信距离增加到约 1 m。非接触式智能卡也不携带电池，其工作原理与无源电子标签类似：当智能卡进入读写设备工作范围时，智能卡内建的感应器依据电感耦合原理，从读写设备发射的电磁信号中捕获能量用作工作电源。

3．双接口智能卡

双接口智能卡内只有一套嵌入芯片，但同时具备接触点接口和无线射频接口，可以用两种类型的读写设备进行对写操作。另外，还有一种所谓的混合式（Hybrid）智能卡，它也有接触点和无线射频两种接口，但每个接口有各自独立的嵌入芯片。

6.5.3 智能卡的系统结构

6.5.3.1 智能卡系统结构

智能卡硬件主要包括微处理器、存储器以及 I/O 单元等，如图 6-7 所示。微处理器的主要功能包括对输入命令的解析、数据的运算处理、数据的加密/解密等；I/O 单元提供接触点式或无线射频读写接口。

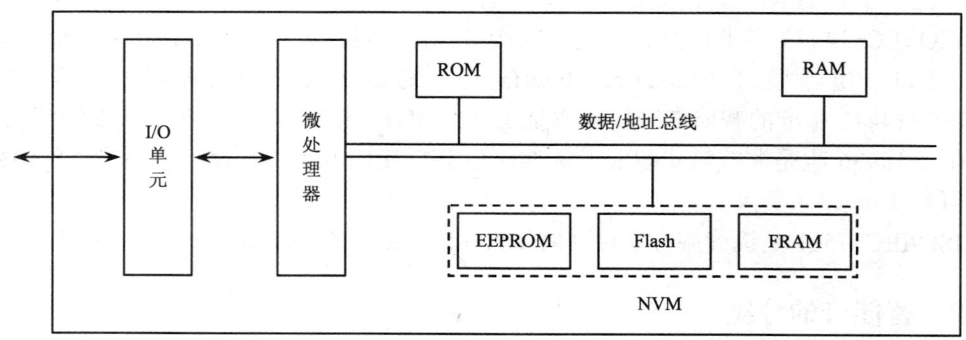

图 6-7 智能卡系统结构

存储器通常由 ROM、RAM、非易失性存储器（No-Volatile Memory，NVM）等组成。其中，ROM 中是固化的智能卡操作系统（Chip Operating System，COS）代码，在生产过程中写入；RAM 用于存放临时操作数据；NVM 在工作电源撤销后仍能保存其中存储的数据，用于存储智能卡上的各种信息或应用程序代码，它是电可擦除编程只读存储器（Electronically Erasable Programmable Read-Only Memory，EEPROM）、闪存（Flash Memory）、铁电存储器（Ferroelectric Random Access Memory，FRAM）等的一种或几种的组合。

6.5.3.2　智能卡操作系统

符合智能卡规范和国际标准的智能卡操作系统主要包括四个功能模块：通信管理模块、命令解析模块、文件管理模块和安全管理模块，如图 6-8 所示。

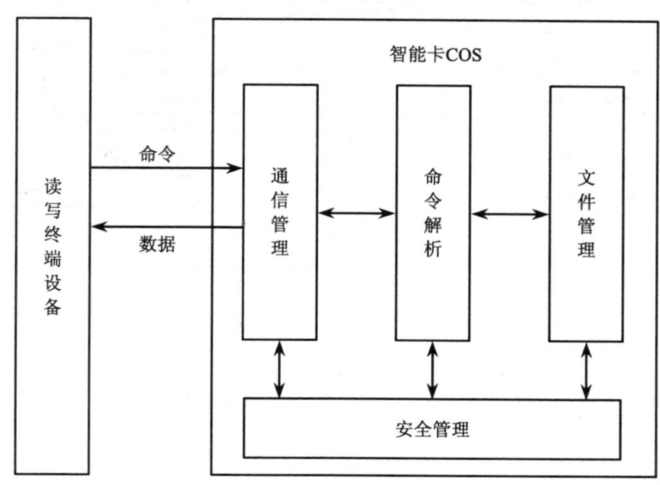

图 6-8　智能卡操作系统功能模块

通信管理模块的功能是在通信传输协议的控制下，完成智能卡与外界终端设备的信息交换。通信管理模块接收由终端读写设备发出的命令，并传递给命令解析模块执行；同时，把命令响应模块对该命令的执行结果按照通信传输协议的格式返回给终端。

命令解析模块的功能是对通信管理模块传来的命令进行解析、判断，根据接收到的命令检查智能卡内部的各项参数是否正确，并在此基础上完成相应的操作和数据处理。ISO/IEC-7816 的第 4 部分规定了 COS 的基本命令集。

文件管理模块负责智能卡中文件的组织，它定义了读写设备在接口上看到的文件结构。ISO/IEC-7816-4 规定了两种类型文件：专用文件（Dedicated File，DF）和基本文件（Elementary File，EF）。其中，DF 文件类似于目录，可以包含其他的 DF 或 EF 文件。一般而言，一个 DF 文件可以用来存储一个应用程序相关的所有数据文件。基本文件 EF 是真正用来存储数据的文件。按照所存数据使用目的的不同，EF 文件又可分为内部 EF（Internal EF）和工作 EF（Working EF）两种。内部 EF 文件存储智能卡使用的数据，如用于卡管理或控制目的的数据；工作 EF 存储外部读写设备可访问的数据。

智能卡中文件的逻辑组织结构包括层次式 DF（Hierarchy DFs）和平行式 DF（Parallel DFs）两种，如图 6-9 所示。层次式 DF 中，位于根位置的 DF 文件称为主文件（Master File，MF），每个 DF 都可以包含自己的 DF 层次结构。而平行式 DF 中没有主文件 MF，各 DF 有自己的层次结构，通常用来支持独立的应用。

无论是 DF 还是 EF，每个文件都包含了文件头标和文件体两部分。文件头标规定了文件的控制信息，包括文件标志码、文件长度、文件起始地址、文件层次隶属和存取权限值等。主文件 MF 或专用文件 DF 的文件体就是它所包含的所有文件的列表信息；基本文件 EF 的文件体则是用户数据或一些智能卡的专用数据。

安全管理模块提供了认证、文件访问控制、数据加密/解密等安全机制。

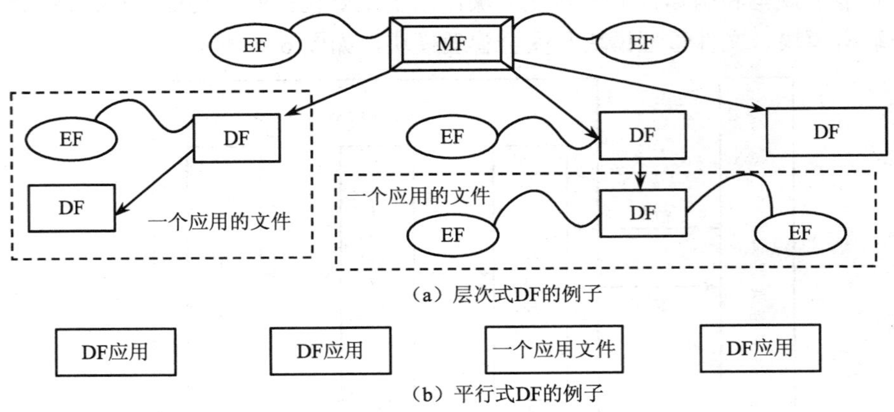

图 6-9　智能卡文件系统逻辑组织结构

6.5.4　智能卡安全

智能卡的安全体系是智能卡的核心，智能卡能够迅速发展起来的一个重要原因就在于它能够通过安全体系给用户提供一个较高的安全保证。

6.5.4.1　智能卡的安全威胁

智能卡面临的安全威胁主要包括三个方面：入侵攻击、逻辑攻击以及边频攻击。

1. 入侵攻击

入侵攻击（Invasive Attack）又称物理攻击（Hardware Attack），主要指分析或更改智能卡硬件。用于实现物理攻击的手段和工具包括化学溶剂、蚀刻与着色材料、显微镜、亚微米探针台等。

2. 逻辑攻击

逻辑攻击（Logical Attack）是在软件的执行过程中插入窃听程序。智能卡及其 COS 中存在多种潜在的逻辑缺陷，如隐藏的命令、参数越界、缓冲器溢出、文件存取、恶意进程、通信协议、加密协议等。逻辑攻击者可以利用这些缺陷诱骗智能卡泄露机密数据或允许非期望的数据修改。

3. 边频攻击

边频攻击（Side-channel Attack）指通过观察电路中的某些物理量（如能量消耗、电磁辐射、时间等）的变化规律来分析智能卡的加密数据，或通过干扰电路中的某些物理量（如电压、电磁辐射、温度、光和 X 射线、频率等）来操纵智能卡的行为。

6.5.4.2　安全措施

针对上述面临的安全威胁，智能卡可以采取的防范策略有：

1．物理攻击的防范策略

① 减小卡的形体尺寸，使攻击者无法使用光学显微镜来分析芯片的电路结构。但这仍无法防范用高倍显微镜进行电路分析。

② 多层电路设计，将包含敏感数据的层隐藏在较不敏感的层之下，使得微探针攻击技术的使用受到一定限制。

③ 顶层传感器保护网，在芯片的表面加上一层格状的带有保护信号的激活网络，当入侵行为发生时，该信号中断，使内存的内容清零。

④ 锁存电路，在智能卡的处理器中设置锁存位。当出现异常情况时，它会发出锁存信号，立即清除芯片中的敏感数据。

2．逻辑攻击的防范策略

① 结构化设计，以小的功能模块构建软件，使程序易于理解和校验。

② 正规的校验，使用数学模型进行功能校验。

③ 测试，对软件的运行情况进行测试。

3．边频攻击的防范策略

① 插入随机的等待状态。

② 总线混淆和内存加密。

4．智能卡操作系统的安全机制

（1）认证操作

认证操作包括持卡人的认证、卡的认证和终端的认证三个方面。持卡人的认证一般采用提交密码的方法，由持卡人通过输入设备输入只有本人知晓的特殊字符串，然后由操作系统进行核对。如果在智能卡中存入用户的特征模式（如指纹、虹膜等），能够极大地提高认证的安全性。卡的认证和终端的认证多采用某种加密算法，如被认证方用事先约定的密码对随机数进行加密，由认证方解密后进行核对。

（2）存取权限控制

存取权限控制主要是对涉及被保护存储区的操作进行权限限制，包括对用户资格、权限进行审查和限制，以防止非法用户存取数据或合法用户越权存取数据等。每个被保护的存储区都设置有读、写、擦除等操作的存取权限。当用户对存储区进行操作时，智能卡操作系统会对操作的合法性进行检验。

（3）数据加密技术

智能卡的加密算法是整个智能卡安全体系的基础。加密算法的关键在于对密钥文件的选择。在 COS 中，密钥文件通常指定了使用该密钥的算法类型。智能卡加密算法必须采用已经批准的规范算法，并且严格保管密钥。按照密钥算法的公开与否来分，智能卡加密技术可分为对称密钥算法和非对称密钥加密系统。对称密钥的管理必须符合 ISO-11568 第 2、3 部分的规范；非对称密钥管理必须支持 ISO-11568 第 4、5 部分规范。

智能卡微处理器的计算能力较弱，因而不适合采用计算量大的加密算法。椭圆曲线密码系统的安全性基于计算椭圆曲线的离散对数这一数学难题，它是到目前为止非对称密码系统中单位比特安全强度最高的密码系统，具有计算负载小、密钥尺寸短、占用带宽少等优点，在运算速度和传输速度上都有较大的优势，尤其适合于智能卡应用。

6.5.4.3 智能卡的安全体系

智能卡安全体系从概念上讲分为三个部分：安全状态、安全属性和安全机制。

1. 安全状态

安全状态是指智能卡在当前情况下所处的状态。智能卡在整个工作过程中始终都是处于这样或那样的一种状态。利用智能卡当前已满足条件的集合可以表示当前的安全状态，各种安全状态和它的转换条件组合在一起，就构成了安全状态机。

2. 安全属性

安全属性指对智能卡的数据对象的访问控制。智能卡的数据对象操作主要包括文件操作和命令操作两方面。

文件的安全属性包括允许进行操作的类型和进行操作需要满足的安全状态，这两者结合起来构成了文件的安全属性。文件的安全属性一般在文件的初始建立阶段定义，包含在文件描述块中，并由 COS 来进行管理和维护。

操作命令的安全属性与具体的命令相关，它也包括两方面内容：命令全部报文的安全控制和命令数据域的安全控制。操作命令的安全属性，主要是通过消息认证码 MAC 来确保命令在传输过程中的安全性和完整性，MAC 校验成功之后操作命令才能顺利执行。

3. 安全机制

安全机制可以理解为实现安全状态转移所使用的方法。COS 安全体系的基本工作原理可以理解为：一种安全状态经过安全机制的一些转移方法转移到另一种状态，将这种状态与相应的某个安全属性相比较，如果是一致的，就执行该安全属性对应的命令。

COS 的安全机制主要包括三方面的功能：数据加密与解密、身份认证及文件访问的安全控制。其中，数据的加密/解密贯穿安全体系的整个过程中；文件访问的安全控制与文件管理模块的联系十分紧密。

6.6 全球定位技术

物联网感知层采集的数据在融合处理时可能需要位置和时间信息。全球定位系统 GPS 是目前覆盖范围最广、应用最广泛的定位、授时系统。

6.6.1 GPS 概述

全球定位系统（Global Positioning System，GPS）是一个全球覆盖（地球表面 98%

的区域)、全天候(不受任何天气情况影响)、高精度的卫星导航系统，能在全球任何地方或近地空间提供准确的三维定位、三维测速和授时服务，它的定位误差在 10 m 以下，授时精度可达纳秒（10^{-9} s）级。GPS 的前身是 20 世纪 70 年代由美国陆海空三军联合研制的子午仪卫星定位系统（Transit）。GPS 信号分为民用的标准定位服务（Standard Positioning Service，SPS）和军用的精确定位服务（Precise Positioning Service，PPS）两类，军用服务精度比民用服务精度高。军用服务主要提供给本国和盟国的军事用户使用，民用服务则提供给全世界使用。

1. GPS 工作原理

GPS 导航系统的基本工作原理是测量出已知位置的卫星到用户接收机之间的距离，然后综合多颗（最少四颗）卫星的数据解码出接收机的位置。卫星的位置可以在卫星星历（指明了任何时间卫星的准确位置）中根据星载时钟时间查出；用户到卫星的距离通过记录卫星信号传播到用户所经历的时间，再将其乘以光速获得。GPS 卫星工作时，会不断地发射导航电文；导航电文包括卫星星历、工作状况、时钟修正、电离层时延修正、大气折射修正等信息。用户接收到导航电文时，提取出其中的卫星时间并与自己的时钟作对比，计算出卫星与用户的距离，再利用导航电文中的卫星星历数据推算出卫星发射电文时所处位置，从而计算出用户在 WGS-84 大地坐标系中的位置、速度等信息。

2. 其他导航系统

除 GPS 外，目前世界上已投入使用的导航系统还有俄罗斯的格洛纳斯（GLONASS）和中国北斗一号。GLONASS 也是一个全球导航系统，而北斗一号则是一个区域导航系统。北斗一号的覆盖范围包括东经约 70°～140°，北纬 5°～55°，即东至日本以东，西至阿富汗的喀布尔，南至南沙群岛，北至俄罗斯的贝加尔湖，涵盖了中国全境、西太平洋海域、日本、菲律宾、印度、蒙古、东南亚等周边国家和地区。正在建设的全球导航系统还包括欧洲的伽利略系统和中国的北斗二号系统。

北斗二号卫星导航系统空间段将由 5 颗静止轨道卫星和 30 颗非静止轨道卫星组成，提供开放服务和授权服务。开放服务是在服务区免费提供定位、测速和授时服务，定位精度为 10 m，授时精度为 10 ns，测速精度为 0.2 m/s；授权服务是向授权用户提供更安全的定位、测速、授时和通信服务以及系统完好性信息。

6.6.2　GPS 的组成

GPS 系统主要由空间星座部分、地面监控部分和用户设备部分组成（见图 6-10）。

1. 空间星座部分（Space Segment）

GPS 卫星星座由 24 颗卫星组成，其中 21 颗为工作卫星，3 颗为备用卫星。24 颗卫星均匀分布在互成 30° 的 6 个轨道平面上，每个轨道面上有 4 颗卫星。这种布局的目的是保证在全球任何地点、任何时刻至少可以观测到 4 颗卫星。用户可以用 4 颗卫星确定 4 个导航参数：纬度、经度、高度和时间。

GPS 卫星由洛克菲尔国际公司空间部研制。卫星采用蜂窝结构，主体呈柱形，两侧装有两块双叶对日定向太阳能电池帆板，对日定向系统控制两翼电池帆板旋转，使板面始终对准太阳，为卫星不断提供电力，并给三组 15 Ah 镍镉电池充电，以保证卫星在地球阴影部分能正常工作。在星体底部装有 12 个单元的多波束定向天线，能发射张角大约为 30° 的两个 L 波段（波长 19 cm 和 24 cm）的信号。在星体的两端装有全向遥测遥控天线，用于与地面监控网的通信。此外卫星还装有姿态控制系统和轨道控制系统，以便使卫星保持在适当的高度和角度，准确对准卫星的可见地面。GPS 卫星上装有高精度的原子钟，这是提供精确的定位和授时服务的基础。BLOCK IIR 型卫星装有休斯公司研制的相对稳定频率为 10^{-14}/s 的氢原子钟，它的定位误差仅为 1 m。

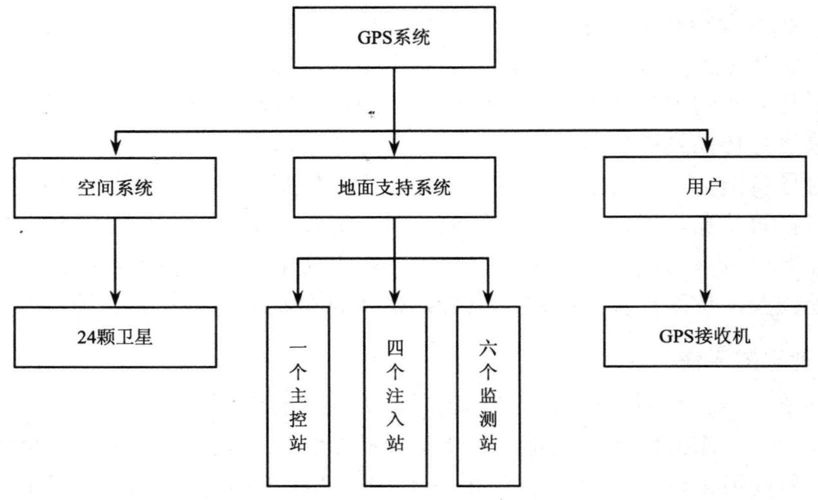

图 6-10　GPS 系统结构

GPS 的卫星因为大气摩擦等问题，随着时间的推移，导航精度会逐渐降低。

2．地面控制系统（Control Segment）

地面监控部分主要由一个主控站（Master Control Station，MCS）、四个地面天线站（Ground Antenna）和六个监测站（Monitor Station）组成。

主控站位于美国科罗拉多州，是整个 GPS 系统的管理中心和技术中心。主控站接收来自监测站采集的卫星信息（如卫星星历、时钟信息等），仔细校正后通过地面天线站再发送给卫星。另外还有一个位于马里兰州的备用主控站，在发生紧急情况时启用。地面天线站的作用是把主控站校正后的卫星信息发送到相应的卫星。目前有四个地面天线站，分别位于南太平洋、大西洋、印度洋和美国本土。地面天线站同时也是监测站，另外还有两个监测站位于美国夏威夷和卡纳维拉尔角。监测站的主要作用是接收 GPS 卫星发送的信息并发送给主控站。

3．用户设备部分（User Segment）

用户设备即 GPS 接收机，主要作用是从 GPS 卫星接收信号并根据接收的信号计算出用户的三维位置、速度及时间等信息。

4. GPS 系统的误差

GPS 系统在定位和授时过程中也会产生一定的误差，根据来源，误差可分为三类：与卫星有关的误差、与信号传播有关的误差及与接收机有关的误差。这些误差对 GPS 定位的影响各不相同，且误差的大小还与卫星的位置、待定点的位置、接收机设备、观测时间、大气环境以及地理环境等因素有关。针对不同的误差有不同的处理方法。

6.7　小结

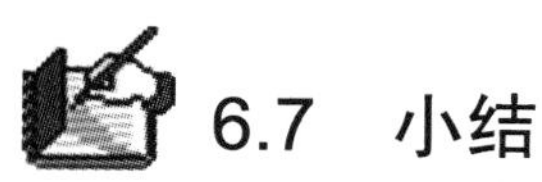

感知层实现了“物”及其相关信息的全面感知，是物联网应用的基础。本章介绍了无线射频技术 RFID、传感器和智能卡这三种感知技术（或设备）的安全问题。

RFID 利用无线通信技术，在读写设备和贴有电子标签的物品之间实现非接触式的数据交换，可用于物品的自动识别和跟踪。RFID 系统面临着标签数据读写安全、读写器安全以及用户数据隐私等安全问题。可采取密码保护、数据加密、标签数据认证、杀死标签、法拉第网罩、主动干扰、逻辑哈希锁等方法来保护 RFID 系统的安全。

传感器能实现周围环境信息的感知。通常大量传感器撒播在某个特定的区域，组成一个传感器网络，用于监测该区域的状态。传感器结点具有存储容量小，处理能力弱，尤其是电池能量有限的特点，不能完成复杂的运算。传感器结点撒播后，通常工作在无人环境下，面临着结点硬件安全（结点捕获）和软件安全威胁。此外，传感器结点的位置也是重要的信息，有的情况下不希望泄露给外界，需要采用一定的措施加以隐藏。

智能卡是嵌入了集成电路芯片的塑料卡片。根据嵌入集成电路芯片的不同，可分为存储卡和 CPU 卡；按智能卡与读写设备间的接口类型分，智能卡可分为接触式智能卡、非接触式智能卡以及双接口智能卡等。智能卡的安全体系是智能卡的核心。智能卡面临的安全威胁主要有入侵攻击、逻辑攻击以及边频攻击等。针对这些威胁，可以在智能卡物理设计（或软件设计尤其操作系统设计）中采取措施，加强安全保护。

6.8　习题

1. 常用的生物特征识别技术有哪些？简述它们的工作原理。
2. 什么是 RFID？RFID 系统是如何工作的？
3. 电子标签有哪几种类型？简述它们的工作过程。
4. RFID 系统面临的安全威胁有哪些？有什么应对措施？
5. 什么是传感器？它的特点是什么？
6. 传感器面临的安全威胁有哪些？有什么对策？
7. 什么是智能卡？它有哪些类型？
8. 简述智能卡操作系统中的数据存储组织方式。
9. 智能卡面临的哪些安全威胁？有什么对策？

第7章 物联网接入技术安全

学习重点

1．移动数据通信网络（GPRS和UTMS）的安全体系结构。
2．无线城域网标准IEEE 802.16的安全体系结构。
3．无线局域网标准IEEE 802.11的安全体系结构。
4．蓝牙系统（及IEEE 802.15.1）的安全体系结构。
5．ZigBee标准（及IEEE 802.15.4）的安全体系结构。
6．无线传感网的安全问题及应对措施。

7.1 概述

物联网接入层位于感知层之上、传输层之下，它把下层各种感知设备可靠地接入网络，从而将感知的信息传输到应用处理系统。为了实现随时随地的接入，物联网的接入技术主要是各种无线网络，包括蜂窝移动网络（如 GPRS、UMTS）、无线城域网(IEEE 802.16)、无线局域网(IEEE 802.11)、无线个域网(IEEE 802.15.1 和 IEEE 802.15.4)、无线传感网等。无线网络由于其开放空间传输的特点，比有线网络面临更多的安全威胁。本章介绍主要的无线网络技术的安全考虑。

7.2 移动通信安全

当前部署最广泛的蜂窝移动电信网络是全球移动通信系统/通用分组无线服务（Global System for Mobile Communications/General Packet Radio Service，GSM/GPRS）和通用移动电信系统（Universal Mobile Telecommunication System，UMTS）。GSM 是第二代移动通信技术；GPRS 是 GSM 的延续，也被称为 2.5G，是第二代和第三代移动通信之间的过渡技术。UMTS 则属于第三代移动通信技术。

第三代合作伙伴计划 3GPP（3rd Generation Partnership Project）是一个成立于 1998 年 12 月的标准化机构，它的目标是实现由 2G 网络到 3G 网络的平滑过渡，保证未来技术的后向兼容性。3GPP 改进了 GSM 的安全缺陷，并增加了一些新的安全特性，如定义了用户和网络间的双向认证、用户数据和语音的加密机制、信令的认证机制等。UMTS 是 3GPP 的一种第三代移动通信标准。目前 3GPP 成员包括欧洲的 ETSI、日本的 ARIB 和 TTC、中国的 CCSA、韩国的 TTA 和北美的 ATIS 等。

7.2.1 GSM 安全

第二代移通信系统 GSM 是目前应用最广泛的移动通信系统之一。GSM 规范定义了 GSM 网络的三种安全需求，分别是：

① 认证（Authentication），正确地识别合法用户。

② 保密性（Confidentiality），保护用户数据（语音或短消息）在无线信道上的传输安全。

③ 匿名（Anonymity），保护用户的 ID 和位置。

7.2.1.1 GSM 认证

GSM 网络中，每个用户都用一个唯一的用户标识符模块（Subscriber Identifier Module，SIM）来标识。SIM 卡中包含有 128 位的用户认证密钥 K_i 和该用户在全球范围的唯一标识 IMSI（International Mobile Subscriber Identifier）。GSM 认证就是在认证中心（Authentication Center，AuC）或用户的家乡本地代理（Home Local Register，HLR）中确认 SIM 卡的有效性。HLR 中包含有本地用户信息。GSM 规范中规定采用 A_3 算法进行用户认证。A_3 算法以用户认证密钥 K_i 和 128 位的随机数（由 AuC 或 HLR 产生）为输入，生成 32 位的 SRES（Signed RESponse）用于认证。A_3 算法在 SIM 卡和 AuC（或 HLR）中实现 GSM 认证的流程如图 7-1 所示。

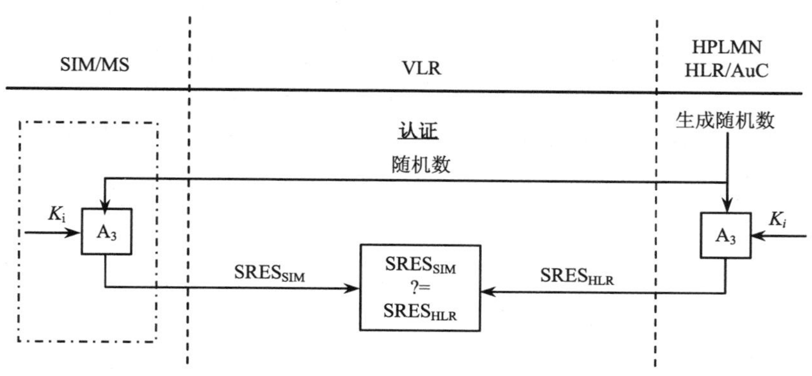

图 7-1　GSM 认证流程

① 需要接入 GSM 网络（呼叫或被叫）的用户向外地代理（Visitor Location Register，VLR）发起认证请求；VLR 是一个包含漫游用户信息的数据库。

② VLR 给该用户分配一个五位的临时移动用户标识符（Temporary Mobile Subscriber Identifier，TMSI）。GSM 认证过程中使用 TMSI 来标识用户，而不使用用户的全球唯一标识 IMSI。由于 TMSI 每隔一定时间或用户移动到新的区域时会更新，因此可以保护用户的位置不会被跟踪。

③ VLR 向 HLR 或 AuC 发送认证请求，请求信息中包含有用户全球唯一标识 IMSI。

④ HLR/AuC 产生一个 128 位的随机数 RAND，并通过 VLR 发送给用户。

⑤ HLR 用存储的该用户的认证密钥 K_i 和产生的随机数 RAND 作为输入，用 A_3 算法计算 $SRES_{HLR}$，并把 $SRES_{HLR}$ 发送给 VLR。

⑥ SIM 用接收的随机数 RAND 和自己的认证密钥 K_i 作为 A_3 算法的输入，计算 $SRES_{SIM}$ 并发送给 VLR。

⑦ VLR 比较 $SRES_{HLR}$ 和 $SRES_{SIM}$，若相等则认证通过，允许用户接入网络；否则拒绝用户的认证请求。

7.2.1.2　GSM 的保密性

用户通过 GSM 认证后即可使用 GSM 网络服务。为了保护用户数据在无线信道上的传输安全，需要对用户数据进行加密。GSM 规范中规定采用 A_5 加密算法对用户数据进行加密，A_5 算法是一个流加密算法。A_5 算法中使用的密钥 K_c 由密钥生成算法 A_8 产生。A_8 算法以（K_i，RAND）值对为输入，输出 64 位的密钥 K_c；A_5 算法再以 K_c 为输入，产生密钥流 KS。明文数据以 114 bit 为单位与流密钥 KS 进行模 2 加法运算，生成密文。GSM 用户数据加密流程如图 7-2 所示。

7.2.1.3　GSM 的安全缺陷

GSM 规范中的安全机制存在一些缺陷：

① GSM 只提供网络对用户单方向的认证，而不提供用户对网络的认证。攻击者可

以提供一个“虚假”的基站，从而获得与用户交互的权限。

② GSM 只提供接入安全，但不能防御主动攻击：除了在移动站点和基站间的无线信道上传输外，用户数据和信令信息（密钥、认证标记等）都以明文存在。

③ GSM 中采用 COMP128 作为 A3/A8 算法的实现。COMP128 算法以 128 位的 K_i 和 RAND 作为输入，生成 96 位的摘要数，前 32 位作为 SRES 用于认证过程，后 64 位作为 K_C 用于 A5 算法生成加密流密钥。但 COMP128 并不安全，易受到碰撞攻击（Collision Attack）和功耗分析攻击（Power Analysis Attack）。

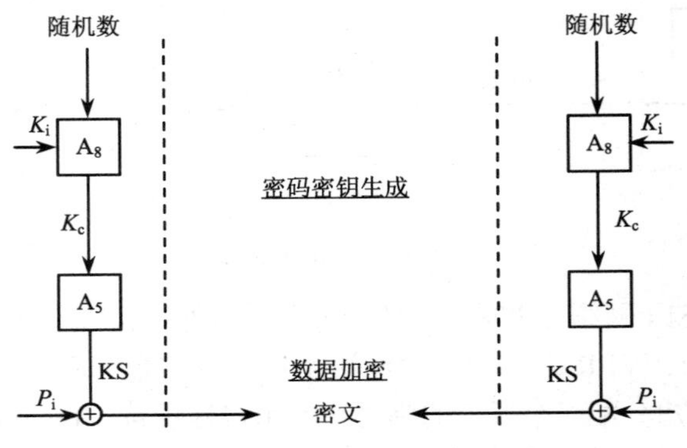

图 7-2　GSM 用户数据加密

7.2.2　GPRS 安全

7.2.2.1　GPRS 的体系结构

通用分组无线服务 GPRS 可以看成是构建在 GSM 网络之上的一个覆盖网络，给 GSM 用户提供分组无线接入服务。GPRS 使用现有的 GSM 网络结构，并增加了处理分组流量的设备、接口和协议等。GPRS 的数据传输速率范围为 9.6～171 kbit/s。它的体系结构如图 7-3 所示，主要组件及其功能如表 7-1 所示。

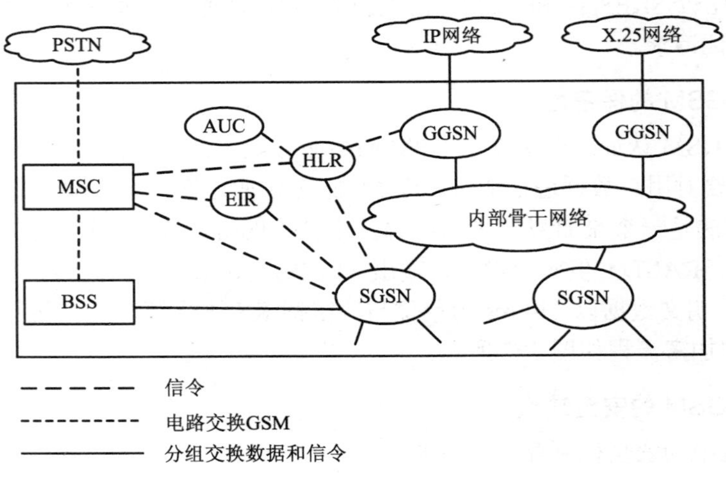

图 7-3　GPRS 体系结构

表 7-1 GPRS 主要组件及功能

组 件	功能简述
MS（Mobile Station）	移动站点
BSS（Base Station Subsystem）	负责无线信道控制
BSC（Base Station Controller）	BSS 核心设备，控制无线信道；保持与 MS 的无线连接关系；保持与固定核心网络的连接关系
BTS（Base Transceiver Station）	负责给定地理区域的无线覆盖
HLR（Home Location Register）	移动信息管理数据库，包括 MS 信息、位置信息、服务信息
VLR（Visitor Location Register）	漫游 MS 信息数据库
AuC（Authentication Center）	认证中心，存储用户标识及其相关安全信息
EIR（Equipment Identity Register）	存储移动设备标识信息
MSC（Mobile Service Switching Center）	核心网设备，负责电路交换服务（如语音服务）
GSN（GPRS Support Node）	负责在 MS 和外部分组数据网络（External Packet Data Networks，PDNs）之间转发分组；GSN 结点间通信使用 IP 隧道技术
SGSN（Serving GSN）	负责与本服务区内的 MS 交换分组，其任务包括：分组路由/转发、移动管理、本地链路管理以及计费等
GGSN（Gateway GSN）	GPRS 核心网和外部分组数据网之间的网关，负责不同分组网间协议的转换

7.2.2.2 GPRS 的安全体系结构

GPRS 基于 GSM 网络结构，使用与 GSM 基本相同的安全机制。考虑到分组流量的特性不同于语音流量，且 GPRS 网络也引入了一些新的组件，GPRS 对安全机制也做了少量的改进。GPRS 的安全特性主要表现在以下方面：

1. 用户标识的保密

用户在 GPRS 网络中注册后，网络分配给用户一个唯一的永久标识（Unique and Permanent Identity）、一个全球移动用户标识（International Mobile Subscriber Identity，IMSI）和一个 128 位的密钥 K_i。这些信息以及其他安全信息参数都存储在 SIM 卡中。为了保护用户的 IMSI 不被跟踪，网络中用临时移动用户标识（Temporary Mobile Subscriber Identity，TMSI）代替 IMSI 标识用户。TMSI 只有本地意义，它的作用范围由路由区域标识（Routing Area Identity，RAI）限定。每隔一段时间或用户移动到新的服务区域 TMSI 就会被更新，新的 TMSI 以密文形式发送给 MS。

GPRS 中也用临时逻辑链路标识（Temporary Logical Link Identity，TLLI）在空中接口上标识用户。TLLI 根据 TMSI 计算，或由 MS 随机生成。TLLI 也只具有本地意义，同样用 RAI 限定其作用范围。

2. 用户标识的认证

用户要接入 GPRS 网络必须首先通过网络的认证。GPRS 中的认证流程与 GSM 网络相同，但网络的认证算法由 SGSN 执行；而 GSM 网络中，网络侧认证算法由认证中心 AuC 或家乡本地代理 HLR 执行。图 7-4 给出了 GPRS 用户认证的执行流程。

MS 向网络发出认证请求后，SGSN 首先生成一个随机数 R 并发送给 MS。MS 用共

享密钥 K_i 和 A_3 算法对接收到的随机数 R 加密，生成 SRES 并发送给 SGSN。SGSN 同样用 A_3 算法和 K_i 对 R 加密，并比较自己的加密结果和 MS 发送来的加密结果。若两者相等，则认证通过，允许 MS 接入网络；否则拒绝 MS 接入请求。MS 接入 GPRS 网络后，以密钥 K_i 和 SGSN 发送的随机数 R 为输入，用 A_8 算法生成密钥流 K_C。MS 产生的数据用 K_C 和 GPRS-A_5 算法加密后发送给 SGSN。SGSN 用相同的算法加密发送给 MS 的数据。

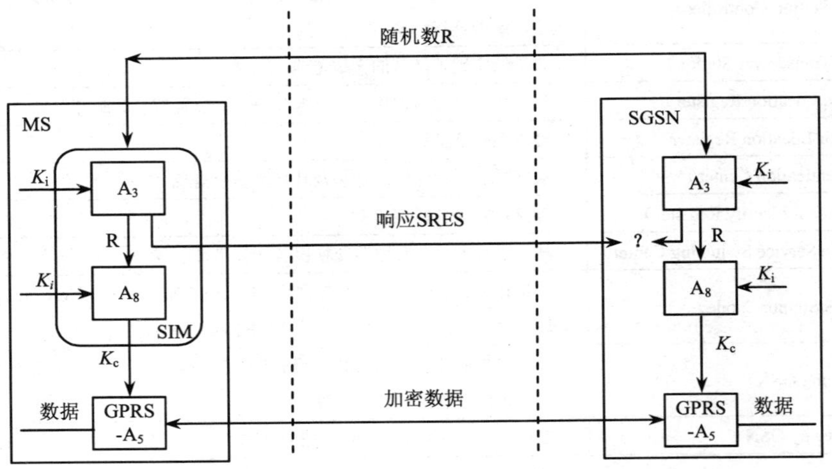

图 7-4　GPRS 用户认证

3. 用户数据、网络信令及网络的安全

GPRS 网络中用 GPRS-A_5 算法对用户数据和信令消息进行加密；GPRS-A_5 与 A_5 算法类似，是对称流密钥算法。由于 GPRS-A_5 算法需要较强的计算能力，因此用户侧加密算法在移动站点 MS 上执行（而不是在 SIM 卡上）。网络侧加密算法在 SGSN 上执行。基本的 GPRS 安全通信流程如图 7-5 所示。

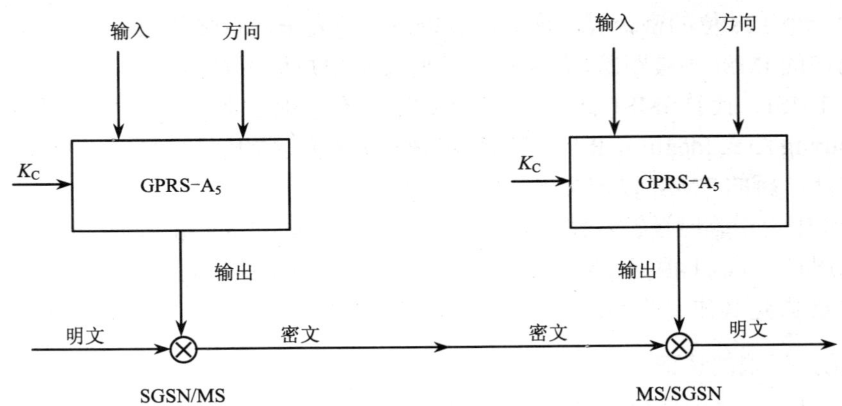

图 7-5　基本的 GPRS 加密/解密流程

GPRS-A_5 算法的输入包括流密钥 K_C、输入（Input）和方向（Direction）。K_C 长 64 位，在 MS 认证过程中生成。点到点通信中，K_C 对每个 MS 都是唯一的；在点到多点通

信中（如 SGSN 向多个 MS 发送相同的数据），若干个 MS 共享一个 K_C。输入长 32 位，它依赖于每个发送的帧，这样可使每个帧使用的加密密钥不同。方向占 1 位，指明生成的密钥用于上行（Upstream）还是下行（Downstream）通信。GPRS-A_5 算法的输出是长度为 5～1600 B 的字符串。在发送端，明文数据与算法输出的字符串异或得到密文，然后再发送出去；在接收端，密文与同样的算法输出字符串异或后就得到了明文。

7.2.3 UTMS 安全

7.2.3.1 UMTS 体系结构

通用移动电信系统（Universal Mobile Telecommunication System，UMTS）是一个 3G 网络，它的目的是建立一个支持广泛应用环境的单一集成系统。UMTS 可看作是现有有线因特网的扩展，使用户可以无缝接入多种服务。例如，移动用户可接入固定网络中的多媒体服务。UMTS 规范与 GSM/GPRS 规范兼容，但 UMTS 网络能提供更高的数据传输速率。

UMTS 网络的体系结构包括三部分：核心网络（Core Network，CN）、无线接入网络（Radio Access Network）以及用户设备（User Equipment，UE），如图 7-6 所示。这种结构允许不同的接入技术、不同的核心网技术共存，可简化从 2G 网络向 3G 网络的过渡。

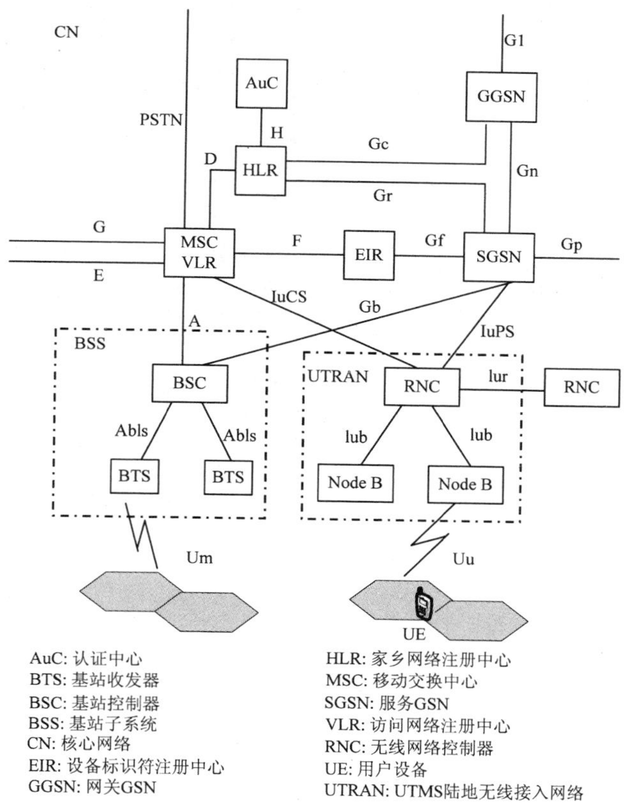

图 7-6　UMTS 体系结构

7.2.3.2　UTMS 安全体系结构

3G 网络安全建立在 2G 网络安全基础之上，3G 网络中保留了 2G 网络中的安全机制（如用户认证、数据加密、用户标识保密等）并进行了增强。3G 网络安全的主要目标是使所有用户相关信息、网络资源及服务得到合适的保护。UMTS 网络的安全体系结构如图 7-7 所示，主要包括：

① 网络接入安全（Ⅰ）。

② 网络域安全（Ⅱ）。

③ 用户域安全（Ⅲ）。

④ 应用域安全（Ⅳ）。

⑤ 安全可见性和配置（Ⅴ）。

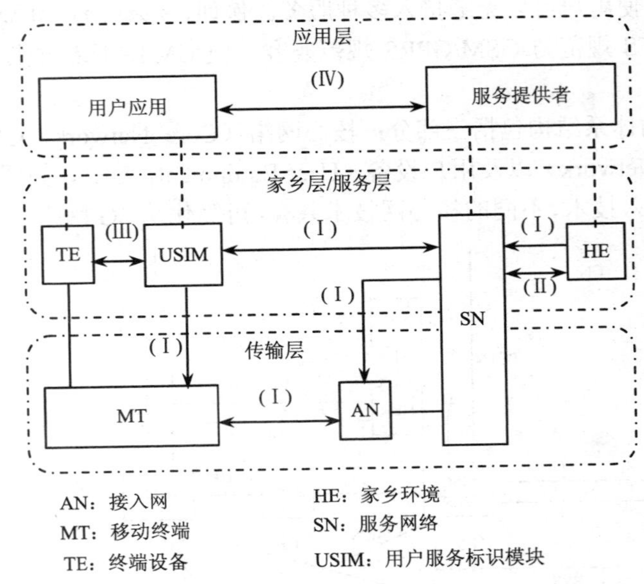

图 7-7　UMTS 安全体系结构

1．网络接入安全

网络接入安全（Network Access Security，NAC）指提供用户安全接入 3G 网络以及保护无线空中接口不受攻击的各种机制，包括：

（1）用户标识保密（User Identity Confidentiality）

通过在网络中使用临时移动用户标识 TMSI 代替全球移动用户标识 GMSI 来实现。

（2）认证/密钥协商（Authentication and Key Agreement，AKA）

AKA 提供了在移动用户和网络间的双向认证，并提供了加密密钥和一致性检查密钥。认证流程如图 7-8 所示。接收到 VLR/SGSN 发送的认证请求后，HE/AuC 发送按序排列的认证向量（Authentication Vector，AV）数组。AV 用于 VLR/SGSN 和 USIM 间的认证。每个 AV 包括随机数 RAND、期望的响应 XRES（eXpected RESponse）、加密密钥

CK、一致性检查密钥 IK 和认证标记 AUTN。AV 的生成算法如图 7-9 所示。

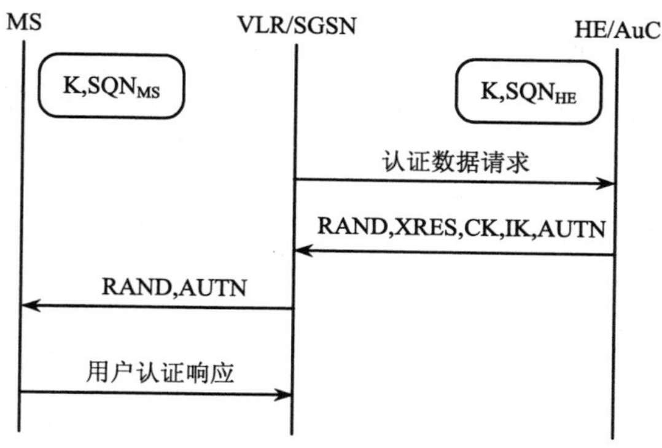

图 7-8　3G 认证和密钥协商

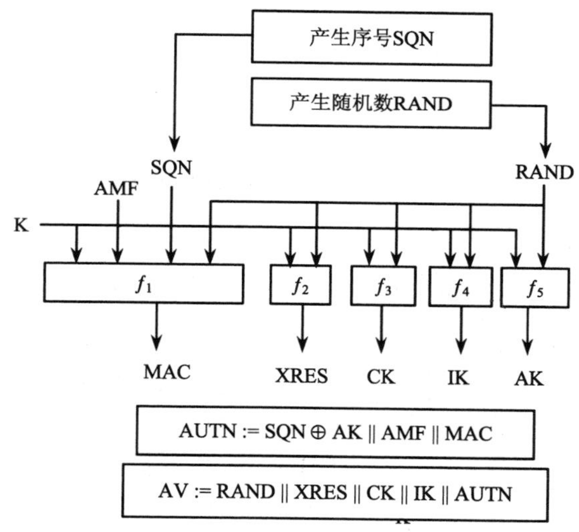

图 7-9　认证向量 AV 生成算法

（3）数据保密（Data Confidentiality）

用户数据和信令消息用 f_8 算法进行加密，如图 7-10 所示。f_8 是一个对称同步流加密算法，可用于加密长度可变的数据帧。它的输入主要有 128 位的密钥 CK、32 位的 COUNT-C、5 位的 BEAMER 以及 1 位的 DIRECTION，引入 COUNT-C、BEAMER 和 DIRECTION 是为了使不同帧使用不同的密钥。f_8 的输出是与帧长度相等的位流序列，位流序列与明文异或后可得密文，与密文异或后可得明文。在 UMTS R99 规范中，f_8 基于 Kasumi 算法。

（4）信令消息一致性保护（Integrity Protection of Signaling Messages）

UMTS 网络中使用 f_9 算法来检测 MS 和 RNC 之间的信令信息的一致性。f_9 算法的主要输入有 128 位的一致性密钥 IK、消息本身 MESSAGE、32 位的 COUNT-I、1 位的 DIRECTION、32 位的 FRESH；输出则是 32 位的消息认证检测码 MAC（Message

Authentication Check），如图 7-11 所示。引入 COUNT-I、DIRECTION 和 FRESH 是为了对相同的消息也产生不同的 MAC。发送方计算出信令消息的 MAC 值后，把 MAC 值附在消息后，一起发送给接收方；接收方采用相同的算法也对信令消息计算 MAC 值，若计算结果与发送方的结果相同，则消息通过一致性检查，否则表明消息出错或被篡改。UMTS R99 规范中 f_9 也基于 Kasumi 算法。

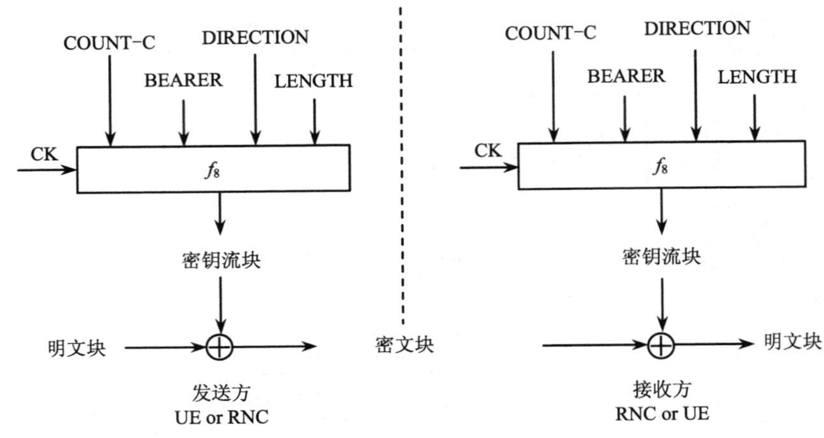

图 7-10　UMTS 中无线接入链路加密

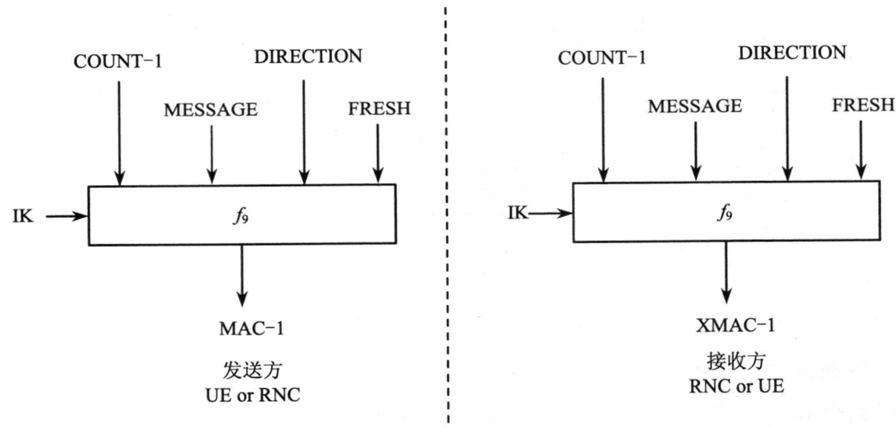

图 7-11　计算信令消息 MAC

2. 网络域安全

UMTS 网络域安全（Network Domain Security，NDS）指在核心网以及有线网络中保护信令消息和用户数据的安全交换。UMTS 核心网中使用了多种类型的协议和接口，其中基于 IP 的协议在网络层用 IPSec 进行保护，而基于 SS7 的协议和接口则在应用层进行安全保护。

（1）基于 IP 的协议

UMTS 网络中，网络域控制平面被划分成一个个安全域（Security Domain），安全域边界通常与运营商网络边界一致。安全网关（SEcurity Gateway，SEG）是位于安全域边界的网络设备，用于保护本网内基于 IP 的协议的安全性。位于不同安全域中的网络实体（Network Entity，NE）之间要进行安全通信时，可以采用逐跳方式（Hop-by-Hop）或端到端（End-to-End）方式。逐跳方式下，NE 先与本网络中的 SEG 建立一个 IPSec 安全隧道，再由本网 SEG 与目的网络的 SEG 建立 IPSec 隧道，最后由目的网络 SEG 与目的 NE 建立另外一个 IPSec 隧道；端到端方式下，两个 NE 之间直接建立一个安全 IPSec 安全隧道。

UMTS 中，密钥管理中心（Key Administration Center，KAC）负责管理密钥。KAC 代表 NE 或 SEG 通过因特网密钥交换协议 IKE（Internet Key Exchange）协商建立 IPsec 安全关联（Security Association，SA）。KAC 用标准接口将 SA 参数分发给 NE 或 SEG。基于 IP 的网络域安全体系结构如图 7-12 所示。

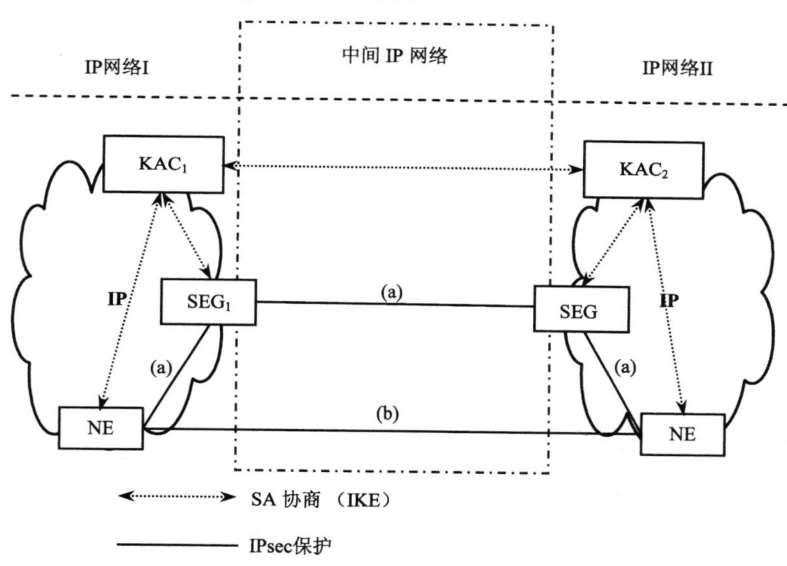

图 7-12　基于 IP 协议的网络域安全体系结构

（2）基于 SS7 的协议

如果信令用 SS7 协议传输或用 SS7 和 IP 协议联合传输，它的安全保护要在应用层实现；如果信令传输仅用到了 IP 协议，则既可以在网络层用 IPSec 进行保护，也可以在应用层进行保护。安全关联 SA 的协商仍由密钥管理中心 KAC 执行。基于 SS7 协议或 SS7 和 IP 联合协议的网络域安全体系结构如图 7-13 所示。Rel-4 规范中只定义了针对 MAP（Mobile Application Part）协议的安全保护，MAP 协议定义了安全管理过程和安全传输协议。

（3）网络范围内的用户数据机密性（Network-wide User Data Confidentiality）

网络范围内的用户数据机密性指在全网范围内提供用户数据传输的安全性，它的体系结构如所图 7-14 所示。

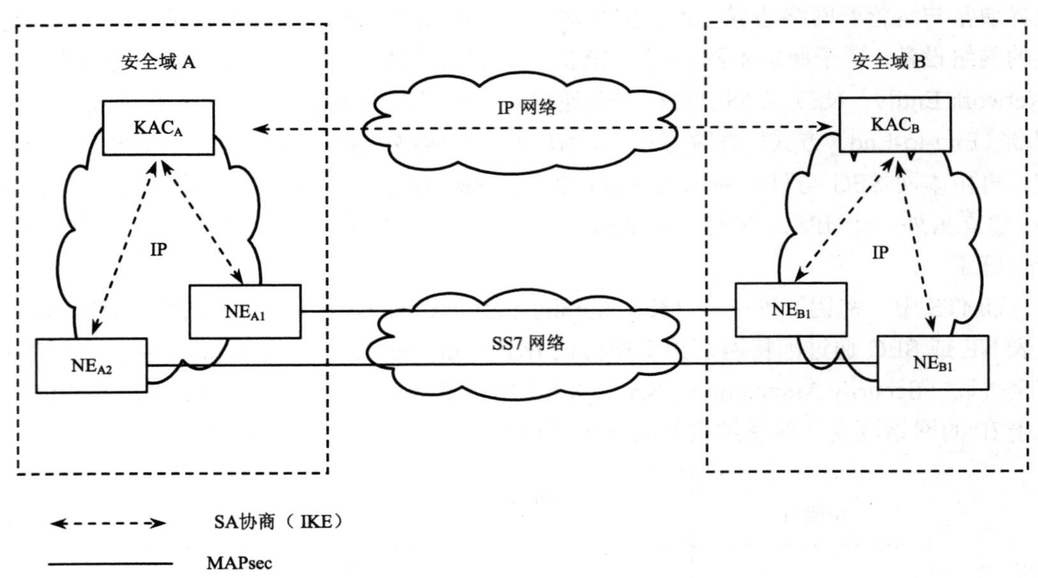

图 7-13　基于 SS7 协议或 SS7 与 IP 混合协议的网络域安全体系结构

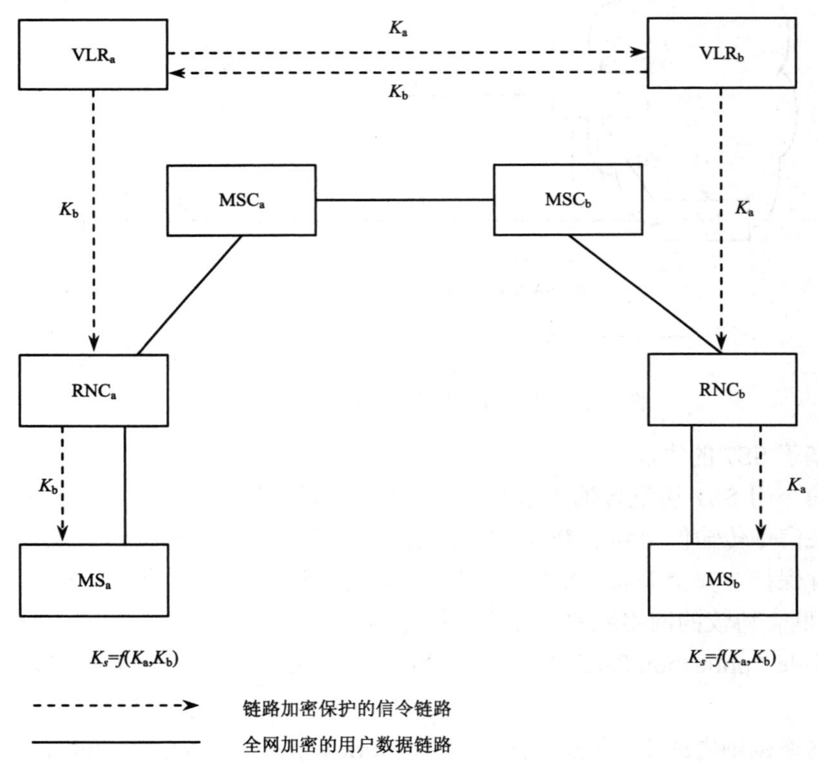

图 7-14　网络范围数据安全的体系结构

通信双方 MS_a 和 MS_b 首先建立一个连接并表明希望实现全网安全通信。VLR_a 和

VLR_b 使用安全的通道交换双方的密钥 K_a 和 K_b，并把密钥传送给对方用户。最后双方用户根据密钥 K_a 和 K_b 计出算会话密钥 K_S。使用全网安全通信时，MS 和 RNC 之间无线接入链路上数据不再需要加密，但信令信息、用户标识等仍需要加密。

3．用户/应用域安全（User and Application Domain Security）

（1）用户域安全（User Domain Security）

用户域安全指移动站点 MS 安全接入 UMTS 网络。USIM 标识了一个用户以及用户与网络的关联关系，负责 MS 与网络间的双向认证、密钥管理等。

（2）应用域安全（Application Domain Security）

应用域安全指保护在 MS 和 SN/SP（Serving Network/Service Provider）之间传输的信息的安全，安全等级由运营商或应用程序决定。USIM 工具集给运营商或第三方应用服务商提供了创建基于 USIM 应用的能力，它集成了实体认证（Entity Authentication）、消息认证（Message Authentication）、重放检测（Replay Detection）、序列完整性检测（Sequence Integrity）、机密性（Confidentiality）、不可否认性（Proof of Receipt）等安全机制。

4．安全可见性和配置（Security Visibility and Configurability）

网络应当向用户提供一些有关安全特性的信息，如接入网络加密提示（Indication of Access Network Encryption）、网络范围加密提示（Indication of Network-wide Encryption）、安全等级提示（Indication of The Level of Security）等。安全配置指允许用户或用户家乡环境 HE 给服务配置所依赖的安全机制。

7.3　IEEE 802.16 安全

7.3.1　IEEE 802.16 简介

IEEE 1999 年成立了 802.16 工作组，专门研究宽带固定无线接入技术规范，目标是建立一个全球统一的宽带无线接入标准。IEEE 802.16 标准又称 IEEE Wireless MAN 空中接口标准，它定义了 2～66 GHz 频率范围内的无线接入的底层标准（包括物理层和媒体接入控制层），并给出了系统共存、系统设计、配置和频率使用的解决方案。IEEE 802.16 所规定的无线接入系统覆盖范围可达 50 km，主要应用于城域网，解决高速接入的“最后一英里”问题。

IEEE 802.16 标准委员会 1999 年 7 月开始讨论全球统一的无线宽带城域网接入标准，目前已经建立了一系列标准：802.16-2001、802.16c-2002、802.16a-2003、802.16-2004、802.16-2-2004、802.16-2004/Cor1-2005、802.16f-2005、802.16e-2005、802.16g-2007、802.16k-2007、802.16-2009、802.16j-2009、802.16h-2010、P802.16m 等。现行的标准主要有 802.16-2009、802.16j-2009 和 P802.16m 等。802.16-2009 定义了固定和移动宽带无线接入系统的空中接口规范，它是对 802.16-2004 标准的修正，并汇总了 802.16e-2005、802.16f-2005、802.16-2004/corl-2005、802.16g 以及 P802.16i 的内容。802.16j-2009 则是 802.16-2009 的补充，增强了授权频带的物理层和媒体接入控制层功能，支持基站中继传输。P802.16m 支持移动接入下行 100 Mbit/s 和固定接入下行 1 Gbit/s 速率，目标是实现

ITU-R 定义的 IMT-Advanced 4G 标准需求，因而又称移动 WiMAX Release 2 或 WirelessMAN-Advanced。

全球互通微波接入（Worldwide Interoperability for Microwave Access，WiMAX）是一项高速无线数据网络标准，主要用在城域网。它由 WiMAX 论坛（WiMAX Forum）提出，给企业或家庭提供最后一英里无线宽带接入。WiMax 论坛是一个非营利组织，其主要目标是促进 WiMax 产品和服务的互操作性，给通过测试的产品颁发 WiMax 证书。WiMax 标准以 IEEE 802.16 为基础，当前有两个标准。WiMax Release 1 以 802.16-2004 及 802.16e-2005 为基础，提供最大下行 128 Mbit/s 和上行 56 Mbit/s 带宽；WiMax Release 2 以 802.16m 为基础，提供移动接入下行 100 Mbit/s 和固定接入下行 1 Gbit/s 带宽。

7.3.1.1 IEEE 802.16 实体参考模型

IEEE 802.16 设备包括用户站（Subscriber Stations，SS）、移动站（Mobile Stations，MS）和基站（Base Stations，BS）。802.16 实体（Entity）定义为 SS/MS 或 BS 中的逻辑实体，包括数据平面（Data Plane）的物理层和 MAC 层，以及管理控制平面（Management/Control Plane），如图 7-15 所示。

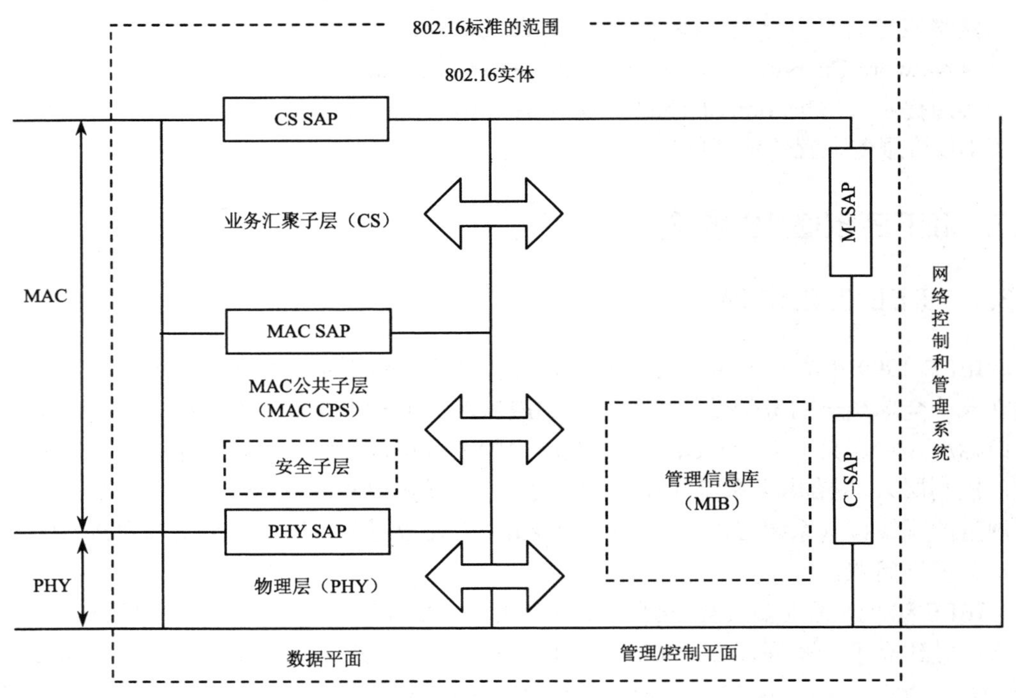

图 7-15　IEEE 802.16 实体参考模型

1. 物理层

IEEE 802.16-2009 定义了多种物理层规范，每种适用于特定的频率范围和应用。10～60 GHz 授权频段规范提供视距范围内（Line-Of-Sight，LOS）的数据传输，这种环境下不需要考虑无线传输中的多路径衰落问题，这个频段的物理层规范是 WirelessMAN-SC。

11 GHz 以下频段提供非视距的数据传输，但要考虑多径衰落，主要的物理层规范包括 Fixed Wireless MAN-OFDM、Fixed WirelessMAN-OFDMA、WirelessMAN OFDMA TDD、WirelessMAN OFDMA FDD 等。此外，标准还定义了 11 GHz 以下的免授权频段（主要是 5～6 GHz）规范 WirelessHUMAN，该规范在物理层（和 MAC 层）中引入了一些机制以解决频率干扰和共存问题。

2. MAC 层

MAC 层又分为三个子层，分别是：业务汇聚子层（Service-Specific Convergence Sublayer，CS）、MAC 公共子层（MAC Common Part Sublayer，MAC CPS）和安全子层（Security Sublayer）。

（1）业务汇聚子层 CS

CS 子层提供了外部网络数据向 MAC 层服务数据单元的转换或映射，即对外部网络数据进行分类，并将分类后的数据关联到合适的 MAC 服务流标识（Service Flow Identifier，SFID）和连接标识（Connection Identifier，CID）。802.16 定义了多种 CS 与不同的上层协议进行交互。其中，ATM CS（Asynchronous Transfer Mode CS）提供了 ATM 服务到 MAC CPS 子层的接口；分组 CS（Packet CS）提供 Ethernet、IP 到 MAC CPS 的接口；通用分组 CS（Generic Packet CS）是独立于高层协议的分组汇聚子层，支持多种分组协议，包括 IP、IPv6、Ethernet 等。

（2）MAC 公共子层 CPS

MAC CPS 提供了 MAC 层的核心功能：系统接入（System Access）、带宽申请（Bandwidth Allocation）、连接建立（Connection Establishment）和连接保持（Connection Maintenance）。外部网络数据经过各类 CS 子层分类后，被关联到特定的 MAC 层连接。802.16 的 MAC 层是面向连接的，SS/MS 在接入到网络后，必须与 BS 建立各种类型的传输连接（Transport Connection）和管理连接（Management Connection），用于数据和管理信息传输。连接用一个 16 位的连接标识 CID 标记。

SS/MS 和 BS 间的无线数据链路被划分为下行链路（DownLink，DL）和上行链路（UpLink，UL）。下行链路指从 BS 到 MS/SS 的链路，它工作在点到多点（Point-to-Multipoint，PMP）模式；BS 是下行链路中唯一的数据发送者，因而不存在与其他站点协调信道接入的问题（但若采用时分复用 TDD 划分上行和下行链路，BS 需要与其他 SS/MS 协调信道接入时隙）；下行链路通常是广播传输。上行链路指从 SS/MS 到 BS 的链路，通常由多个 SS 或 MS 共享，因而需要使用一种协议来控制这些站点的竞争。根据服务的类型，SS/MS 可能持续地占有上行链路用于数据发送，或者 SS/MS 向 BS 请求接入上行链路的权限。

SS 初始化过程中，在 SS 和 BS 间的上行和下行链路上分别建立了三种管理连接：基本连接（Basic Connection）、主管理连接（Primary Management Connection）和第二管理连接（Secondary Management Connection），其中第二管理连接是可选的。这三种连接为管理消息的传输提供了三种不同的 QoS。基本连接用于 SS 和 BS 间交换短的（Short）、时间紧急的（Time Urgent）管理消息，主管理连接用于交换长的（Longer）、时延容忍（Delay Tolerant）的管理消息，而第二管理连接则用于交换时延容忍的标准协议的消息（如

DHCP、TFTP、SNMP 等）。

服务流（Service Flow）定义了传输连接（Transport Connection）上数据传输的 QoS 参数。SS 注册后，传输连接与服务流绑定，每个服务流对应一个传输连接。

802.16-2009 还定义了 MS 的切换（HandOver，HO）过程，支持 MS 从一个 BS 的空中接口迁移到另一个 BS 的空中接口。

（3）安全子层

安全子层用于保证 802.16 网络服务的安全，提供了认证、安全密钥交换（Secure Key Exchange）和加密等安全机制。

3. 管理控制平面

802.16 设备作为大型网络的一部分，需要能与网络管理控制系统交互。IEEE 802.16-2009 标准定义了网络管理控制系统（Network Control and Management System，NCMS）。802.16 实体通过控制服务访问点 C-SAP（Control SAP）和管理服务访问点 M-SAP（Management SAP）向上层提供管理控制平面的功能；NCMS 也通过 C-SAP 和 M-SAP 与 802.16 实体交互。

7.3.1.2 IEEE 802.16 网络管理参考模型

IEEE 802.16 的网络管理参考模型包括网络管理系统（Network Management System，NMS）、被管结点和网络控制系统（Network Control System，NCS）（见图 7-16）。被管结点指 SS、MS 或 BS，它们收集结点中的被管对象（Managed Objects）的信息并存储在 MIB（Management Information Base）中，供网络管理系统访问（如通过 SNMP 协议）。网络控制系统存储了服务流及其 QoS 信息，当 SS/MS 接入某 BS 时，网络控制系统将这些信息传递给该 BS。SS/MS 和 BS 间的管理信息通过第二管理连接传输。

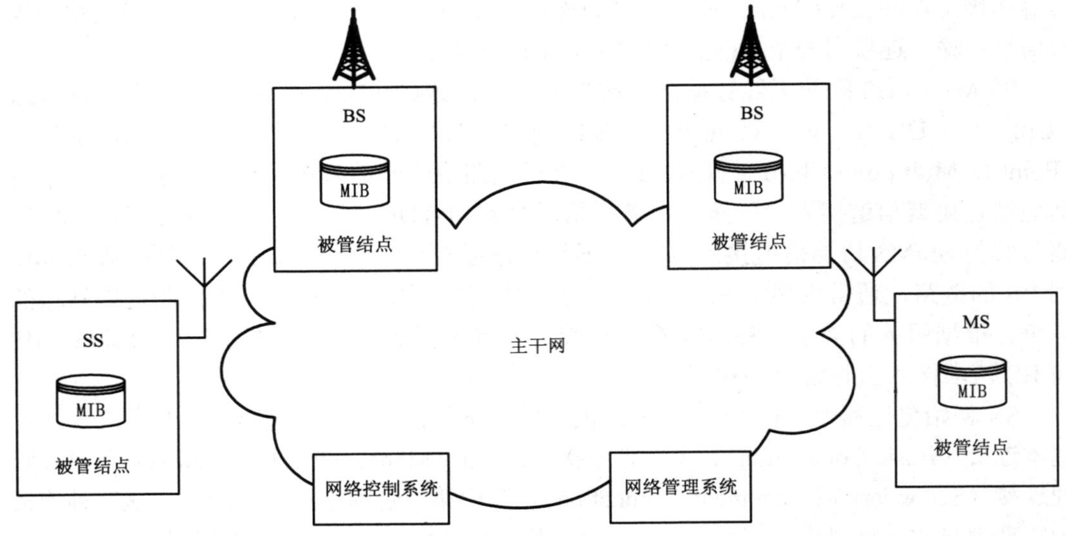

图 7-16　IEEE 802.16 网络管理参考模型

7.3.1.3　网络接入及切换

1. SS 网络接入

SS 出厂时存储了下列信息：

① 48 位的全球唯一 MAC 地址（在生产过程中分配），用于在初始化过程中标识 SS。

② 安全相关信息（如 X.509 证书），用于 SS 认证。

SS 接入网络的过程如下：

① 扫描下行链路（DL）信道，并建立与 BS 的同步。

② 获取链路（DL 和 UL）的传输参数，如 RSSI、CNIR、可用的射频资源、小区（Cell）类型等。

③ 定位（Ranging）：指获取正确的时间偏移和功率调整的过程，以使 SS 的传输与物理层的时隙边界对齐，并使接收功率位于合适的阈值内。

④ 协商基本能力：定位完成后，SS 立即向 BS 发送它的基本能力，BS 在响应消息中指明 SS 和 BS 能力的交集。

⑤ 获取授权并与 BS 进行密钥交换（采用 PKM 协议）。

⑥ 注册：指 SS 被允许接入网络的过程，以及可被管理的 SS 接收到它的第二管理连接的 CID。

⑦ 建立 IP 连通性：如果使用移动 IP，MS 在获得移动 IP 地址后，用第二管理连接（使用移动 IP 地址）来传输它的 IP 地址。否则，如果站点采用 IPv4 地址，站点将通过调用 DHCP 机制（IETF RFC 2131）获取 IP 地址以及其他建立 IP 连接性的参数；如果采用 IPv6 地址，则调用 DHCPv6（IETF RFC 3315）或 IPv6 无状态地址自动配置机制（IETF RFC 2462）来获取 IP 地址及其他参数。对于可管理的 SS，IP 连通性的建立在 SS 的第二管理连接上进行。

⑧ 获取当前的日期和时间（RFC 868），时间用于日志事件的时间标记。日期时间获取通过第二管理连接进行。

⑨ 获取运行参数：成功建立 IP 连通性后，SS 通过第二管理连接从服务器下载配置文件（使用 TFTP 协议）。

⑩ 建立连接：在传输运行参数（被管理 SS）或注册后（未被管理 SS），BS 向 SS 发送消息，为该 SS 的预定义服务流建立连接。

其中第⑤步是可选的，只有当 SS 和 BS 都支持授权策略时才执行；第⑦～⑨步在 SS 侧也是可选的，只有当 SS 可被管理时才执行。

2. MS 切换过程

当 MS 移出一个 BS 的服务范围，或为了获得更高的信号质量、服务质量时，MS 需要从一个 BS 的空中接口切换到另一个 BS 的空中接口。MS 切换的过程如下：

① 小区选择（Cell Selection）：BS 周期性地广播网络的拓扑结构，即与其临近的其他 BS 的信道信息，MS 也可以主动扫描附件的其他 BS；MS 根据获得的这些信息，从中选择一个合适的 BS 作为切换目标。

② 切换决策及初始化：MS 和当前服务的 BS 都可以做出切换决策，使 MS 从当前

BS 切换到选定的 BS。

③ 与目标 BS 下行链路 DL 建立同步，获取上、下行链路的传输参数。

④ 定位。

⑤ 终止 MS 的上下文环境，即当前服务 BS 终止该 MS 的所有连接及相关的上下文环境。

MS 或 BS 发起切换请求后，MS 可在任意时间终止切换过程。

7.3.1.4　IEEE 802.16j-2009

IEEE 802.16j-2009 是对 IEEE 802.16-2009 的增补，它对后者的物理层和 MAC 层功能进行了扩展，支持多跳中继（Multihop Relay，MR）的网络部署方式，增加了接入网的覆盖范围，提升了接入网的性能。在 MR 网络中，基站 BS 被多跳中继基站 MR-BS 和（一个或多个）中继站点 RS（Relay Station）所取代。从 MS 的角度来看，它所接入的 RS 就相当于原来的 BS，这个 RS 称为接入 RS（Access RS）。处于 MR-BS 和接入 RS 之间的其他 RS 称为中间 RS（Intermediate RS）。RS 可能固定在一个地方（如附着在建筑物上），也可能是移动的（如随交通工具移动）。MS 也可不经过 RS 直接接入 MR-BS。MS 和 MR-BS（直接接入）或接入 RS 间的链路称为接入链路（Access Link）。RS 接入网络时，它与 MR-BS 或其上级 RS 间的链路也称为接入链路。MR-BS 与 RS 之间或两个 RS 之间的链路称为中继链路（Relay Link）。IEEE 802.16j-2009 没有改变接入链路上的协议（包括移动特性），但在中继链路上定义了新的功能以支持多跳中继特性。MR-BS 负责所有 RS 和 MS 的管理和控制。

MR 网络中，SS 或 RS 间链路的带宽分配有集中式调度和分布式调度两种模式。在集中式调度模式中，RS 与其从属站点（SS 或 RS）间的带宽分配由 MR-BS 决定；而在分布式调度模式中，RS 与其从属站点间的带宽分配则由 RS 和 MR-BS 共同决定。根据链路带宽分配模式，RS 分为透明（Transparent）和非透明（Non-Transparent）两种，非透明 RS 能够运行在集中式或分布式调度模式下，而透明 RS 只能运行在集中调度模式下。透明 RS 与其上级站点或从属站点间的通信使用相同的载波频率，非透明 RS 即可使用相同载波频率也可使用不同的载波频率。

MR 网络中，MS 和 MR-BS 间的连接可能跨越多跳，通过一个或多个中间 RS，这些连接的标识符 CID 在一个 MR 小区中是唯一的。MS 和 MR-BS 间应支持 PMP 模式定义的所有类型的连接（传输连接和管理连接）。MR 网络中 RS 的连接管理分为标准 CID 分配模式（Normal）或本地 CID 分配模式（Local）。在标准模式中，主管理连接 ID、第二管理连接 ID 和基本管理连接 ID 由 MR-BS 分配；在本地模式中，主管理连接 ID 和基本管理连接 ID 由 RS 分配。RS 的网络管理遵循 IEEE 802.16-2009 定义的管理参考模型，使用第二管理连接。

802.16j-2009 中引入了隧道连接（Tunnel Connection）的概念。隧道连接建立在 MR-BS 和接入 RS 之间或 MR-BS 和 RS 组的上级 RS 站点之间，用于传输来自于一个或多个 MR-BS 和接入 RS 间连接的中继 MAC 协议数据单元。但并非所有连接的 MAC 协议数据单元都必须通过隧道连接，不通过隧道连接的 MAC 协议数据单元按其所在连接的 CID 进行转发。按传输的数据类型，隧道连接可分为两种：管理隧道连接（Management

Tunnel Connections，MT-CID），只用于传输管理连接（包括基本管理连接、主管理连接和第二管理连接）的 MAC 协议数据单元；传输隧道连接（Transport Tunnel Connections，T-CID），只用于传输来自传输连接的 MAC 协议数据单元。MT-CID 是双向的，而 T-CID 是单向的。

1．SS/RS 网络接入

MR-BS 网络能支持 SS 和 RS 站点的接入和认证。站点的接入过程如下：

① 扫描 BS 的下行链路信道并与 BS 建立同步，RS 的扫描和同步过程与 SS 相同；

①.①执行第一阶段接入站点选择（仅 RS）：MR-BS 和 RS 在 MR 网络中发送端到端性能指标参数，试图接入网络的 RS 获取这些参数后选择一个 RS 或 MR-BS 作为接入站点，然后该 RS 与选择的接入站点间执行 7.3.1.3 节的网络接入过程，即 RS 作为 SS 而接入站点作为 BS 的接入过程。

② 获取传输参数。

③ 定位。

④ 执行 SS/RS 授权以及密钥交换。

⑤ 协商基本能力。

⑥ 注册。

⑥.①获取邻居站点测量报告（仅 RS）：MR-BS 可以要求 RS 在接入网络（或重接入）时执行与邻居站点间的测量，测量报告包括信号强度、邻居站点索引等。

⑥.②执行第二阶段接入站点选择（仅 RS）：第二阶段站点选择是可选的，由 RS 网络接入参数指示是否执行，这个过程发生在获取邻居站点测量报告之后，RS 运行参数配置之前；MR-BS 根据邻居站点测量和其他信息决定 RS 的接入站点（即路径），如果 RS 当前的接入站点没有改变，RS 可以继续从该接入站点接入网络而不需要执行第二阶段接入站点选择；如果当前接入站点改变了（但位于同一个 MR 小区），RS 需要执行网络重接入；

⑥.③建立路径（Path）和隧道（Tunnel）：RS 完成接入站点选择后，在接入站点和 MR-BS 间建立路径和隧道，并绑定建立的路径和隧道。

⑦ 建立 IP 连通性。

⑧ 获取当前日期和时间。

⑨ 传输运行参数。

⑩ 建立连接（仅 SS）。

⑪ 配置运行参数（仅 RS）。

第⑤步是可选的，仅在 SS 和 BS（或 RS 和 MR-BS）双方都支持授权策略时才执行；第⑦～⑨步在 SS/RS 侧是可选的，仅在 SS/RS 可被管理时才执行；第①.①、⑥.①、⑥.②、⑥.③步也是可选的。MR-BS 可能指示 RS 忽略④、⑤、⑥、⑥.①、⑥.②、⑥.③、⑪。

2．MS 切换

MR-BS 和非透明 RS 在网络中广播站点（MR-BS 和 RS）信息，即网络的拓扑信息（MR-BS 和 RS 从主干网络或中继链路上获得这些信息）；每个非透明 RS 能给自己的服务区域广播不同的个性化消息。

切换过程由 MR−BS 控制，RS 在 MS 和 MR−BS 间中继（转发）与切换有关的所有消息。切换完成后，原有旧路径和新路径的路由信息以及 QoS 信息等都要更新。MR-BS 也控制 MS 的扫描，RS 在 MS 和 MR−BS 间中继（转发）扫描请求、响应和报告等消息。当前服务 MR−BS 得知 MS 切换到一个新的接入站点，并且该接入站点是 RS 时，当前服务 MR−BS 就通知原接入 RS 删除该 MS 的上下文信息。

3. RS 切换

MR 网络中，RS 也可能移动，因而 RS 也会发生切换，移动 RS 记为 MRS（Mobile RS）。移动 RS 的切换过程包括与 MS 切换过程相同的步骤，并且增加了以下阶段：

① 接入站点选择：使目标 MR−BS 能指示新接入站点的选择。

② MRS 运行参数配置：使目标 MR−BS 重新配置 MRS 的运行参数。

③ 隧道连接重新建立：使目标 MR−BS 与 MRS 重新建立隧道连接。

④ MS 的 CID 映射：使目标 MR−BS 通知该 MRS 有关它的从属 MS 的新 CID 和旧 CID 的映射关系；基于隧道的转发中不需要这一阶段。

MRS 切换完成后，MRS 以及所有附着在其上的所有 MS 都随之切换到目标 MR−BS。

7.3.2 IEEE 802.16 安全概述

IEEE 802.16 MAC 层的安全子层给用户提供了无线链路上数据传输的私密性（Privacy）、认证以及保密性（Confidentiality）等安全服务。安全子层主要包括两个组件：分组安全封装协议和密钥管理协议。分组安全封装协议定义了一组加密套件，其中包括数据加密和数据认证算法以及把这些算法应用到 MAC 协议数据单元的规则；密钥管理协议实现了在 802.16 网络中密钥资料的安全分发。安全子层的体系结构如图 7−17 所示。各安全组件的主要功能如下：

① PKM 控制管理：控制所有的安全组件，生成各种类型的密钥。

② 流量数据加密及认证：流量数据的加密、解密以及认证。

③ 控制消息处理：处理密钥管理协议 PKM 的消息。

④ 消息认证处理：实现对消息的认证。

⑤ 基于 RSA 的认证：实现了基于 X.509 数字证书的认证。

⑥ EAP 封装/解封：采用基于 EAP 认证时，提供 EAP 协议的接口。

⑦ 授权/SA 控制：控制授权状态机和流量加密密钥状态机。

7.3.3 认证

IEEE 802.16−2009 标准定义了两种类型的认证方式：基于 RSA 的认证和基于扩展认证协议 EAP（Extensible Authentication Protocol）的认证。认证与密钥管理关系密切，实际上，认证是通过密钥管理协议 PKM 实现的。认证过程完成后，就在 SS/MS 和 BS 间共享了一个认证密钥，这个密钥是生成其他所有密钥的基础。

基于 RSA 算法的认证使用了 X.509 数字证书。SS 拥有由生产商发行的 X.509 证书，证书中包含了 SS 的公钥和 MAC 地址。当 SS 接入网络时，它向 BS 发送自己的 X.509 证书。BS 验证 SS 的数字证书，通过验证后，为该 SS 生成一个认证密钥 AK（Authentication Key），并用 SS 的公钥加密后发送给 SS。

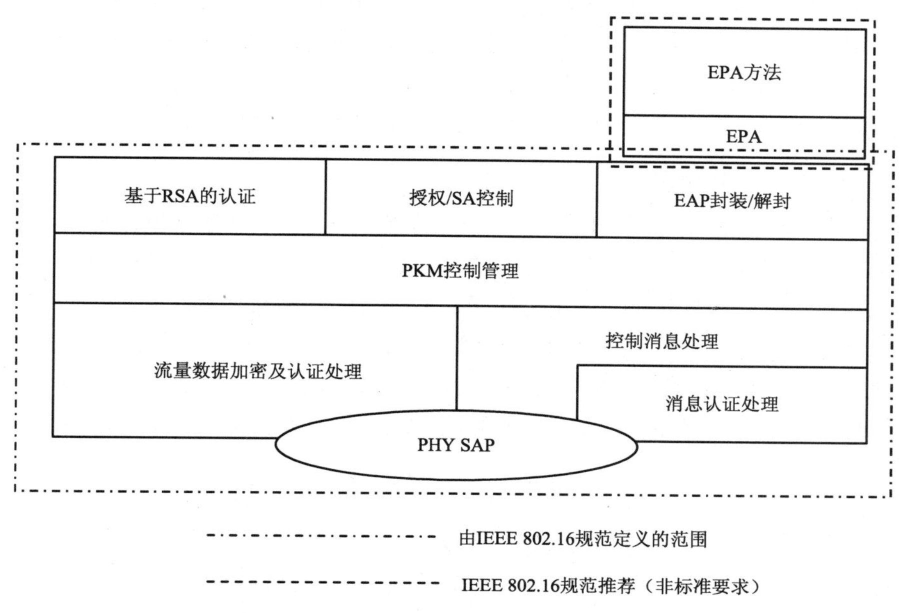

图 7-17　IEEE 802.16 安全子层体系结构

基于 EAP 的认证使用 EAP 协议和运营商选定的 EAP 方法（如 EAP-TLS）来实现。802.16 标准没有规定具体的 EAP 方法，这部分内容不在标准范围之内。

7.3.4　密钥体系及密钥管理

7.3.4.1　安全关联

安全关联（Security Association，SA）是 BS 和接入它的一个或多个 SS/MS 共享的一组安全信息，主要内容包括双方都支持的加密套件以及加密套件相关的信息。IEEE 802.16-2009 标准定义了三种安全关联：主安全关联（Primary SA）、静态安全关联（Static SA）和动态安全关联（Dynamic SA）。每个 SS/MS 在初始化过程中都与 BS 建立一个主安全关联；静态安全关联存在于 BS 内部，与它相关的加密套件独立于 SS/MS 的加密能力；动态安全关联与特定的服务流相关，是在服务流的初始化及终止过程中创建和删除的。安全关联用 SAID（SA IDentifier）来标识。在组播或广播环境下，一个静态安全关联或动态安全关联可由多个 SS/MS 共享。

建立安全关联时，SS/MS 向 BS 发送请求消息，其中包括了 SS/MS 所支持的加密套件列表。BS 从这个列表中选择自己也支持的加密套件，并把选择的加密套件及其相关信息通过响应消息发送给请求的 SS/MS。安全关联中的信息具有有限的生命期，BS 的响应消息中指明了所发送信息的生命期长度。当生命期结束后，SS/MS 要重新向 BS 申请。静态安全关联存在于 BS 内部，因而 BS 选择静态关联的加密套件时，不需要考虑 SS/MS

的加密能力。

7.3.4.2　密钥管理协议 PKM v1

IEEE 802.16 标准定义了密钥管理协议 PKM（Privacy Key Management）用于完成 SS/MS 和 BS 间的认证、授权以及密钥分发。密钥管理协议的执行过程分为两步：

① 完成 SS/MS 和 BS 间的单向或双向认证及授权。

② 完成密钥的分发及更新。PKM 协议分为 v1 和 v2，PKM v2 具有增强的安全特性。

1．PKM v1 认证及授权

PKM v1 基于 RSA 算法实现了 BS 对 SS 的单向认证。SS 接入网络时，首先向 BS 发送认证消息，其中包括 SS 存储的由生产商或其他机构颁发的 X.509 证书。认证消息只是提供了 BS 获知 SS 身份的一种机制，BS 可以忽略该认证消息。

SS 发送完认证消息后，立即向 BS 发送授权请求消息，向 BS 请求认证密钥 AK 及安全关联标识等。授权请求消息的内容包括 SS 的 X.509 证书、SS 支持的机密套件列表、SS 的基本连接 ID。基本连接 ID 是 BS 分配给 SS 的第一个静态连接 ID，主安全关联 ID 等于基本连接 ID。

BS 验证 SS 的 X.509 证书，选择一个 BS 和 SS 都支持的加密套件，给 SS 激活一个 AK 并用 SS 的公钥加密，然后向 SS 发送授权响应消息，其中包括了加密的 AK、AK 序号、AK 生命期长度、主安全关联和静态安全关联的标识及属性等。

SS 应当周期性的向 BS 重新发送授权请求消息，以更新认证密钥 AK。重新发送授权请求消息前不再需要发送认证消息。为了保证重新授权过程中服务不被中断，前后相关的两个 AK 的生命期应当重叠。

2．PKM v1 密钥分发及更新

通过授权后，SS 给授权响应消息中的每个安全关联（用 SAID 标识）启动一个流量加密密钥（Traffic Encryption Key，TEK）状态机。TEK 状态机负责该 SAID 相关密钥资料的管理，它周期性地向 BS 发送密钥请求消息，更新相关密钥信息。

BS 接收到密钥请求消息后，给相关的 SAID 生成一套新的密钥资料（即 TEK），通过密钥响应消息发送给 SS，TEK 用 KEK（Key Encryption Key，KEK）加密。KEK 是从授权过程完成后双方共享的认证密钥 AK 导出的密钥。TEK 也具有有限的生命期，密钥响应消息中指定了它的生命期长度。

类似于认证密钥 AK，任何时刻 BS 也给每个 SAID 保留了两套活动密钥资料，它们的生命期也是重叠的，每套资料在前一套资料生命期过半后被激活。

7.3.4.3　密钥管理协议 PKM v2

PKM v2 提供了增强的安全特性：BS 和 SS/MS 的双向认证、新的密钥体系、基于 AES 加密的消息验证、支持组播/广播服务安全、支持移动站点切换等。

1．PKM v2 的安全关联

密钥资料保存在安全关联中。PKM v2 定义了三种安全关联：用于单播的安全关联、

用于组播的组安全关联（Group SA，GSA）以及用于组播/广播服务的组安全关联（MBS Group SA，MBSGSA）。

2．PKM v2 的认证及授权

PKM v2 支持 SS 和 BS 的双向认证，即 BS 认证 SS 的身份，同时 SS 也认证 BS 的身份。标准中定义了两种认证算法：基于 RSA 的认证和基于 EAP 的认证。双向认证的操作模式也有两种：一种模式下，仅执行基于 RSA 的双向认证；另一种模式下，在 SS 初次接入网络时，执行基于 RSA 的双向认证，此后，如果 SS 重新接入网络时还需要进行认证，则执行基于 EAP 的双向认证。

基于 RSA 的双向认证过程与 PKM v1 类似，区别在于认证消息的内容不同：

① SS 向 BS 发送认证消息，其中包括 SS 的由生产商或其他机构颁发的 X.509 证书。

② SS 发送完认证消息后，立即向 BS 发送授权请求消息，向 BS 请求认证密钥 AK 以及安全关联标识等。授权请求消息的内容包括 SS 的 X.509 证书、SS 支持的机密套件列表、SS 的基本连接 ID 以及一个由 SS 产生的 64 位随机数。

③ BS 验证 SS 的 X.509 证书，选择一个 BS 和 SS 都支持的加密套件，给 SS 激活一个 AK 并用 SS 的公钥加密，然后向 SS 发送授权响应消息，其中包括了 BS 的 X.509 证书、加密的 pre-PAK、AK 序号、PAK 生命期长度、主安全关联和静态安全关联的标识及属性、SS 产生的 64 位随机数、BS 产生的 64 位随机数、响应消息的 RSA 签名。BS 的 X.509 证书用于 SS 对 BS 的验证，pre-PAK 用于生成 AK，RSA 签名用于保护响应消息的完整性，随机数用于保护消息的新鲜度（Liveness）。

初次认证完成后，SS 要周期性地与 BS 进行重新认证。前后两次认证产生的 AK 生命期应重叠，以避免重认证过程中服务的中断。

RSA 认证完成后，依据认证策略，或者执行基于 EAP 的授权（EAP Based Authorization），或者执行基于 EAP 认证的授权（Authenticated EAP Based Authorization）。

3．PKM v2 的密钥体系

密钥体系指系统中存在哪些密钥，以及这些密钥如何产生。根据认证方法的不同，PKM v2 有两种不同的密钥体系：基于 RSA 认证的密钥体系和基于 EAP 认证的密钥体系。另外，PKM v2 中还有用于保护组播/广播流量的密钥体系。

RSA 密钥体系和 EAP 密钥体系的区别在于认证密钥 AK 从不同的密钥生成。RSA 授权过程完成后，在 SS 和 BS 间共享了 pre-PAK（pre-Primary AK）；EAP 认证过程完成后，在 AAA 服务器、认证者和 SS 间共享了 MSK（Master Session Key）。RSA 密钥体系的 AK 由 pre-PAK 派生，而 EAP 的 AK 则由 MSK 派生。具体而言，RSA 密钥体系中，先根据 pre-PAK 生成 PAK 和 EIK 两个密钥，再由 PAK 生成 AK；EIK 用于 EAP 认证过程中消息的完整性保护。EAP 密钥体系中，先根据 MSK 生成 PMK（Pairwise Master Key），再由 PMK 生成 AK。如果 RSA 认证和 EAP 认证过程都执行了，则将 PAK 和 PMK 异或后再生成 AK。AK 用于后续密钥的生成及分发保护。PKM v2 中使用的所有密钥生成算法都是 Dot16KDF。

PKM v2 中的其他密钥还包括：

① 密钥加密密钥 KEK（Key Encryption Key），根据 AK 生成，用于加密 BS 发送给 SS 的 TEK、GKEK 以及其他密钥。

② 组密钥加密密钥 GKEK（Group KEK），由 BS 或其他网络实体（如 AAA 服务器）随机产生，用 KEK 加密后发送给 SS，用于加密组流量加密密钥 GTEK。每个组安全关联都有一个 GKEK。

③ 流量加密密钥 TEK（Traffic Encryption Key），由 BS 产生的一个随机数，用 KEK 加密后发送给 SS。当安全关联使用 DES-CBC 加密套件时，用 3-DES 算法加密 TEK；使用基于 AES 的加密套件时，用 AES 算法加密 TEK。在移动环境下，TEK 由 MS 和 BS 根据 KEK 分别生成，TEK 不在 MS 和 BS 间传输。

④ 组流量加密密钥 GTEK（Group TEK），用于加密组播服务或组播/广播服务（MBS）分组，由同一个组播组或 MBS 组中的所有 SS 共享。GTEK 由 BS 或其他网络实体随机生成，用 KEK 或 GKEK 加密后传输给 SS。

⑤ 消息认证密钥 HMAC/CMAC（Hashed MAC/Cipher-based MAC），消息认证码 MAC 用于对管理消息进行签名，以验证消息的有效性。IEEE 802.16-2009 中，上行和下行链路的消息认证密钥不同，单播和广播消息（仅有下行链路）的认证密钥也不相同。通常情况下，消息认证密钥根据 AK 生成。EAP 认证消息的认证密钥根据 EIK 生成（而 EIK 又由 AK 生成）。

⑥ 组播、广播服务流量密钥 MTK（MBS Traffic Key），用于加密 MBS 流量数据，根据 MAK（MBS AK）生成。IEEE 802.16-2009 没有定义 MAK 的生成及在 MBS 组中的传输方法，这些内容需要在高层协议中定义。

4．PKM v2 密钥分发及更新

通过认证/授权后，SS 给授权响应消息中的每个 SAID 启动一个 TEK 状态机。TEK 状态机负责管理该 SAID 的密钥资料，它周期性地向 BS 发送密钥请求消息，更新相关的密钥资料。BS 向 SS 发送密钥响应消息，其中包含了 SAID 相关的密钥资料。传输中的密钥（如 TEK、GKEK、GTEK 等）用相应的加密算法和密钥进行加密。

任何时刻，BS 给每个 SAID 都保留了两套密钥资料，它们的生命期相互重叠，当前一套资料的生命期过半后，另一套密钥资料就被激活。BS 给 SS 的密钥响应消息中指定了密钥资料的生命期长度。SS 根据密钥资料的剩余生命期判断何时 BS 使其失效，并调度向 BS 发送密钥更新请求消息。

7.3.5 IEEE 802.16 数据加密

IEEE 802.16-2009 中定义了四种数据加密算法：DES-CBC、AES-CCM、AES-CTR 以及 AES-CBC。加密总是应用于 MAC 层协议数据单元的载荷部分。

此外，标准中还定义了两种基于消息认证码的 MAC 层管理消息完整性保护算法：基于哈希函数的消息认证码（Hashed Message Authentication Code，HMAC）和基于加密的消息认证码（Cipher-based Message Authentication Code，CMAC）。HMAC 摘要用安全

哈希函数 SHA-1 生成；CMAC 中采用了 AES 加密算法。基于 CMAC 的完整性保护算法只能应用在 PKM v2 中。

7.3.6 IEEE 802.16j-2009 安全

在多跳中继网络中，RS 要保证它与 MR-BS 之间通信的安全性，它在提供隐私性（Privacy）、认证（Authentication）和保密性（Confidential）等方面所采用的安全体系结构和过程与 SS 相同。IEEE 802.16j-2009 定义了两种安全模型：一种称为集中安全模型，它基于 SS 和 MR-BS 进行密钥管理；另一种称为分布式安全模型，它的密钥管理分为两部分，MR-BS 和非透明接入 RS 间的密钥管理，以及接入 RS 和 SS 间的密钥管理。

为了满足多跳中继网络操作的需求，标准中引入了安全区域（Security Zone）的概念。一个安全区域包括一个 MR-BS 和一组 RS（位于同一个多跳中继小区中），位于同一个安全区域的 MR-BS 以及 RS 间都保持相互信任的关系（如共享用于保护中继管理消息的公共安全上下文）。安全区域具有下列属性：

① RS 成功通过网络认证后即加入了一个安全区域。

② MR-BS 向 RS 提供安全区域密钥资料后，RS 成为安全区域的成员。

③ MR-BS 采用 PKM v2 协议向 RS 分发密钥资料。

④ RS 在加入安全区域之前，或离开之后都没有安全区域的密钥资料；一旦离开，除非重新认证以及获得密钥资料，否则 RS 不能继续在安全区域中进行操作。

集中安全模式中，MR-BS 负责安全控制。在 MS 和 MR-BS 之间建立的安全关联不涉及路径上的中间 RS，即 MS 相关的所有密钥资料都由 MS 和 MR-BS 存储和管理，而中间 RS 没有任何这些密钥信息。接入 RS 不对用户数据进行解密，也不对从 MS 接收的 MAC 层管理消息进行认证，只是简单的转发这些消息。在 RS 和 MR-BS 之间建立的安全关联也不涉及路径上的中间 RS，即认证密钥 AK 的安全环境在 RS 和 MR-BS 间共享，中间 RS 也没有这些信息，但中间 RS 会对从其他 RS 接收的管理消息进行认证（通过中继共享密钥）。

集中安全模式下，所有的 PKM 消息都在 MS/RS 和 MR-BS 之间交换。如果 PKM 消息没有被 MS/RS 的消息认证码保护（称为非认证 PKM 消息），下列保护措施将被应用到该消息上：

① 接收到 MS/RS 发送的非认证 PKM 消息后，接入 RS 在消息中增加消息认证码 HMAC/CMAC，HMAC/CMAC 的计算基于接入 RS 和 MR-BS 之间的安全关联。

② 接收到包含有 HMAC/CMAC 的非认证消息时，MR-BS 根据自己和接入 RS 共享的安全关联对该消息进行认证。

③ MR-BS 给 MS 生成非认证 PKM 消息时，在消息中增加 HMAC/CMAC，HMAC/CMAC 的计算基于 MR-BS 和 RS 之间的安全关联。

④ 接收到 MR-BS 发送的包含 HMAC/CMAC 的非认证消息时，接入 RS 根据自己和 MR-BS 间的安全关联对消息进行认证。若消息有效，接入 RS 在移除 HMAC/C/MAC 后将消息转发给 MS/RS。

在注册过程中 RS 可以被配置成分布式安全模式。工作在分布式安全模式下的 RS 在

MR-BS 和 SS 或其从属 RS 之间中继转发初始的 PKM 消息。当 SS 或从属 RS 的主会话密钥 MSK（Master Session Key）建立后，MR-BS 把 SS 或从属 RS 的认证密钥参数安全地传输给接入 RS。如果采用的是 PKM v2 协议，接入 RS 就根据 AK 派生出所有需要的密钥，并与 SS 或从属 RS 开始一个 SA-TEK 三次握手过程。

分布式安全模式下，SS 和接入 RS 之间的认证和安全关联建立完成后，接入链路上的 MAC 层管理消息都将包含消息认证码 CMAC/HMAC，用于保护消息的完整性，消息认证码的计算基于接入 RS 和 SS 共享的密钥；中继链路上的 MAC 层管理消息也包含 CMAC/HMAC，这里消息认证码的计算基于接入 RS 和 MR-BS 间共享的密钥。接入 RS 转发管理消息时，消息中的旧 CMAC/HMAC（接入链路 CMAC/HMAC）被新的 CMAC/HMAC（中继链路 CMAC/HMAC）取代。属于同一个管理隧道的多个连接的 MAC 层管理消息可以在入口站点处合并在一个中继 MAC 协议数据单元传输。此时，不需要给每个消息都附加单独的 HMAC/CMAC，入口站点给整个中继 MAC 消息计算一个 HMAC/CMAC 用于认证。

IEEE 802.16j-2009 引入了安全区域安全关联的概念。安全区域安全关联是一组安全关联，包含用于在安全区域中进行中继控制保护的密钥资料，主要是安全区域密钥（Security Zone Key，SZK）和安全区域密钥加密密钥（Security Zone Key Encryption Key，SZKEK）。SZK 和 SZKEK 由 MR-BS 随机生成。安全区域的成员相互信任并共享 SZK。SZKEK 也可以在安全区域中共享。分布式安全模式中，SZKEK 和 SZK 分别用 RS 的 KEK 和 SZKEK 进行加密，加密算法与 AK 加密相同。SZKEK 和 SZK 在授权阶段传输给接入 RS，并通过中继组播密钥加密算法周期性地更新。

中继 MAC 协议数据单元采用 AES-CCM 模式加密。分布式安全模式下的接入 RS 作为隧道的入口或出口时，中继 MAC 的载荷用 RS 的流量加密密钥 TEK 进行加密。

7.4　IEEE 802.11 安全

7.4.1　IEEE 802.11 简介

IEEE 802.11 是无线局域网（Wireless Local Area Network，WLAN）通信标准，这些标准由 IEEE 802.11 工作组制定。最初版本的标准于 1997 年发布，提供 1～2 Mbit/s 速率。随着无线局域网的快速发展，IEEE 陆续发布了一系列新的标准，包括 802.11a、b、d、g、h、e、f、i 等。当前的基础标准是 IEEE 802.11-2007，它汇总了此前发布的 802.11 标准。802.11k、n、p、r、w、y、z 是对 802.11-2007 的增补。802.11 系列标准主要从物理层和 MAC 层两个层面制定了无线局域网规范。

Wi-Fi 是无线保真的缩写，全称为 Wireless Fidelity，指一种无线局域网技术。Wi-Fi 同时也是一个无线网络通信技术的品牌，由 Wi-Fi 联盟（Wi-Fi Alliance）所持有。Wi-Fi 联盟成立于 1999 年，最初的名称叫做 Wireless Ethernet Compatibility Alliance（WECA），2002 年更名为 Wi-Fi Alliance。Wi-Fi 联盟通过其 Wi-Fi 认证（Wi-Fi Certified）项目，致力于推动 IEEE 802.11 无线局域网设备和网络互操作性的运用及技术创新。

自 2000 年 Wi-Fi 认证项目推出以来，安全性已成为 Wi-Fi 联盟工作的核心。有线对等加密 WEP 是第一代解决方案。2003 年，Wi-Fi 联盟推出了 Wi-Fi 保护接入（Wi-Fi Protected Access/WPA）作为临时安全解决方案，以满足对日益增长的安全机制的市场需求。2004 年，Wi-Fi Alliance 推出了 WPA2 认证。WPA2 是新一代 Wi-Fi 安全技术，它基于 IEEE 802.11i，提供 128 位 AES 加密和双向认证。2006 年起，WPA2 认证成为所有提交认证的 Wi-Fi Certified 设备的强制性要求。

1. IEEE 802.11 网络结构

IEEE 802.11 无线局域网能够在两种网络结构下工作：无基础设施无线局域网（又称为 Ad hoc 自组织网络，见图 7-18）或有基础设施无线局域网（见图 7-19）。无基础设施局域网中，两个站点通信可能需要借助多个其他站点进行转发，即经过多跳（MultiHop）；各站点是对等实体，即是一个主机站点，同时又是一个路由站点，负责转发其他站点的数据帧。

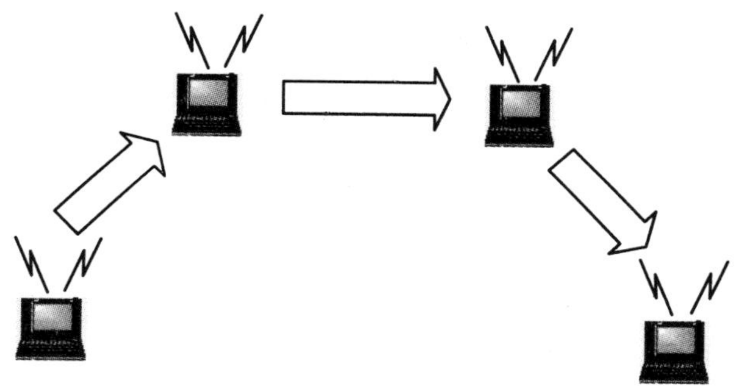

图 7-18　Ad hoc 网络

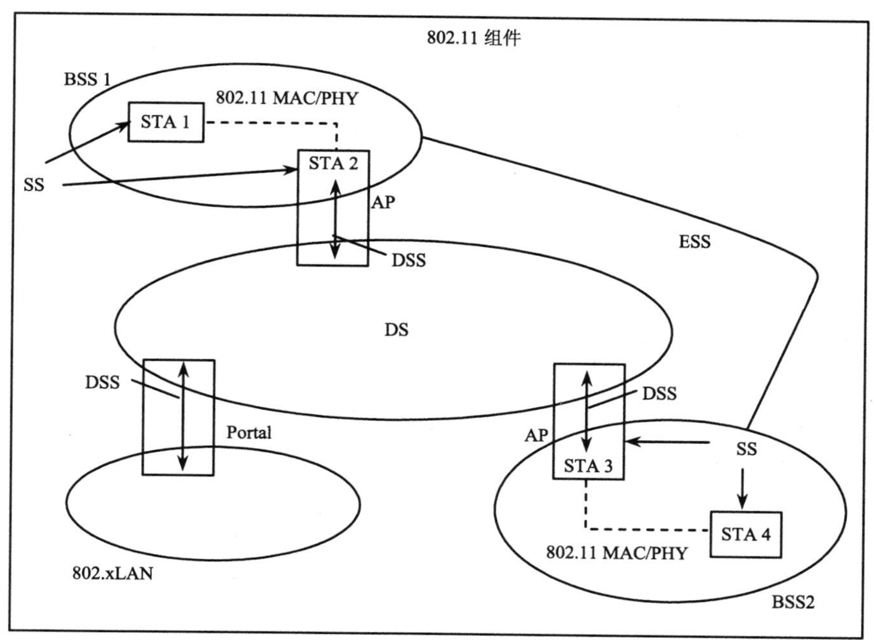

图 7-19　有基础设施无线局域网

有基础设施局域网中，最小的网络构件是基本服务集（Basic Service Set，BSS），它由一个接入点和若干个无线站点组成。一个 BSS 的覆盖范围在 10～300 m 之间。为了扩展无线局域网的覆盖范围，可以通过分配系统（Distributed System，DS）把多个 BSS 连接起来，构成一个扩展服务集（Extended Service Set，ESS）。分配系统可以是任意类型的网络，如 802.3 以太网、点对点网络，甚至也是一个无线局域网。无线局域网还可以通过 Portal 设备与其他类型的 802.x 局域网互联。站点在加入 BSS 时，首先需要向 BSS 进行认证；通过认证后，站点还需要与 BSS 建立关联（Association），然后才能使用无线网络服务。站点离开 BSS 时，需要撤销与 BSS 的关联（Disassociation）。站点可以在不同 BSS 间漫游。

2. IEEE 802.11 物理层规范

IEEE 802.11 标准规定的物理层实现方式主要有：

① 红外脉冲（Infrared Pulse）调制，速率为 1～2 Mbit/s。

② 直接序列扩频（Direct-Sequence Spread Spectrum，DSSS）。

③ 跳频扩频（Frequency-Hopping Spread Spectrum，FHSS）。

④ 正交频分复用（Orthogonal Frequency Division Multiplexing，OFDM），OFDM 能够提供更高的传输速率。

3. IEEE 802.11 MAC 协议

IEEE 802.11 的 MAC 子层可进一步分为两个子层，如图 7-20 所示。低子层称为分布式协调功能子层（Distributed Coordination Function，DCF），高子层称为点分布式协调功能（Point Coordination Function，PCF）子层。DCF 在各个站点使用用载波监听多点接入/冲突避免（Carrier Sensing Multiple Access/Collision Avoidance，CSMA/CA）协议，使各站点竞争接入无线信道。PCF 中接入点 AP 执行集中控制访问算法，用类似于轮询的方法给各站点分配无线信道接入权，从而避免了冲突。PCF 通常用于时间敏感的业务，如分组语音服务等。实际上，PCF 建立在 DCF 之上，即 PCF 具有更高的信道接入优先权，这是通过在 PCF 中使用更短的帧间间隔实现的。

CSMA/CA 协议中的“载波监听”包括物理载波监听和虚拟监听两种类型。物理载波监听是指站点在发送数据帧前，先检查无线信道是否空闲，即射频信号传输范围能覆盖源站点的其他站点是否正在发送数据；虚拟载波监听则是指，源站把本次传输（可能有多个数据帧和确认帧）要占用信道的剩余时间记录在发送帧的首部中，这样传输路径上所有站点的射频覆盖范围内的其他站点都将知道在指定的时间段内有数据传输，认为“信道忙”，从而不发送数据。虚拟载波监听减少了隐蔽站点引起的冲突。

所谓冲突避免只是尽可能减小冲突发生的概率，CSMA/CA 协议并不能真正地避免冲突。当两个相邻站点（互相处于对方的射频覆盖范围内）同时发送帧时就会产生冲突。产生冲突后采用与 CSMA/CD 协议类似二进制指数随机退避算法进行处理。

当发送较大的数据帧时，可采用信道预约的方法来进一步减小冲突发生的概率。源站点先向目的站点发送 RTS（Request To Send）帧；目的站点接收到 RTS 帧后，向源站点发送 CTS（Clear To Send）帧。RTS 帧和 CTS 帧中包含了接下来发送数据帧所需占用信道的总时间(包括确认帧的传输时间)。RTS 和 CTS 帧都很短，长度分别是 20 B 和 14 B，因而能很快发送完成并判断出是否发生了冲突。当 RTS 和 CTS 帧都正确传输后，虚拟载波监听保证了后续的数据帧能够正确发送而不会发生冲突。数据帧最大长度可达 2346 B，引入这两个控制帧的开销较小。

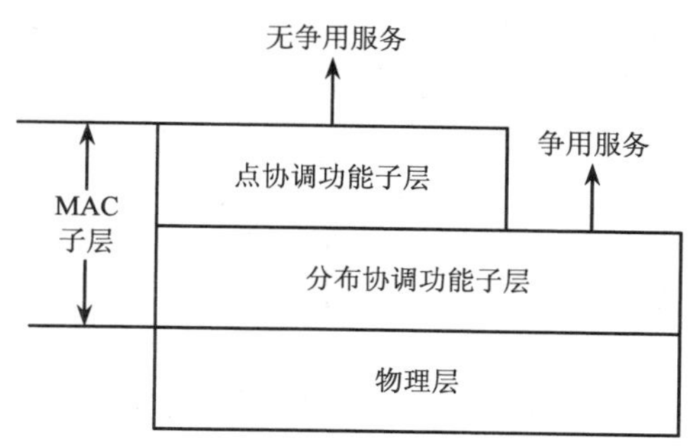

图 7-20　802.11 MAC 子层

7.4.2　IEEE 802.11 安全概述

2000 年 IEEE 802 委员会成立了 IEEE 802.11i 工作组，旨在增强 802.11 协议的安全性。2004 该工作组发布了无线局域网安全标准 IEEE 802.11i。IEEE 802.11i 中提出了健壮安全网络关联 RSNA（Robust Security Network Association）的概念，RSNA 在原标准的有线对等加密 WEP 和实体认证的基础上，定义了一组新安全特性。据此，IEEE 802.11i 将安全算法分为两类：Pre-RSNA 和 RSNA。Pre-RSNA 算法包括开放系统认证、有线对等加密、实体认证等；RSNA 包括临时密钥一致性协议 TKIP、CCMP 协议、安全关联的建立和终止过程、密钥管理等。除开放系统认证外，IEEE 802.11i 不推荐使用其他的 pre-RSNA 算法。符合 IEEE 802.11i 协议规范的设备必须实现 CCMP，但 TKIP 则是可选的。

7.4.3　IEEE 802.11 数据加密

7.4.3.1　有线对等加密 WEP

IEEE 802.11i 标准不再推荐使用有线对等加密（Wired Equivalent Privacy，WEP）来实现保密通信。但临时密钥一致性协议 TKIP 是对 WEP 的增强，为方便介绍 TKIP，在此先介绍 WEP 的基本概念。

WEP 是一个数据链路层的加密方案，旨在在无线局域网中提供与有线局域网相当的安全水平，因而称为“有线对等加密”。

1. WEP 帧格式

WEP 算法生成的帧格式如图 7-21 所示，它包括三部分：初始向量 IV、数据以及一致性校验值 ICV。其中，数据和 ICV 字段是经过加密的密文。

初始向量 IV 占 32 位，由 3 个子字段构成：3 字节的初始向量（Initialization Vector），2 位的密钥 ID 以及 6 位的填充字段。密钥 ID 字段用于解密时密钥的选择；填充字段设置为 0。

一致性检验值 ICV 占 32 位，它是对明文 MAC 帧载荷数据计算的循环冗余码，采用 CRC-32 算法。

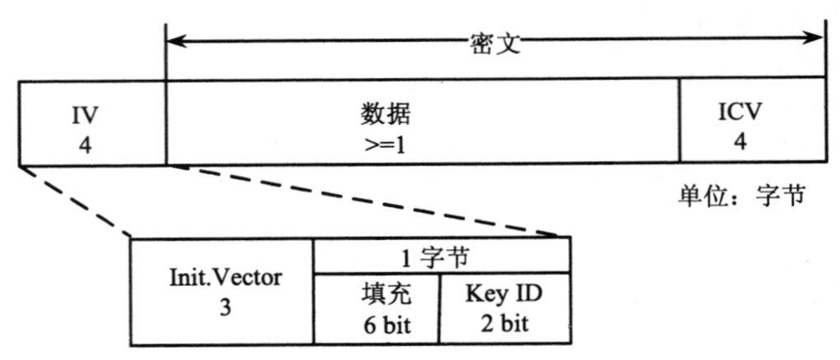

图 7-21　WEP 帧格式

2. WEP 加密流程

WEP 是一个对称加密算法。它假定通信双方使用的密钥已通过 IEEE 802.11 规范外的密钥分配服务分配。WEP 加密流程如图 7-22 所示。

① 将加密密钥（WEP Key）与初始向量 IV 相连接，构成一个种子数（Seed）。

② 把这个种子数作为输入传递给 WEP 伪随机数发生器（Pseudo-Random Number Generator，PRNG），PRNG 采用 RC4 算法；PRNG 输出一个密钥序列，其长度等于载荷数据的字节数加 4（用于加密一致性校验字段 ICV）；WEP 中每个 MAC 协议数据单元（MPDU）的加密密钥都不同。

③ 用 CRC-32 算法对明文载荷数据进行计算，生成一致性检查值 ICV。

④ 明文载荷数据与 IVC 连接后，与 PRNG 生成的密钥序列异或即可得密文数据。

⑤ 将 IV 和密钥 ID 封装进初始向量字段，添加在密文数据前，构成加密的 MPDU。

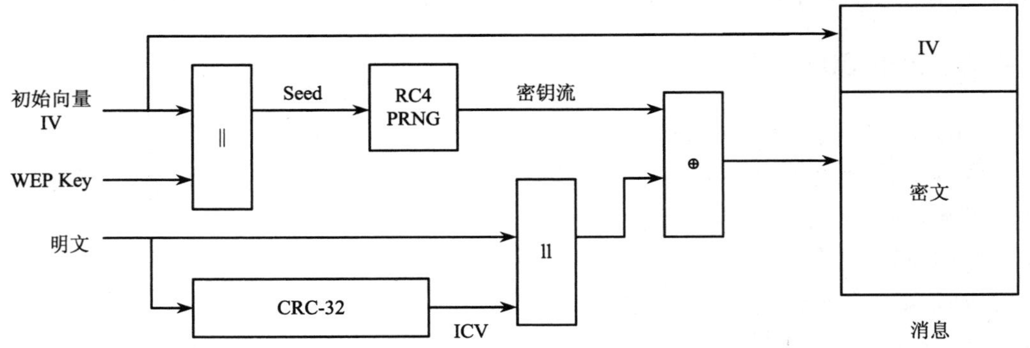

图 7-22　WEP 加密流程图

3. WEP 解密流程

站点接收到 WEP 加密的数据帧后，解密流程如图 7-23 所示。

① 接收站点从加密的 MPDU 帧中提取出 IV 和密钥 ID。

② 把解密密钥（WEP Key，根据密钥 ID 选取）和 IV 连接后输入到 PRNG 中，由 PRNG 产生与发送站点相同的密钥序列。

③ 把密文 MPDU 的加密部分（包括数据和 ICV）与 PRNG 生成的密钥序列进行异或，得到明文数据和 ICV 值。

④ 根据解密明文数据重新计算 ICV′，并与解密获得的 ICV 值进行比较；若二者相同，则帧中的数据有效，否则，WEP 向 MAC 层报告错误。

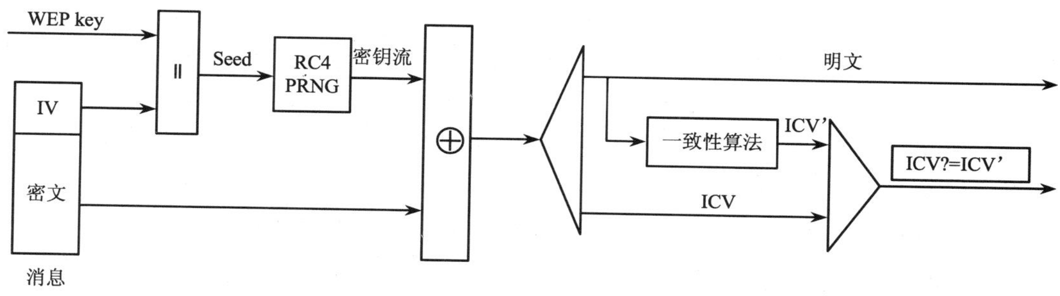

图 7-23 WEP 解密流程图

4. WEP 的缺陷

尽管 WEP 中采用的 RC4 算法的强度足够，但 WEP 在使用中存在一些缺陷，包括：

① 初始化向量缺陷：在一次会话中，数据帧中高层协议的某些首部字段保持不变；若用使用相同的（Key，IV）值对一连串帧进行加密，窃听者捕获这些帧后就可能从中恢复出部分用户信息。因而 IV 值应当不断更新。

② 密钥管理缺陷：802.11 中没有定义在站点间分发共享密钥的方案，密钥通常是手工进行配置的，因而密钥管理是一项繁重的管理工作。实际中使用的密钥很少改变。

③ WEP 只提供数据在无线站点到接入点之间无线链路上的加密，不是一个端到端的安全解决方案。

④ 缺乏帧认证机制，因而存在通过伪造帧进行攻击的可能。

7.4.3.2 临时密钥一致性协议 TKIP

临时密钥一致性协议 TKIP（Temporal Key Integrity Protocol）是对 WEP 协议的增强，可以解决 WEP 面临的一些缺陷，且不需对现有硬件进行升级。TKIP 仍然使用 RC4 算法，但做了一些改进：

① 周期性地产生一个新的密钥，减弱了初始化向量 IV 造成的威胁。

② 使用 48 位的 IV，极大地增加了 IV 的空间。

③ 提供消息一致性检查（Message Integrity Check，MIC），可以检测到被篡改或伪造的帧。

1. TKIP 帧格式

TKIP 算法生成的帧格式如图 7-24 所示。TKIP 重用了 WEP 帧的格式，并做了两个扩展：增加了扩展初始向量字段（Extended IV，EIV，4 字节）和消息一致性码（Message Integrity Code，MIC，8 字节）。EIV 紧跟在 WEP IV 字段之后、加密数据之前；MIC 紧跟在加密的数据之后、WEP ICV 字段之前。与 WEP 中 ICV 字段相同，MIC 附加后被看作是 MAC 协议数据单元的一部分。

初始向量 IV/密钥 ID 字段占 32 位，由 ExtIV、密钥 ID、WEP 种子、TSC0、TSC1 以及保留字段构成。其中，ExtIV 位指示扩展初始向量 EIV 字段是否存在：若 ExtIV 为 0，EIV 不存在；若 ExtIV 为 1，有 EIV 字段；TKIP 帧中 ExtIV 设置为 1，WEP 帧中 ExtIV 设置为 0。密钥 ID 和保留字段与 WEP 帧格式中相同。

为了防范重放攻击，TKIP 帧提供了帧顺序计数 TSC（TKIP Sequencing Counter）字段，它占 48 位，由分布在初始向量 IV/密钥 ID 字段和扩展初始向量 EIV 中的 6 个字节组成。其中，TSC5 是最重要的字节，TSC0 是最不重要的字节。

WEP 的最大缺陷是缺少防范消息伪造和其他主动攻击的机制。TKIP 中包含了消息一致码 MIC 用于防御主动攻击。尽管 MIC 只能提供微弱的伪造消息攻击保护，但它是在原有硬件基础上所能采用的最有效方法。MIC 基于 MPDU 中的源站点地址 SA、目的站点地址 DA、优先级（Priority）以及明文 MAC 服务数据单元 MSDU，采用 Michael 算法进行计算。

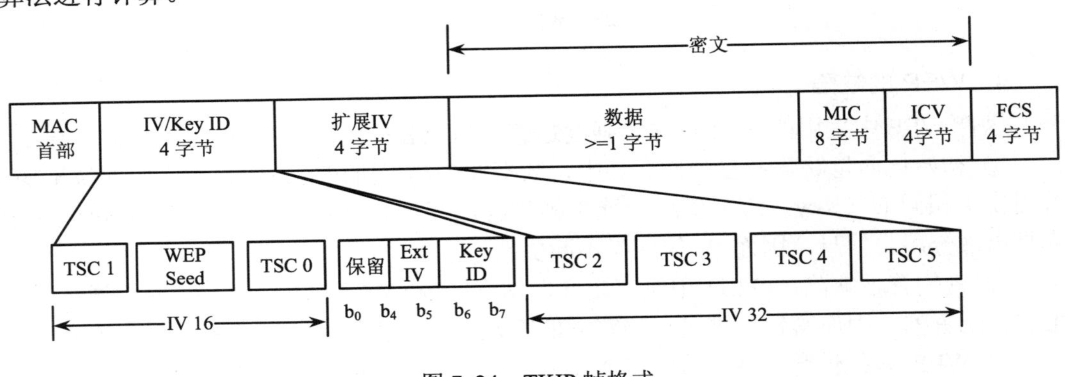

图 7-24　TKIP 帧格式

2. TKIP 加密流程

TKIP 算法的加密流程如图 7-25 所示。

① 根据 MPDU 中的 DA、SA、优先级以及明文 MAC 服务数据单元 MSDU，使用 Michael 算法计算 MIC 值，并将 MIC 附加在明文 MSDU 数据之后。MIC 在 MSDU 层次上保护数据的一致性。计算 MIC 值时，可能需要在 MSDU 后填充若干字节的 0，这部分填充的字节只用于 MIC 的计算，并不会随帧一起传输；MIC 值直接附加在 MSDU 之后，被看作 MSDU 的一部分。

② 如果需要，可以把 MSDU（包括 MIC）分为若干个 MPDU；TKIP 针对每个 MPDU 计算 ICV 值。

③ 对每个 MPDU，TKIP 使用密钥混合函数（Key Mixing Function）计算 WEP 种子。密钥混合函数有两个阶段：第一阶段用临时密钥 TK 与 TA（Transmitter Address）以及 TSC 进行混合运算；第二阶段将第一阶段的输出和 TSC 以及 TK 进行运算，生成 WEP 种子。WEP 种子包含了 WEP 初始向量 IV 和 WEP 密钥，也称为每帧密钥(Per-Frame Key)；

这两个阶段中都用到了异或（⊕）、与（&）、加（+）运算，第二阶段中还用到了或（|）以及位移（>>）运算。

④ 将 WEP 种子和 MPDU 一起传递给 WEP 加密算法，后者生成一致性校验值 ICV 和加密的 MPDU（包括 MIC）。

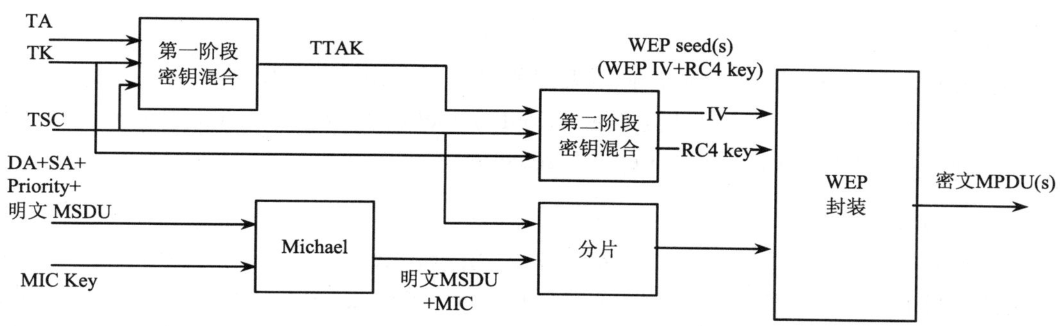

图 7-25　TKIP 加密流程

3. TKIP 解密流程

TKIP 算法的解密流程如图 7-26 所示。

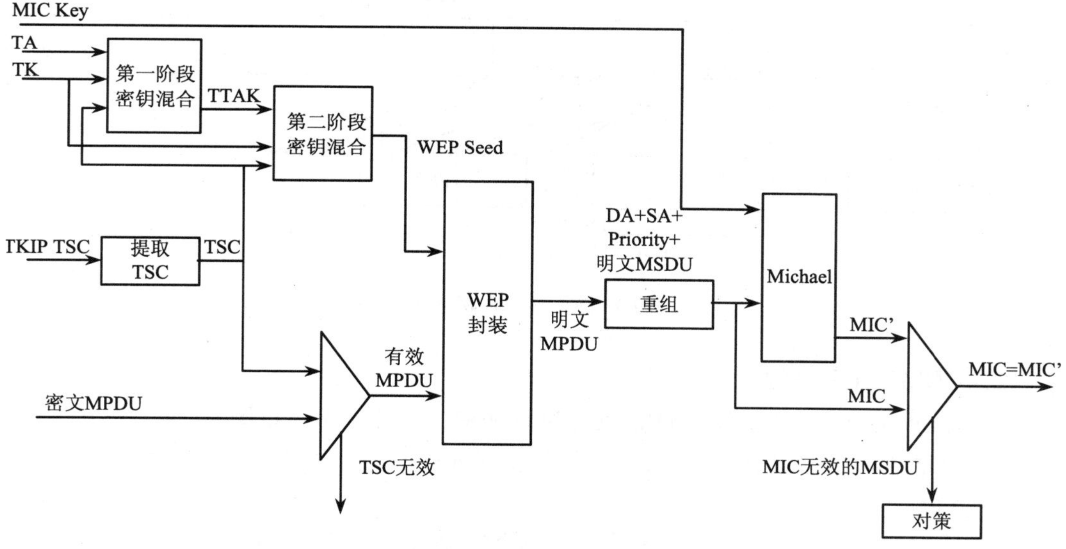

图 7-26　TKIP 解密流程

① TKIP 首先从接收到的密文 MPDU 中取出 TSC 和密钥 ID，并检查 TSC 的有效性；若 TSC 不在有效范围内（即大于上次接收帧的 TSC），则丢弃该帧；否则，使用混合函数计算 WEP 种子。

② 把 WEP 种子和加密的 MPDU 一起传递给 WEP 算法进行解密运算。

③ 解密后，TKIP 对明文 MPDU 进行 ICV 一致性检验，即将解密得到的 ICV 与根据明文计算的 ICV'进行比较，若两者一致则通过检验；通过 ICV 检验后，把 MPDU 组

装成 MSDU；否则，丢弃该 MSDU。

④ 根据 DA、SA、优先级以及组装的 MSDU（不包括 MIC、ICV 字段）计算 MIC；若计算获得的 MIC 与接收到的 MIC 相同，则 MIC 验证通过，TKIP 将接收的 MSDU 传递给上层协议；若两者不同，则丢弃该 MSDU，并采取相应的处理措施。

7.4.3.3 CCMP 协议

CCMP 能提供更高的安全性，但需要对硬件进行升级。CCMP 基于 AES-CCM 加密算法，采用了 128 位密钥，提供机密性（Confidentiality）、认证（Authentication）、一致性（Integrity）和重放攻击保护（Replay Protection）。

1. CCMP 帧格式

CCMP 协议定义了新的帧格式，如图 7-27 所示。CCMP 首部包括分组序号 PN、扩展初始向量 ExtIV 和密钥 ID。PN 占 48 位，由 6 个字节构成，其中 PN5 是最重要的字节，而 PN0 是最不重要的字节，它的作用与 TKIP 中的 TSC 字段相同，主要用于重放攻击保护；ExtIV 占 1 位，表明 CCMP 首部对原来的协议数据单元首部进行了扩展，始终设置为 1；密钥 ID 占 2 位，用来进行密钥选择；保留位置为 0，在处理过程中忽略；消息一致性码 MIC 与 TKIP 协议相同。

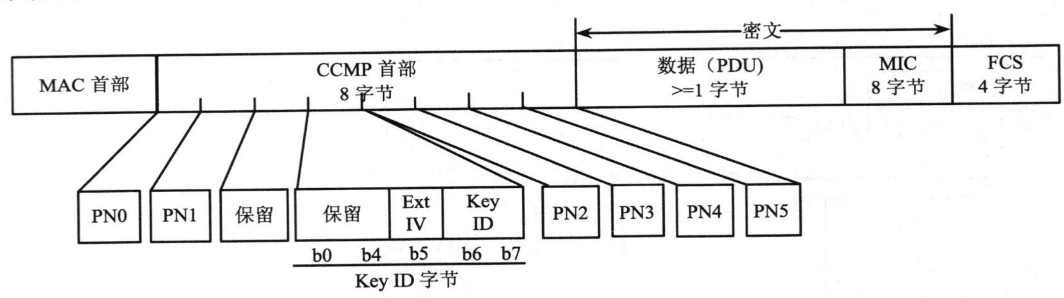

图 7-27 CCMP 帧格式

2. CCMP 加密流程

CCMP 对 MPDU 的数据和 MIC 部分进行加密，步骤如下（见图 7-28）：

① 自增 PN，保证用同一个临时密钥加密（即同一会话）的帧的 PN 不会重复；重传帧中的 PN 不变。

② 用 MPDU 中的首部字段构造附加认证数据 AAD（Additional Authentication Data）。CCM 算法提供了对包含在 AAD 中的字段的一致性保护；计算 AAD 时，不能使用 MPDU 首部中重传时会发生改变的字段。

③ 根据 PN、Address2 和 MPDU 中的优先级字段构造 nonce 值；优先级是保留字段，设为 0。

④ 将新的 PN 值和密钥 ID 封装进 CCMP 首部中。

⑤ 使用 CCM 算法对明文 MPDU 的数据部分（包括 MIC 字段）进行加密，生成密文 MPDU。

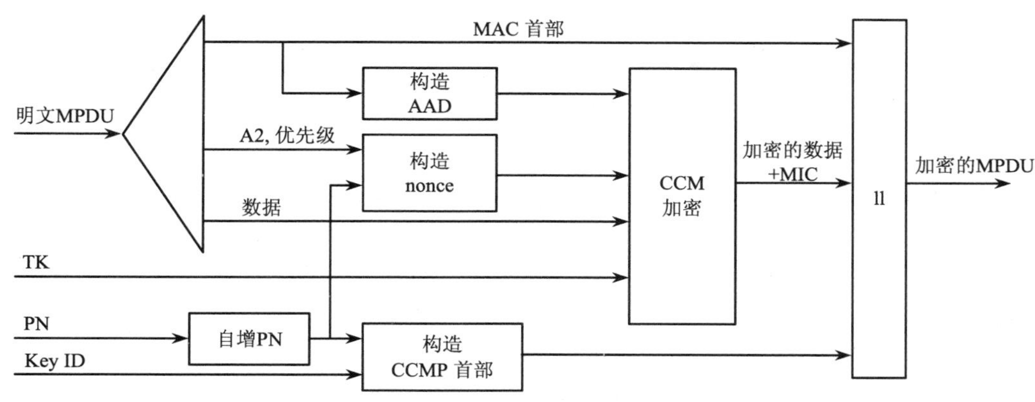

图 7-28　CCMP 加密流程

3. CCMP 解密流程

CCMP 解密流程如图 7-29 所示。

① 分析加密的 MPDU，构造 AAD 和 nonce 值：根据密文 MPDU 的首部字段构造 AAD 值；根据 Address2、PN 以及优先级字段（保留字段，0）构造 nonce 值。

② 取出加密的消息一致性码 MIC。

③ 基于临时密钥 TK、AAD、nonce、密文 MIC 和密文数据载荷，用 CCM 解密算法恢复出明文数据载荷，并检查 AAD 和数据的一致性。

④ 连接 MPDU 首部和解密得到的明文数据，构成明文 MPDU。

⑤ 验证 MPDU 中的 PN 是否大于重复计数，防范重放攻击；CCMP 对每个会话保留一个重复计数（Replay Counter）。

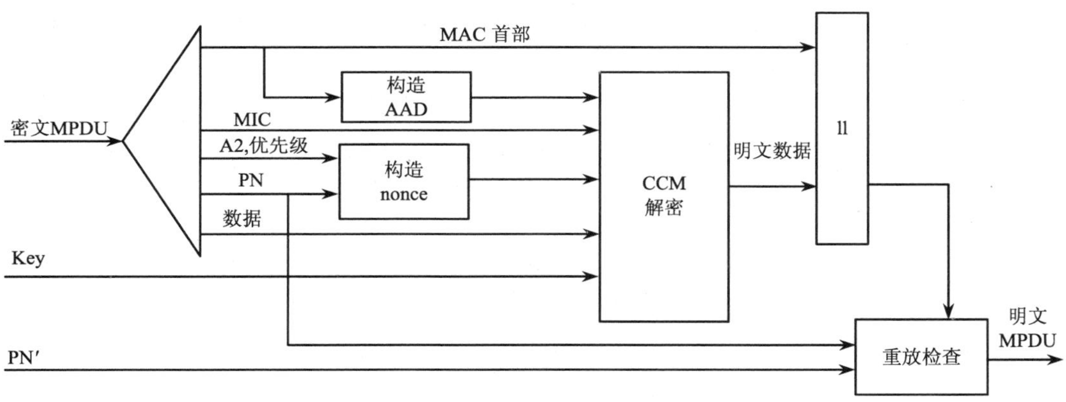

图 7-29　CCMP 解密流程

7.4.4 安全关联、认证以及密钥管理

7.4.4.1 安全关联

关联（Association）是 IEEE 802.11 中的一个基本概念。802.11 网络中，一个站点向

接入点 AP 或其他站点发送数据前，必须首先与对方建立关联。在 ESS 中，关联指明了站点与 AP 的接入关系：任一时刻，站点只能与一个 AP 建立关联。站点接入一个 ESS 时，先通过被动监听或主动探寻的方式发现当前有哪些 AP 可用，然后选择其中的一个并与之建立关联。当站点在不同 BSS 间移动时（在同一个 ESS 中），站点需要与新的 AP 重新建立关联（Reassociation）。重关联也可以用来对已经建立的关联的属性进行修改。

安全关联（Security Association，SA）是一组用于保护 802.11 网络数据安全的信息，包括网络安全策略、加密算法、密钥、计数空间、序号空间等。只有在安全关联中的通信才是安全的。安全关联是在站点（包括 AP）间已经建立关联的基础上，再通过站点间的双向认证、密钥分发等机制建立的。

ESS 中站点与 AP 建立安全关联包括四个步骤：

① 站点选择该 ESS 中的一个 AP。

② 站点使用开放认证服务和关联服务与选择的 AP 建立关联。

③ 站点和 AP 使用认证服务，如 IEEE 802.1X 或预共享密钥（Pre-Shared Key，PSK）认证，完成双向认证；认证成功完成后，在站点和 AP 之间就共享了一个密钥，该密钥通常用于其他密钥的生成以及分发。

④ 站点和 AP 根据认证过程中获得的密钥，使用密钥分发协议，如四次握手协议、组密钥握手协议、对等密钥握手协议等，完成临时会话密钥、组密钥等信息的交换或更新。

IBSS 中安全关联的建立与 ESS 中类似，只是认证以及密钥交换过程是在两个站点之间进行。

健壮安全网络 RSN 中的站点支持五种类型的安全关联：成对主密钥安全关联（Pairwise Master Key Security Association，PMKSA）、成对临时密钥安全关联（Pairwise Transient Key Security Association，PTKSA）、组临时密钥安全关联（Group Temporal Key Security Association，GTKSA）、站点间链路主密钥安全关联（Station-to-station link Master Key Security Association，SMKSA）和站点密钥安全关联（STation Key Security Association，STKSA）。PMKSA 是一个在认证者和请求者（例如 AP 和站点）之间双向安全关联，用于建立认证者和请求者之间的 PTKSA。PTKSA 也是双向关联，主要用于生成加密算法中使用的各种密钥。GTKSA 是一个单向安全关联，用于保护网络中的广播或组播数据。ESS 中的所有站点（包括 AP）共享一个 GTKSA，AP 用组临时密钥 GTK 加密发送的广播或多播帧，站点用 GTK 解密接收的广播或组播帧；IBSS 中每个站点都定义自己的 GTKSA，并发送给网络中的其他站点，用于保护自己生成的广播或组播数据。SMKSA 和 STKSA 用于在 ESS 网络中的两个站点之间建立一个端到端的安全关联，它们都是双向的，SMKSA 用于建立 STKSA，STKSA 用于生成会话密钥，保护两个站点间的通信。这些安全关联都是在双方的认证成功完成后，通过密钥分发协议建立的。

7.4.4.2　认证

IEEE 802.11i 的认证方法分为 Pre-RSNA 和 RSNA 两大类，Pre-RSNA 认证包括开放系统认证和共享密钥认证；RSNA 认证有基于 IEEE 802.1X 的认证和基于预共享密钥 PSK 的认证。除开放系统认证外，IEEE 802.11i 不推荐使用其他的 pre-RSNA 认证方法。

1. 开放系统认证

开放系统认证（Open System Authentication）是一个空的认证算法。若一个 IEEE 802.11 设备启用了开放系统认证，任何其他设备的认证请求都可以通过。开放系统认证是采用 Pre-RSNA 算法的设备的缺省认证算法。

开放系统认证过程中使用了两个消息：第一个是认证请求者发出的认证请求；第二个是认证站点返回的认证结果。认证通过后，意味着双方之间通过了双向认证，即请求者和认证者都通过了对方的认证。

2. 基于 IEEE 802.1X 的认证

（1）IEEE 802.1X 框架

IEEE 802.1X 协议提供了一个通用的认证框架，它定义了三个组件：请求者（Supplicant）、认证者（Authenticator）和认证服务器（Authentication Server，AS），认证者是请求者与认证服务器之间连接的桥梁。请求者和认证者之间的消息传递使用了扩展认证协议 EAP（Extensible Authentication Protocol）；认证者和认证服务器之间常用的协议有 RADIUS (Remote Authentication Dial In User Service，IETF RFC2856-2000)和 Diameter（IETF RFC3588-2003），这些协议要能提供认证者和认证服务器之间的双向认证，而且要能保护 AS 向认证者发送的密钥的安全性。同时，这些协议也提供了请求者和 AS 进行认证的通道。IEEE 802.1X 的认证过程如图 7-30 所示。图中假定请求者和 AS 之间已经共享了认证所需的凭证（Credentials）。认证过程成功完成后，请求者和认证服务器 AS 之间就通过了相互的认证，并且在它们之间交换了一个共享密钥用于通信安全保护。AS 也将这个共享的密钥传递给认证者。

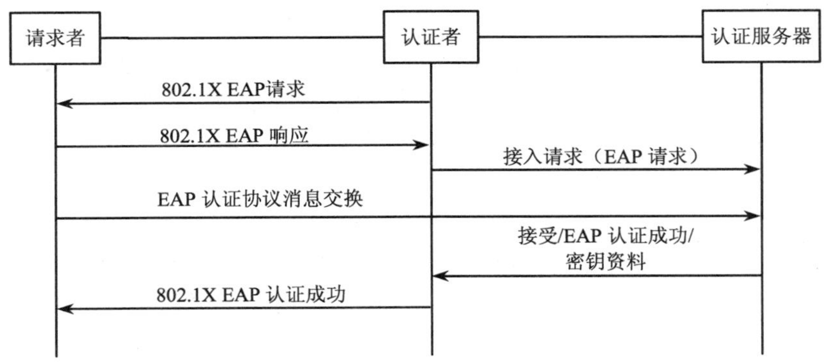

图 7-30 802.1x 认证流程

（2）ESS 中的认证

ESS 中，请求者是要接入 ESS 的站点，认证者通常就是接入点 AP。认证服务器可以是一个独立的设备，也可以在 AP 上实现。ESS 中的认证过程如下：

① 站点通过被动监听或主动探寻的方式发现 ESS 中的 AP 及其安全策略，并使用开放系统认证服务与 AP 进行认证，然后再使用关联服务与 AP 建立关联。

② 站点采用 IEEE 802.1X 协议与认证服务器进行双向认证。同时，认证服务器生成成对主密钥 PMK 发送给站点和 AP；站点和 AP 间通信使用 EAPOL（Extensible

Authentication Protocol over LANs）协议。

③ AP 使用四次握手协议发起与站点间的相互认证以及密钥分发。四次握手过程中，站点和 AP 各自根据 IEEE 802.1X 认证过程中获得的 PMK 生成成对临时密钥 PTK。此外，AP 也生成组临时密钥 GTK，并传递给站点（用 PTK 保护）。PTK 和 GTK 分别用于保护 IEEE 802.11 网络中的单播和广播（及组播）流量；PTK 也用于密钥的分发保护。四次握手过程完成后，站点和 AP 就完成双向认证。

（3）IBSS 中的认证

加入 IBSS 的站点必须支持该 IBSS 的安全设置，包括采用的加密算法、认证、密钥管理机制等。采用基于 IEEE 802.1X 协议的认证时，IBSS 中的站点既是请求者又是认证者，还可能实现认证服务器。请求者和认证者以及认证服务器之间的认证过程与 ESS 中相同。

IBSS 中的每个站点都生成自己的组临时密钥 GTK，用来保护自己生成的广播/组播流量，GTK 需要发送给其他站点用来进行解密操作。GTK 的初次分发需要通过四次握手过程完成，因此，任意一对 IBSS 站点间的认证需要执行两个四次握手过程，即每个站点发起一个四次握手过程，将自己的 GTK 发送给对方。两个站点之间的单播流量则使用具有较高 MAC 地址的站点发起的四次握手过程生成的 PTK 进行保护。

3. 基于 PSK 的认证

IEEE 802.11 也定义了基于预共享密钥（Pre-Shared Key，PSK）的认证。PSK 认证与 IEEE 802.1X 的认证过程类似，区别在于 PSK 认证中把 PSK 用作 802.1X 认证中生成的 PMK，即略去请求者与认证服务器间的认证以及密钥生成过程，后面的步骤完全相同。

7.4.4.3 密钥体系及密钥管理

1. 密钥体系

IEEE 802.11 中的密钥包括 WEP 使用的密钥、TKIP 使用的密钥和 CCMP 使用的密钥。为了向后兼容，AP 可能同时使用 WEP 与一些站点通信，而使用 TKIP 或 CCMP 与另外一些站点通信。TKIP 和 CCMP 算法中用临时会话密钥进行通信安全保护，它们的密钥管理过程中涉及一系列密钥。

WEP 中只有加密密钥，分为两种：密钥映射密钥（Key-Mapping Key）和默认密钥（Default Keys）。可以为每一对发送站点（Transmitter）和接收站点（Receiver）指定一个密钥映射密钥，并用这两个站点的地址对<TA,RA>来标识。密钥映射密钥用于保护从发送站点发往接收站点的流量。WEP 支持四个默认密钥，用密钥标识符 0～3 标识，默认密钥的默认值为空。IEEE 802.11 标准没有规定 WEP 加密密钥的管理机制。

RSNA 定义了两个密钥体系，成对密钥体系（Pairwise Key Hierarchy）和组密钥体系（Group Key Hierarchy）。成对密钥体系用于保护一对站点之间的单播流量，组密钥体系用于保护站点间的广播和组播流量。WEP 中的密钥映射密钥也是一种成对密钥。

成对密钥体系主要包括：成对主密钥 PMK（Pairwise Master Key）和成对临时密钥 PTK（Pairwise Transient Key）。站点与 AP（或两个站点）之间完成基于 IEEE 802.1X 的认证后，就共享了成对主密钥 PMK，它们各自根据 PMK 生成成对临时密钥 PTK。PTK 分为密钥确认密钥 KCK（Key Confirm Key）、密钥加密密钥 KEK（Key Encryption Key）以及临时会话密钥 TK（Temporal Key）；KCK 和 KEK 用于密钥管理协议中的安全保护，TK 用于

TKIP 或 CCMP 算法中的加密、解密操作。若采用基于 PSK 的认证，PTK 根据 PSK 生成。

IEEE 802.11 中还定义了对等密钥体系（Peerkey Key Hierarchy），它实际上也属于成对密钥体系。对等密钥体系用于保护关联在同一个 AP 上的两个站点间的端到端通信安全。它的生成与成对密钥体系类似：根据站点到站点链路（Station-To-Station Link，STSK）主密钥 SMK（STSL Master Key）生成站点到站点链路临时密钥 STK（STSL Transient Key），STK 包括了 SKCK（STSL KCK）、SKEK（STSL KEK）以及临时会话密钥。SKCK 和 SKEK 用于这两个站点间的密钥管理安全保护，临时会话密钥用于 TKIP 或 CCMP 协议中的加密和解密。

组密钥体系主要包括组主密钥 GMK（Group Master Key）和组临时密钥 GTK（Group Transient Key）。GTK 是一个根据 GMK 生成的随机数，用于广播或组播流量的加密和解密。GMK 需要周期性地进行更新。ESS 中，当一个站点离开（断开关联或撤销认证）时，AP 要用组密钥握手协议更新 GTK。

2. 四次握手协议

IEEE 802.11 定义了多种密钥管理协议，包括四次握手（4-way Handshake）协议、组密钥握手（Group Key Handshake）协议、对等密钥握手（Peerkey Handshake）协议等。这些协议中都使用 IEEE 802.1X 的 EAPOL 协议帧交换信息。

四次握手协议用于 802.1X 或 PSK 的认证完成后，在请求者站点和认证者站点间建立成对密钥体系。初始的组密钥体系也是通过四次握手协议建立的。四次握手协议的过程如图 7-31 所示。

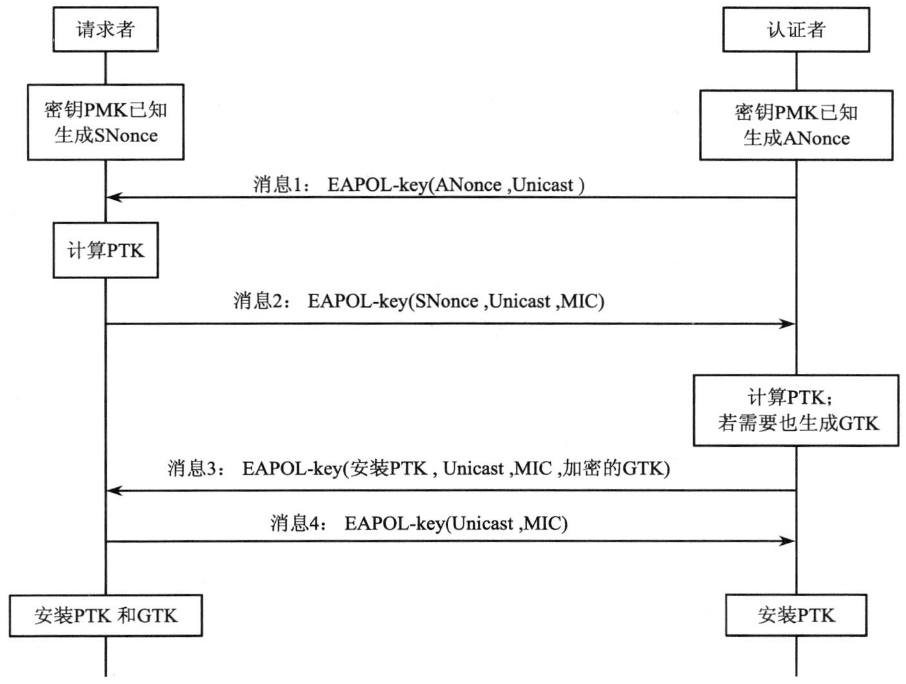

图 7-31　四次握手协议过程

3．组密钥握手协议

四次握手过程完成后，在认证者和请求者之间就建立了成对密钥体系和组密钥体系。此后，若认证者需要对 GTK 进行更新，则使用组密钥握手协议。组密钥握手协议过程如图 7-32 所示。认证者生成 GTK，用 PTK 加密后发送给请求者，请求者安装新的 GTK 后向认证者确认。请求者也可主动向认证者发起 GTK 更新请求。

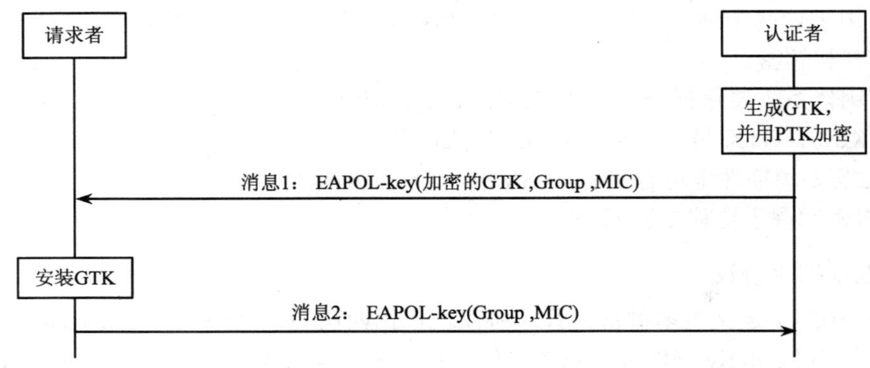

图 7-32　组密钥握手过程

4．对等密钥握手协议

对等密钥握手协议用来在关联到同一个 AP 上的两个站点间建立端到端的站点间链路临时密钥安全关联 STKSA（STSL Transient Key Security Association）。对等密钥握手过程执行前，需要两个站点先跟 AP 建立成对临时密钥安全关联 PTKSA，并在两个站点间建立站点间链路 STSL（Station-To-Station Link）。

对等密钥握手过程包括两个步骤：

① 站点间链路主密钥 SMK 握手过程（STSL Master Key Handshake）。

② 站点间临时密钥 STK 握手过程（STSL Transient Key Handshake）。

SMK 握手过程由一个站点发起，通过 AP 与另一个站点交换信息，消息交换用站点和 AP 间的 PTK 进行保护。SMK 握手过程完成后，两个站点间就建立了站点间链路主密钥安全关联 SMKSA，该关联用于后面的 STK 握手过程。SMKSA 中的密钥 SMK 由 AP 生成。

STK 握手过程与请求者-认证者之间的四次握手过程类似。两个站点在 SMK 握手过程完成后共享了密钥 SMK，SMK 就是 STK 握手过程中的 PMK，用于站点生成密钥 STK。STK 握手过程完成后，在两个站点间就建立了站点间链路临时密钥安全关联 STKSA，用于保护这两个站点间的直接通信。

7.5　蓝牙安全

7.5.1　蓝牙无线技术

蓝牙是一种低成本、短距离无线通信技术，主要用于通信和信息设备的无线连接，

1994 年由 Ericsson 公司提出。后来 Ericsson 与其他公司建立了 Bluetooth Consortium，称为 Bluetooth Special Interest Group（SIG），推动蓝牙技术的发展。蓝牙的工作在 2.4 GHz 频段，有效范围半径大约 10 m，在此范围内，可以提供约 1 Mbit/s 速率。

蓝牙技术中，若干个设备组成所谓的皮可网（Piconet）。皮可网有由 1 个主设备（Master）和最多 7 个工作的从设备（Slave）组成。通过共享主设备或从设备，若干个皮可网可以互联，形成一个范围更大的扩散网（Scatternet），如图 7-33 所示。图中 P 表示不工作的搁置设备（Parked），一个皮可网中最多可以有 255 个搁置设备。

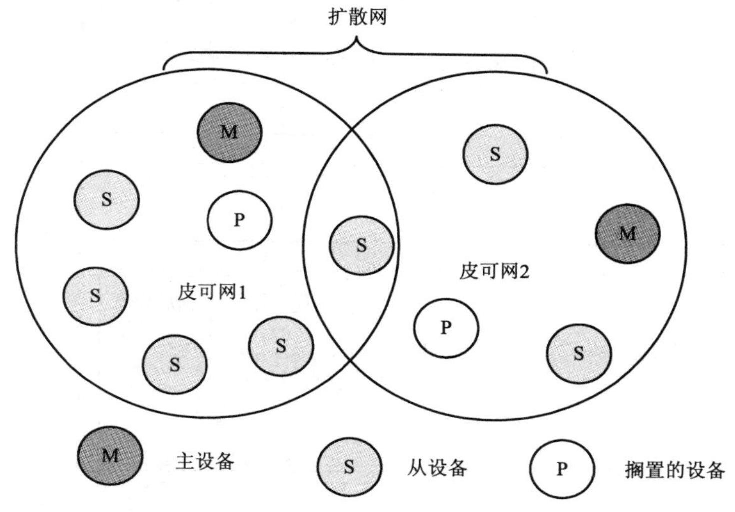

图 7-33 蓝牙网络

蓝牙技术标准基于 IEEE 802.15.1，它的协议栈如图 7-34 所示。底层是物理层，负责无线信号的处理。

物理层之上是基带层（Baseband）协议，它又分为低层基带协议和高层基带协议。低层的链路控制协议（Link Control Protocol，LCP）确保皮可网内各蓝牙设备单元之间由射频构成的物理层连接；高层的链路管理协议（Link Manager Protocol，LMP）负责各蓝牙设备间连接的管理。基带协议也负责生成蓝牙帧，包括首部创建、校验和计算、加密/解密等。

逻辑链路通信及适配协议（Logical Link Communication and Adaptation Protocol，L2CAP）负责应用层数据的分割、蓝牙信道管理、服务质量、协议复用等。但并非所有的应用层数据都要经过 L2CAP 层，例如为了达到更好的性能，语音数据可以绕过 L2CAP 层。

根据不同应用的需求，蓝牙应用层协议可以采用点对点协议 PPP、TCP/IP、IP、无线应用协议 WAP 等。

蓝牙协议分为两大类：蓝牙主机（Bluetooth Host）协议和蓝牙控制器（Bluetooth

Controller）协议。蓝牙控制器协议主要是无线通信协议，包括 RF、链路控制协议 LCP、链路管理协议 LMP 等；蓝牙主机协议包括 L2CAP、高层应用协议等。 它们之间通过主机控制接口（Host Controller Interface，HCI）进行数据交换。

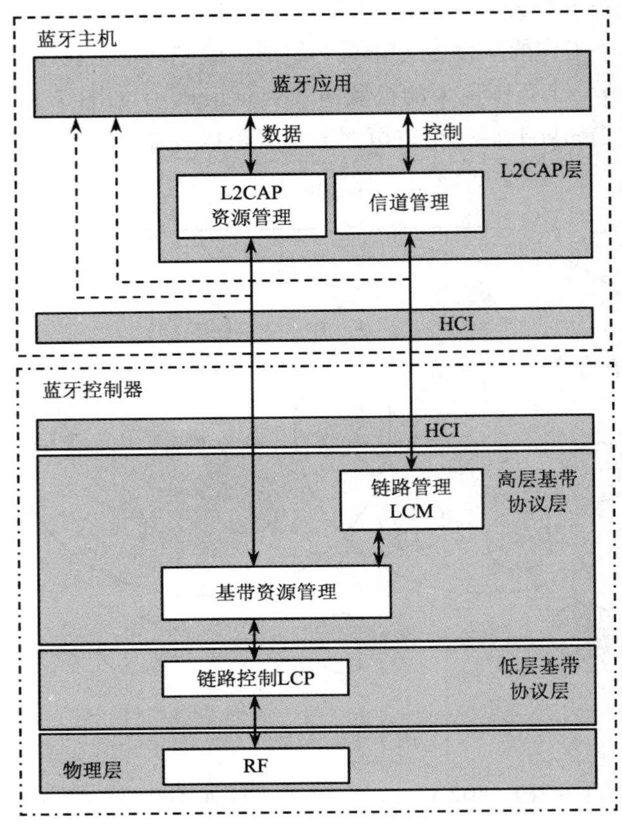

图 7-34　蓝牙协议栈

7.5.2　蓝牙安全体系结构

1. 蓝牙设备的安全模式

蓝牙设备可工作在三种安全模式下：

① 安全模式 1（Security Model 1）：没有安全保护机制，不对设备进行认证，也不对蓝牙无线链路进行加密。

② 安全模式 2（Security Model 2）：在建立链路时才进行认证或链路加密。

③ 安全模式 3（Security Model 3）：在链路建立完成前进行认证或链路加密。

2. 蓝牙的密钥类型

蓝牙技术中存在多种类型的密钥，包括：

① 链路密钥（Link Key），用于蓝牙设备间的认证。链路密钥分为两种类型：单元

链路密钥（Unit Link Key）和联合链路密钥（Combination Link Key）。蓝牙规范不推荐使用单元链路密钥。

② 加密密钥 K_C（Ciphering Key），用于无线链路上的数据加密。

③ 临时密钥 K_{master}（Temporary Key），用于广播数据加密。

④ 初始化密钥 K_{init}（Initialization Key），与 PIN 一起用于蓝牙设备绑定过程。

⑤ 个人标识数 PIN（Personal Identity Number）

3. 蓝牙设备绑定过程

两个蓝牙设备通过绑定（Paring）过程建立一个共享的链路密钥（Link Key）。蓝牙规范不推荐使用单元链路密钥，这里仅介绍生成联合链路密钥的绑定过程。

首先，通信双方各自计算一个初始密钥 K_{init}。初始密钥的计算基于双方共享的一个密钥 PIN、PIN 的长度、设备地址以及一个随机数 IN_RAND。这个随机数由其中一个设备产生并发送给对方。初始密钥的生成算法采用基于 SAFER+的 E_{22}。

然后蓝牙设备计算联合链路密钥。双方各自生成一个 128 位长的随机数 LK_RAND，用初始密钥 K_{init} 加密后发送给对方；每个设备根据设备地址和随机数 LK_RAND，用 E_{21} 算法分别给两个设备计算一个密钥，然后把这两个密钥异或即得联合链路密钥。E_{21} 算法也基于 SAFER+。联合链路密钥的生成过程如图 7-35 所示。

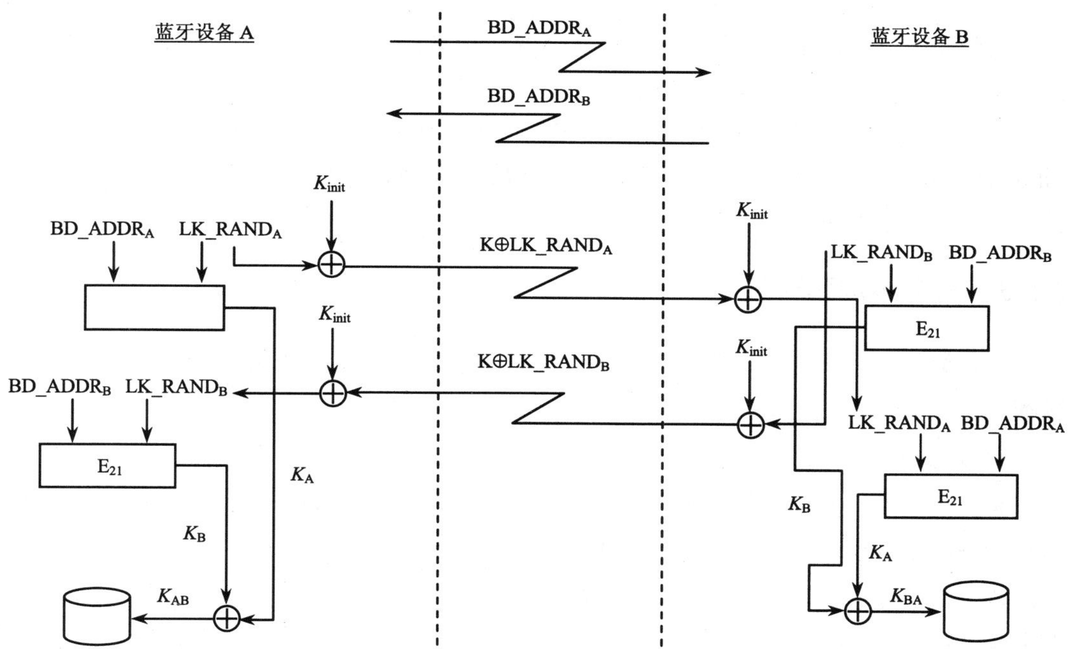

图 7-35　蓝牙设备绑定过程

4. 认证与加密

两个蓝牙设备的认证过程如下（见图 7-36）：

① 收到请求者（Claimant）的请求后，验证者（Verifier）生成一个随机数发送给请

求者；同时验证者也用链路密钥（Link Key）对生成的随机数进行加密，加密算法 E_2 基于 SAFER+。

② 请求者用链路密钥对收到的随机数进行加密，然后发送给验证者。

③ 验证者比较自己计算的加密结果和请求者回送的加密结果，若相等则认证通过；否则拒绝请求者。

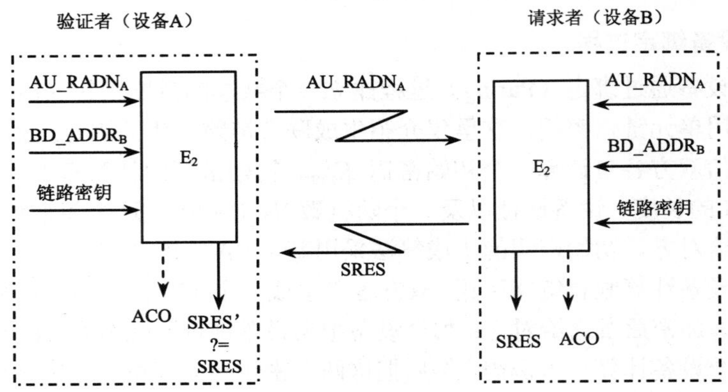

图 7-36　蓝牙设备认证

这个验证过程是单向的，即只是验证者对请求者的认证。若要建立双向的认证，则要在反方向上重新执行上述认证过程。

认证过程中，双方都得到一个加密的位串，称为认证加密偏移（Authentication Ciphering Offset，ACO）。ACO 用于加密密钥 K_C 的生成；加密密钥根据链路密钥、ACO 以及一个随机数计算。

7.5.3　安全漏洞和对策

蓝牙通信过程如图 7-37 所示。蓝牙设备通信过程中的各个阶段都存在一些安全问题。

1. 探寻（Inquiry）

蓝牙设备通过探寻来发现其他蓝牙设备。探寻设备发送特殊的探寻请求序列，所有的蓝牙设备都能识别这个序列。允许被发现的蓝牙设备工作在可发（Discoverable）模式下，监听请求序列。如果收到一个有效的请求序列，蓝牙设备就回送一个响应消息，其中中包括：该设备的硬件地址（Hardware Address）、本地系统时钟（Native System Clock of Device）以及设备类型（Class of Device）。

响应消息暴露了设备的许多信息，可以被攻击者利用。例如，通过设备硬件地址可以对用户进行跟踪。若在响应消息中使用随机选择的动态设备地址，而不使用设备硬件地址，可以解决硬件地址跟踪问题。

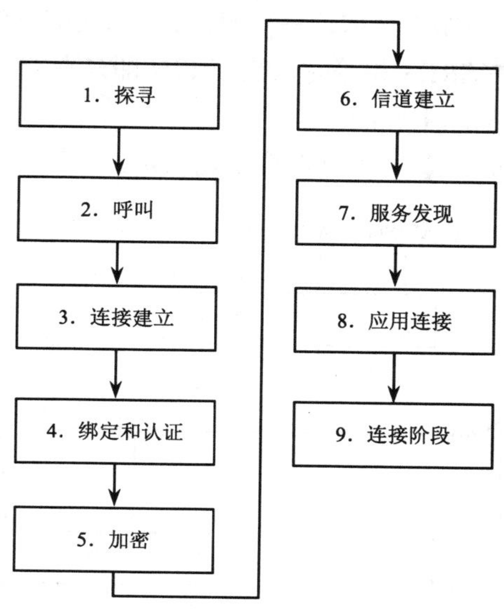

图 7-37　蓝牙通信过程

2. 呼叫（Paging）

知道对方设备的地址后，蓝牙设备就可以向对方发起呼叫。呼叫方是主设备（Master），被叫方是从设备（Slave），从设备工作在可连（Connectable）模式。呼叫过程中，呼叫方也暴露了自己的设备地址、系统时钟、设备类型等信息。

知道设备的硬件地址后，呼叫过程可以用来检测对方是否存在，从而实现对设备的跟踪。被叫设备在回应呼叫前对呼叫者进行认证可以防范呼叫跟踪攻击。

3. 连接建立（Connection Establishment）

在蓝牙设备间建立连接的过程中，双发需要使用链路管理协议 LMP 交换一系列控制消息。蓝牙规范并没有强制规定通信过程中何时启用认证和加密安全机制。安全模式 2 下，连接建立完成后才需要认证和加密；而安全模式 3 下，连接建立过程的早期就需要认证和加密。因而，建立连接的控制消息可能以明文方式发送，这可能被用于拒绝服务攻击。明文消息也暴露了设备名称等信息。

4. 绑定和认证（Pairing and Authentication）

绑定和认证的具体过程参见 7.5.2 节。这里讨论绑定/认证过程的安全威胁。假定蓝牙设备 A 和 B 进行绑定。

在探寻和呼叫阶段，攻击者可以获得绑定双方的地址 BD_ADDR_A 和 BD_ADDR_B。在绑定的初始密钥 K_{init} 和链路密钥 K_{AB} 计算过程中，攻击者可以窃听到 IN_RAND（A1）、$K_{init}\oplus$LK_RANDA（A_2）、$K_{init}\oplus$LK_RANDB（A_3）；在随后的认证过程中，攻击者可以窃听到 AU_RAND（A_4）以及请求者发送的 SRES（A_5）。K_{init} 和 SRES 的计算如下：

$$K_{init}=E_{22}（BD\_ADDR_A，IN\_RAND，PIN）$$

$$SRES=E_2（BD\_ADDR_{claiment}，AU\_RAND，K_{AB}）$$

当 PIN 的长度较短时，攻击者获取这些信息后，可以用穷举法破解出 PIN，如图 7-38 所示。输出 SRES′与窃听的 SRES 相等时，当前 PIN′即是双方共享的密钥，从而可以计算出初始密钥 K_{init} 以及链路密钥 K_{AB}。

使用更长的 PIN（最短 64 位）可以对抗上述攻击，但缺点是使用不便。

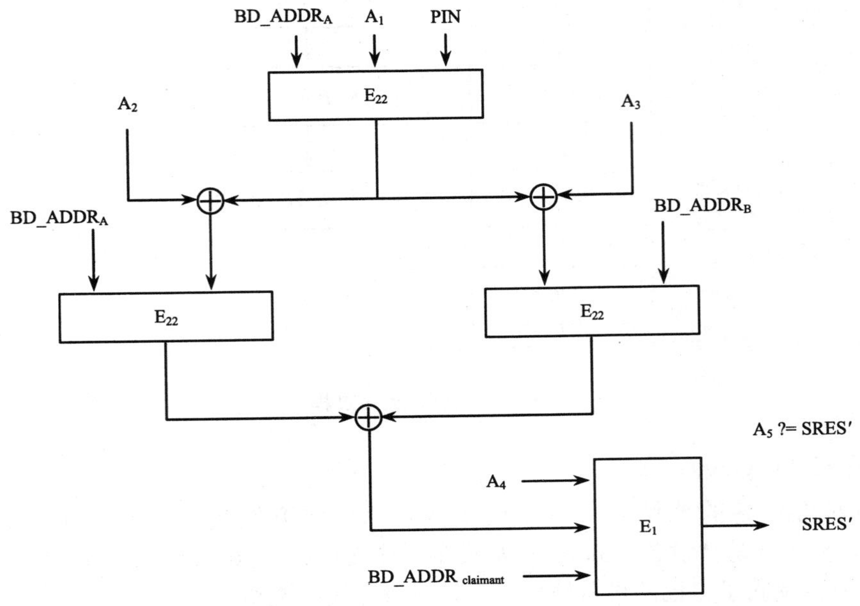

图 7-38 绑定/认证过程攻击

改进的绑定过程基于 Diffie-Hellman 密钥交换协议和手工认证，如图 7-39 所示。

① 设备 A 产生两个随机数 a 和 K，a 是一个 Diffie-Hellman 私钥，K 是消息认证码（Message Authentication Code，MAC）密钥（对称密钥）。

② 设备 A 计算一个 Diffie-Hellman 公钥 g^a 和 MAC 标签 $t = MAC_K(g^a \| ID_A)$，“||”表示连接操作，ID_A 是 A 的标识。

③ A 把生成的公钥和它在蓝牙链路上的标识发送给设备 B。

④ A 显示出 MAC 密钥 K 和 MAC 标签 t，设备 B 的用户记录这些值。

⑤ 设备 B 的用户在 B 上输入 MAC 密钥 K 和 MAC 标签 t；B 根据用户的输入验证接收到的 Diffie-Hellman 公钥 g^a 和 A 的标识，只有当计算的 MAC 标签与用户输入的标签值匹配时，设备 B 才接受设备 A 发送的公钥 g^a。

⑥ 设备 B 产生一个随机数 b 作为 Diffie-Hellman 私钥。

⑦ 设备 B 计算自己的 Diffie-Hellman 公钥 g^b 和 Diffie-Hellman 共享密钥 $S=g^{ab}$。

⑧ 设备 B 用对称密钥算法 E 和共享密钥 S 加密字符串 $e = E_S(K \| t \| ID_A \| ID_B)$。

⑨ 设备 B 把它的 Diffie-Hellman 公钥 g^b 和加密的字符串发送给设备 A。

⑩ 设备 A 用 A、B 的 Diffie-Hellman 公钥计算 Diffie-Hellman 共享密钥 $S=g^{ba}$。

⑪ 设备 A 用计算的 Diffie-Hellman 共享密钥 S 解密从 B 收到的加密字符串 e，取出其中的 MAC 密钥 K′、MAC 标签 t′和设备标识。

⑫ 设备 A 把解密获得的 MAC 密钥 K′、MAC 标签 t′与第①、②步中的 MAC 密钥 K、MAC 标签 t 相比较，只有这些值相匹配时，A 才接受共享密钥 S 和 B 的标识。

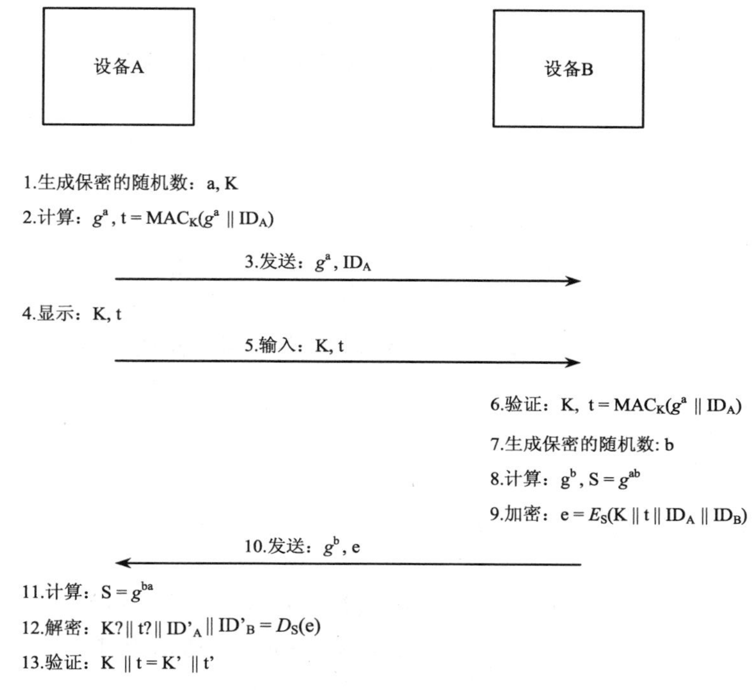

图 7-39　Diffie-Hellman 密钥交换协议

蓝牙密钥交换只能提供点到点的信任关系。如果要在 n 个设备间建立信任关系，就需要 $n(n-1)/2$ 次绑定和认证。有两种方法可以解决这个问题：用公钥机制建立信任关系，或通过对称密钥体系密钥分配传递信任关系。

5. 加密（Encryption）

关联分析攻击（Correlation Attack）是破解流加密的最有效方式。蓝牙技术采用 E_0 加密算法，它能对抗现有的关联分析攻击，如 guess-and-divide attack、free binary decision diagrams、algebraic attack 等。加密密钥 K_C 在认证过程中生成。

6. 信道建立（Channel Establishment）

信道建立是理想的接入控制（Access Control）点，通过实施严格的安全策略，可以预防非法的信道建立，如不允许建立没有通过认证或没有加密机制的信道。

L2CAP 协议负责协议复用、应用层数据分段以及蓝牙信道管理。安全模式 2 的认证、加密需求在 L2CAP 协议层处理。

7．服务发现（Service Discovery）

蓝牙设备允许未知设备的临时接入，以发现该设备所能提供的服务；服务发现协议（Service Discovery Protocol，SDP）用于蓝牙设备发现周围临近设备所提供的服务。但允许服务发现的同时也暴露了服务的信息，因而存在潜在的安全威胁。安全模式 1 和模式 2 支持服务发现（安全模式 2 下的 SDP 服务需设置为不需认证）；处于安全模式 3 的设备不允许未经认证的服务发现接入，但仅为发现服务进行认证又造成使用上的不便。

8．应用连接（Application Connection）

蓝牙技术允许安全模式 2 的认证和加密需求在应用连接上实现。

9．连接阶段（Connection Phase）

蓝牙设备之间的连接建立完成后，即使启用了认证和加密安全机制，仍然面临安全威胁。皮可网中的蓝牙设备在帧首部使用一个特殊的接入码（Access Code），接入码是主设备地址的低 24 位，因而攻击者可以用接入码进行位置跟踪攻击。使用随机地址可以防范跟踪攻击。

7.6 ZigBee 安全

7.6.1 ZigBee 简介

ZigBee 是一种新兴的近距离、低速率无线通信技术，它是 ZigBee 联盟所主导的无线传感器网络技术标准。ZigBee 这个名字来源于蜂群的通信方式，蜜蜂之间通过跳 ZigZag 形状的舞蹈来交换信息，以便共享食物源的方向、位置和距离等信息。

Zigbee 的主要特点有：

① 低功耗：在低耗电待机模式下，2 节 5 号干电池可支持 1 个结点工作 6～26 个月，甚至更长时间，这是 ZigBee 的突出优势。

② 低成本：通过大幅简化协议，降低了对通信控制器的要求，而且 ZigBee 免协议专利费。

③ 低速率：ZigBee 工作在 20～250 kbit/s 的较低速率，提供 250 kbit/s（2.4 GHz）、40 kbit/s（915 MHz）和 20 kbit/s（868 MHz）的原始数据吞吐率，满足低速率传输数据应用需求。

④ 近距离：传输范围一般介于 10～100 m 之间，在增加射频（RF）发射功率后，也可以增加到 1～3 km。这里传输距离指的是相邻结点间的距离，通过多跳中继方式传输距离可以更远。

⑤ 短时延：ZigBee 的响应速度较快，一般从睡眠转入到工作状态只需要 15 ms，结点连接进入网络只需要 30 ms，进一步节省了电能。相比之下，蓝牙需要 3～10 s，Wi-Fi 需要 3 s。

⑥ 大容量：ZigBee 可采用星形、树形和网状网络结构，由一个主结点管理若干子结点，最多一个主结点可管理 254 个子结点；同时主结点还可以由上一层网络结点管理，

可组成多达 65 535 个结点的大网。

⑦ 高度安全性：ZigBee 提供了三级安全模式，包括无安全设定、使用接入控制列表（Access Control List，ACL）防止非法获取数据以及采用高级加密标准（AES128）的对称加密算法。

⑧ 免执照频段：工作在 ISM 频段，采用直接序列扩频（DSSS）技术。

7.6.2 ZigBee 协议栈

ZigBee 协议的标准化组织包括 IEEE 802.15 的 TG4 工作组和 ZigBee 联盟。IEEE 802.15 TG4 工作组成立于 2000 年 12 月；ZigBee 联盟由美国霍尼韦尔等公司发起，成立于 2001 年 8 月。IEEE 802.15 TG4 工作组制定的 IEEE 802.15.4 标准仅处理 MAC 层和物理层协议，而由 ZigBee 联盟所主导的 ZigBee 标准，定义了网络层、安全层、应用层等高层协议。ZigBee 的协议栈如图 7-40 所示。

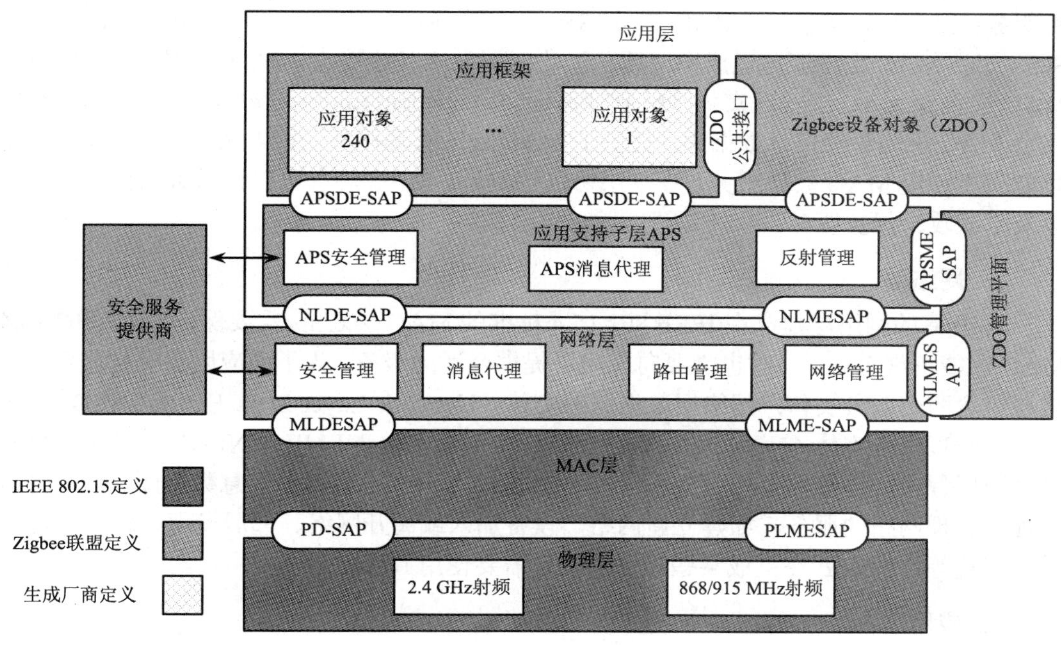

图 7-40　ZigBee 协议栈

1．物理层

IEEE 802.15.4-2006 标准定义的物理层提供了两种服务：物理层数据服务（PHY Data Service）和物理层管理服务（PHY Management Service）。物理层数据服务负责向（或从）无线信道发送（或接收）物理层协议数据单元；物理层管理服务则负责物理层的管理功能，如设置射频模块状态、信道能量检测、空闲信道评估等。

IEEE 802.15.4-2006 标准定义了四种物理层规范：

① 868/915 MHz 直接序列扩频（Directed Sequence Spread Spectrum，DSSS）物理层，

二相位移键控（Binary Phase-Shift Keying，BPSK）调制，在 868 MHz 频段提供 20 kbit/s 传输速率，915 MHz 频段提供 40 kbit/s 速率。

② 868/915 MHz DSSS 物理层，平移四相位移键控（Offset Quadrature Phase-Shift Keying，O-QPSK）调制，在 868 MHz 频段提供 100 kbit/s、915 MHz 频段提供 250 kbit/s 传输速率。

③ 868/915 MHz 并行序列扩频（Parallel Sequence Spread Spectrum，PSSS）物理层，可采用 BPSK 或振幅位移键控（Amplitude Shift Keying，ASK）调制方式，两种频率下均提供 250 kbit/s 传输速率。

④ 2450 MHz DSSS 物理层，采用 O-QPSK 调制方式，提供 250 kbit/s 传输速率。

2. 数据链路层

IEEE 802.15.4-2006 的 MAC 层采用了 CSMA/CA 协议来完成无线信道的接入控制，包括竞争（Contention Based）机制和无竞争（Contention Free）机制。MAC 层也提供两种服务：MAC 数据服务（MAC Data Service）和 MAC 管理服务（MAC Management Service）。MAC 数据服务完成向（或从）物理层发送（或接收）MAC 层协议数据单元。MAC 层包含 MAC 层管理实体（MAC Layer Management Entity，MLME），MLME 维护一个 MAC 层的管理信息数据库，提供了 MAC 层的管理服务功能。完成 MAC 管理服务可能需要使用 MAC 数据服务。在高层协议控制下，MAC 层也可以提供数据保密、认证以及重放攻击保护服务。

3. 网络层

ZigBee 的网络层建立在 IEEE 802.15.4 标准的 MAC 层之上，需要保证 IEEE 802.15.4 MAC 层能正常工作，同时也需要向应用层提供合适的服务。为了向应用层提供服务，网络层包含两个服务实体：网络层数据服务实体（Network Layer Data Entity，NLDE）和网络层管理服务实体（Network Layer Management Entity，NLME）。NLDE 提供在两个或多个应用程序间传输数据的服务，而 NLME 维护一个网络层管理信息数据库，给应用程序提供管理网络的服务，如建立新网络、设备加入或离开网络、邻居发现、路由发现、设备配置等。NLME 在完成某些管理功能是需要使用 NLDE 服务。

4. 应用层

ZigBee 应用层包括应用支持子层（APplication Support sub-layer，APS）、ZibBee 设备对象（ZigBee Device Objects，ZDO）和应用框架（Application Framework，AF）。

应用支持子层 APS 定义了 APS 数据实体（APS Data Entity，APSDE）和 APS 管理实体（APS Management Entity，APSME），并通过一组公用服务提供网络层和应用层之间的接口。APSDE 完成同一个网络中不同应用程序之间的传输数据；APSME 维护一个管理信息数据库，给应用程序提供了一组管理服务，如安全服务、绑定服务等。ZDO 和用户应用程序通过服务访问点 SAP 访问 APSDE 和 APSME 服务。

应用框架 AF 是用户自定义程序在 ZigBee 设备上的驻留环境。一个 ZigBee 设备上最多可以容纳 240 个用户定义程序，分别用端点地址（Endpoint Address）1～240 标识。

端点地址 0 是 ZDO 的接口，255 是广播数据接口，241～254 是保留地址。

ZigBee 设备对象 ZDO 是一组用于用户应用程序、设备配置文件和应用支持子层 APS 之间的接口，它完成的主要功能包括：

① 初始化应用支持子层 APS、网络层、安全服务等。

② 收集应用程序配置信息，并完成服务发现、安全管理、网络管理和绑定管理功能。ZDO 通过与应用程序间的公用接口给应用程序提供了控制设备和网络的服务。

ZDO 通过端点地址 0 与应用支持子层 APS 和网络层交换数据和控制消息。

7.6.3　ZigBee 网络拓扑

IEEE 802.15.4-2006 标准中定义了两种 ZigBee 无线设备：全功能设备（Full Function Device，FDD）和精简功能设备（Reduced Function Device，RFD）。FDD 具备控制器的功能，可与其他 FFD 或 RFD 通信，在网络中可充当网络协调器、路由器或终端设备；RFD 只能与 FFD 通信，在网络中用做终端设备。RFD 通常只完成很简单的功能，例如在无线传感网中，它只负责将采集的数据信息发送给连接的 FFD，而自身不具备数据转发、路由发现和路由维护等功能，实现简单、成本低。

IEEE 802.15.4-2006 标准支持星形拓扑（Star Topology）和对等拓扑（Peer-To-Peer Topology）两种类型的网络结构（见图 7-41）。

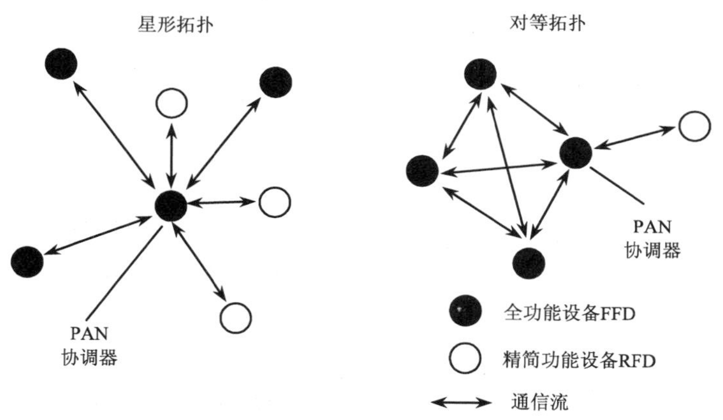

图 7-41　ZigBee 网络拓扑结构

在星形拓扑中，一个 FFD 设备充当控制结点，称为个域网络协调器（PAN Coordinator），其他设备（FFD 或 RFD）都与网络协调器进行通信。网络协调器作为整个网络的主控结点，负责发起网络的建立、设定网络参数、管理网络中的结点以及存储、转发其他网络中结点的数据等。星形网络拓扑的最大优点是结构简单，缺点是灵活性差，其他设备需要放置在中心结点的通信范围内，因而限制了无线网络的覆盖范围，并且数据集中涌向中心结点，容易造成阻塞、丢包、性能下降等问题。

对等拓扑中，处于通信范围内的所有 FFD 设备能够直接通信，可以形成更为复杂的网络，如网状网。对等网络具有自组织、自愈功能，不在通信范围内的 FFD 设备可以通过多跳方式完成通信。FFD 还具有路由发现、维护和数据转发等功能。对等拓扑网络的覆盖范围广，一个 ZigBee 网络最多可以容纳 65 535 个结点。对等拓扑中也需要一个网络协调器，主要负责网络管理。

7.6.4　ZigBee 安全体系结构

IEEE 802.15.4 标准定义了 MAC 层的安全机制。ZigBee 联盟则定义了网络层和应用层的安全机制，其中网络层和应用支持子层分别负责各自的协议数据单元的传输安全，ZDO 负责 ZigBee 设备的安全策略和安全配置管理。APS 还提供了设备安全关系的建立和维护服务。

1. MAC 层安全

IEEE 802.15.4-2006 标准定义的 MAC 帧格式如图 7-42 所示。

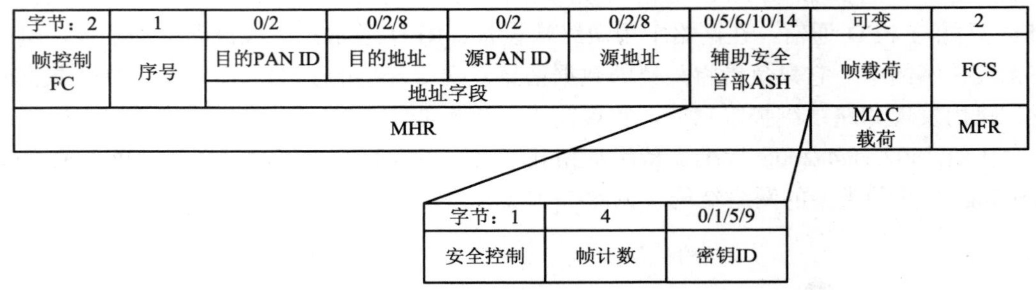

图 7-42　IEEE 802.15.4-2006 MAC 帧格式

帧控制（Frame Control，FC）字段占 2 字节，包含帧的控制信息，如帧类型、地址字段类型、安全使能以及其他控制信息。

辅助安全首部（Auxiliary Security Header，ASH）字段指明了帧安全处理的相关信息，包括帧的安全等级、密钥选择、帧计数。其中帧计数（Frame Counter）字段占 4 字节，用于提供帧重放攻击保护。ASH 长度可变，只有当 FC 字段中的安全使能位置位时 ASH 字段才有意义。

帧校验序列（FCS）字段长 2 字节，包含 16 位的 ITU-T CRC 校验码。校验码计算包括帧首部 MHR 和 MAC 载荷部分。

IEEE 802.15.4-2006 定义了八种类型的安全级别，提供不同级别的 MAC 帧加密或（和）认证功能，如表 7-2 所示。IEEE 802.15.4-2006 采用了 AES-CCM*算法，它是 AES-CCM 算法（802.15.4-2003 中的加密、认证算法）的改进，支持长度可变的认证码。在安全模式下，帧载荷字段包含加密的数据（启用加密）或（和）认证码（启用认证）。认证码长度可以是 0、32、64 或 128 位，其中 0 表示没有认证码。

MAC 层只能提供单跳链路的通信安全，为了实现端到端的安全保障，必须依靠上层协议提供的安全服务。

表 7-2　IEEE 802.15.4-2006 定义的 8 种安全级别

安全等级标识	安 全 属 性	数据保密性	数据一致性（验证码长度，字节）
0x00	Note	OFF	NO(M=0)
0x01	MIC-32	OFF	YES(M=4)
0x02	MIC-64	OFF	YES(M=8)
0x03	MIC-128	OFF	YES(M=16)
0x04	ENC	ON	NO(M=0)
0x05	ENC-MIC-32	ON	YES(M=4)
0x06	ENC-MIC-64	ON	YES(M=8)
0x07	ENC-MIC-128	ON	YES(M=16)

2. 网络层安全

ZigBee 标准在网络层和应用层也都定义了八种安全级别，与 IEEE 802.15.4-2006 在 MAC 层定义的安全级别一致。网络层和应用层的加密、认证算法也采用了 AES-CCM*。

网络层的分组格式如图 7-43 所示，其中辅助首部（Auxiliary Header，AH）与 IEEE 802.15.4-2006 MAC 帧的辅助安全首部 ASH 类似，携带了网络层相关的安全信息，如安全等级、密钥选择、源地址、帧计数等；消息完整码 MIC 字段提供帧完整性检查，有 0、32、64、128 位可供选择。

ZigBee 网络中有三种密钥，分别是连接密钥（Link Key）、网络密钥（Network Key）和主密钥（Master Key）。连接密钥只被通信的两个设备共享，通常用于两个应用进程间的安全通信；而网络密钥则在所有设备间共享，因而可能带来内部攻击，通常用于广播通信安全保护；主密钥则用于在两个要通信的设备之间协商链接密钥。三种密钥都可以通过在设备生产过程中预装（Pre-Installation）或密钥传输（Key Transport）服务获得；连接密钥也可以在主密钥的基础上通过密钥建立（Key Establishment）服务获得。ZigBee 网络的安全取决于这些密钥初的始化和分配的安全性。不同安全服务中最好使用不同的密钥。

网络层的安全功能由应用层控制，应用层可设置网络层密钥、帧计数以及安全级别等。

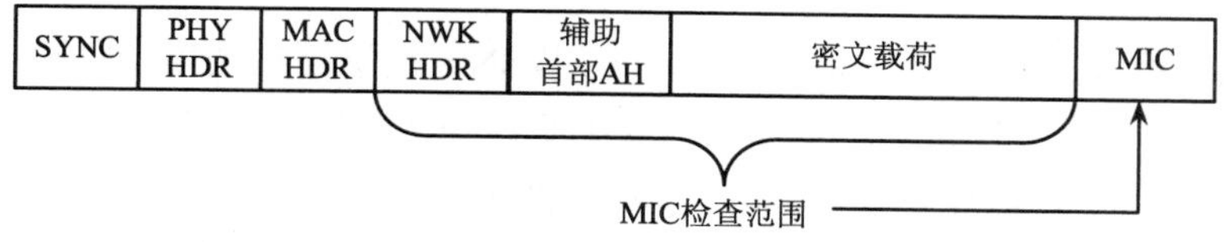

图 7-43　ZigBee 网络层分组格式

3. 应用层安全

ZigBee 中应用支持子层 APS 提供了应用层分组的安全保护。APS 子层的分组格式如图 7-44 所示。与网络层帧格式类似，它也包括了辅助首部 AH、加密载荷以及消息完整性码 MIC。根据安全需求不同，APS 中的加解密密钥可以是连接密钥（Link Key）或网络密钥（Network Key）。APS 子层也给用户应用程序和 ZigBee 设备对象 ZDO 提供了密钥协商、密钥传输、密钥切换、设备管理等一系列安全服务。上层应用通过使用这些服务来完成安全管理。

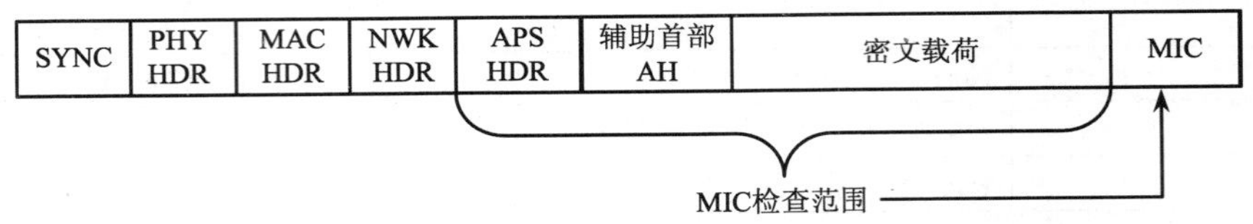

图 7-44　ZigBee 应用支持子层分组格式

4. 信任中心

信任中心（Trust Center）是 ZigBee 网络中所有设备都信任的一个设备，它运行信任中心应用（Trust Center Application），在网络中负责分发密钥（包括网络密钥和连接密钥），完成网络或端到端应用程序的安全配置管理。一个安全的 ZigBee 网络中有且仅有一个信任中心。如果一个 ZigBee 安全网络没有指定信任中心，网络协调器或协调器指定的设备就成为该网络的信任中心。信任中心完成三种管理功能：

① 信任管理（Trust Management）：使用不安全的密钥传输（Unsecured Key Transport）服务给新加入网络的设备分配一个初始主密钥或网络密钥；

② 网络管理（Network Management）：更新网络中设备的网络密钥。

③ 配置管理（Configuration Management）：使用安全密钥传输（Secure Key Transport）服务给设备配置新的主密钥或连接密钥。

除初始主密钥、网络密钥外，ZigBee 设备只接受通过安全密钥传输获得的来自于信任中心的连接密钥、主密钥和网络密钥。

7.7　无线传感网络安全

7.7.1　无线传感网络简介

1. 无线传感网络

无线传感网络（Wireless Sensor Network，WSN）是集信息采集、数据传输、信息处理于一体的综合智能信息系统，它以数据为中心，由大量的传感器结点组成。1988 年，Mark Weiser 提出了普适计算（Ubiquitous Computing，UC）的思想，促使计算、通信和传感器等技术的结合，产生了传感网。一个典型无线传感网的基本组成结构如图 7-45 所示，由传感器结点、汇聚结点、通信网络以及应用系统等组成。

传感器网络中有一类特殊的结点，称为汇聚（Sink）结点，它的处理能力、存储能力和通信能力比一般传感结点更强。汇聚结点是无线传感网与互联网等网络连接的桥梁，实现两种网络协议栈之间的转换。汇聚结点将无线传感网收集的数据进行简单处理后，通过互联网或其他网络发送给应用系统。

无线传感网的通信模式可分为三种：多对一（Many to One）、一对多（One to Many）和本地广播通信（Local Broadcast Communication）。多对一通信模式中，多个普通结点向汇聚结点发送数据；一对多通信中，汇聚结点通过多播（Multicast）或广播方式向网络中的一组结点发送询问或控制信息等；本地广播通信用于邻居结点间的协作或发现等。无线传感网中通常不需要任意两个结点间一对一的通信。

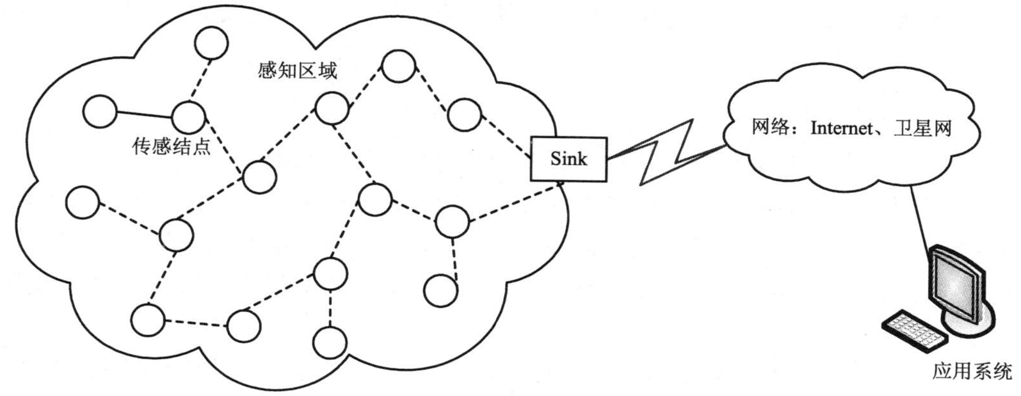

图 7-45　无线传感网的基本组成结构

2．传感网的组网结构

大量的传感器结点分布在被监测区域，它们之间常用的无线通信协议有 802.11b、802.15.4/ZigBee 和 Bluetooth 等。ZigBee 协议由于具有低功耗、大容量等特点，是无线传感网的理想通信协议。传感器组网的基本方式有平面结构和分级结构（见图 7-46）。在平面组网结构中，所有的传感器结点对等，具有完全一致的功能，每个结点包含相同的 MAC 协议、路由协议、管理和安全协议等。

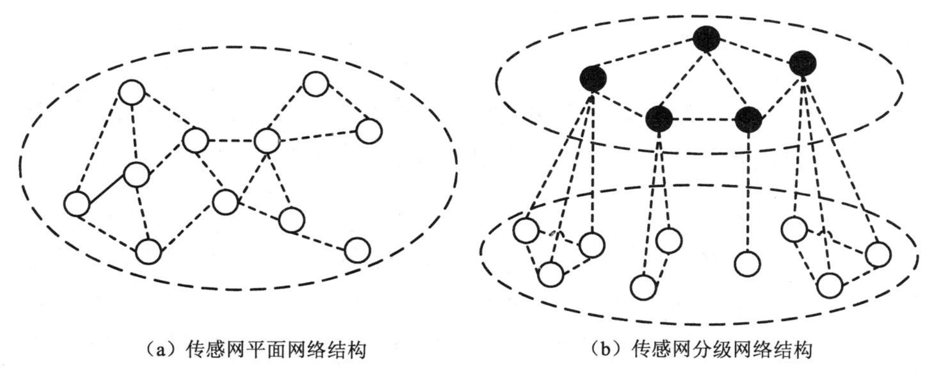

（a）传感网平面网络结构　　（b）传感网分级网络结构

图 7-46　传感网组网结构

分级组网结构中，传感器结点被划分为骨干结点和一般结点两类。按照一定的分簇算法，所有的传感器结点被划分为若干个集合，每个集合称为一个簇（Cluster）。每个簇中的传感器按照一定的算法推选出一个簇头（Cluster Head），簇头是骨干结点，其余传感器称为成员结点（Members），它们是一般结点。骨干结点是对等的，它们之间构成一个平面结构的上层网络；每个簇的成员结点也是对等的，它们构成一个平面结构的下层网络。簇内成员之间可以相互通信，但不同簇内结点通信则需要经过簇头及上层骨干网结点的转发。

传感网的拓扑结构随时间不断变化。例如，当某结点的电池耗尽时，它就退出了网络，此时需要重构网络拓扑；分级结构中簇的划分、簇头的选举也是动态的，网络的拓扑结构也需要适时重构。

3．传感网的路由

传感器在传感网中有两种功用：采集周围的信息和转发其他结点的数据。通常，传感器结点采集的信息需要经过其他结点的转发才能到达汇聚结点，再由汇聚结点处理后传送给应用系统。因此，传感器结点需要具有路由功能。传感器结点的路由协议设计必须考虑传感器和传感网的特点：传感器资源（计算资源、存储资源、工作电源等）受限，传感网的拓扑结构易变。

根据传感网的不同组网结构，可以将路由协议划分为基于平面结构的路由和基于分级结构的路由。基于平面的路由协议中，所有的结点具有相同的功能和对等的角色，而基于分级结构的路由协议中，结点通常扮演不同的角色。此外，还有基于地理位置的路由等。在这类路由协议中，结点利用自身的地理位置来路由数据。典型的平面结构路由有洪泛、SPIN（Sensor Protocols for Information via Negotiation）、DD（Directed Diffusion）；地理位置路由有 GEAR（Geographical and Energy Aware Routing）；分级结构路由有 LEACH（Low-Energy Adaptive Clustering Hierarchy）、HEED（Hybrid Energy-Efficient Distributed Clustering）、TEEN（Threshold Sensitive Energy Efficient Sensor Network Protocol）等。

7.7.2　无线传感网络安全

无线传感网的安全问题可以分为两大类：数据安全和网络安全。数据安全指数据的机密性和对数据发送者的认证，而网络安全则指路由安全等。

1．密钥管理

密钥的安全管理是传感网络的安全基础。由于传感器结点资源受限，因此不能采用功能强大但太过复杂的密钥机制。

公钥机制允许在 N 个结点间只使用 $N-1$ 对密钥实现两两安全通信，但一般的公钥机制需要大量的计算，不适于无线传感网。基于椭圆曲线的公钥算法计算量小，并且具有较高的安全性，适合用于无线传感网络。对称密钥机制实现两两结点间的安全通信需要多达 $N(N-1)/2$ 个密钥，需要较大的存储空间，可扩展性不强。

为了实现传感器结点间的安全通信，也可以在所有传感器结点之间共享一个密钥。这个密钥可用于数据通信加密，也可用于两个结点通信时协商一个临时的会话密钥。用共享密钥实现安全通信的问题在于，一旦某个传感器结点被攻击者捕获，存储在其中的共享密钥就可能泄漏，从而威胁整个网络的安全。

2. 数据的安全性

数据的可用性（Availability）和原始性（Originality）指汇聚结点能及时从合法的传感器结点接收到数据；数据的安全性指机密性（Secrecy）、完整性（Integrity）、认证（Authentication）以及新鲜度（Freshness）等。依赖于时间的应用程序对数据的新鲜度有特殊的要求。

无线传感网中存在无线堵塞（Radio Jamming）式的拒绝服务攻击。攻击者通过不断发送同一频率的无线射频信号，干扰传感器结点发送或接收数据。采用扩频（Spread Spectrum）或跳频（Frequency Hopping）技术可以解决无线堵塞问题。

无线传感网中，被攻击者捕获的恶意结点可能向汇聚结点报告虚假的数据。汇聚结点通常不受资源限制，可以完成复杂的功能，它能够在时间和空间上对接收到的数据进行关联分析，检测并剔除恶意结点报告的虚假数据。

3. 网络构成安全

网络构成（Network Formation）指采用分级结构组织传感网中的传感器结点，并保持传感器结点（包括汇聚结点）间的安全连接。网络构成安全涉及保密通信、安全路由、恶意结点检测以及异常结点隔离等。

安全路由指保护路由信息不会被篡改、伪造或重放，从而引起选择性转发、拒绝服务、网络分割、数据重定向等问题。恶意结点通过发送虚假路由信息，可以有选择性地转发其他结点的数据，或给自己产生的数据高的优先级，或把感兴趣的数据重定向到虚假的汇聚结点，或耗尽部分结点的资源而造成网络分割。

预防结点的自私行为、检测恶意结点等需要引入信用（Reputation）机制。

4. 传感网生命期

传感网一旦部署后，总是希望能在尽可能长的时间内稳定工作。这主要通过尽可能降低传感器结点的工作能耗、最大限度延长其生命期来实现。传感器的生命期主要取决于所携带电池的电量和工作能耗。为了延长传感网的生命期，一是要采用低能耗的传感器（包括硬件能耗和软件能耗），另外也要设计合理的路由协议，尽可能均衡各传感器结点的工作负载。

对传感网生命期攻击采取的主要方法是耗尽传感器结点的能量。例如，可以通过部署恶意结点，持续地与传感网中的结点通信，使传感网中的结点始终处于高负荷工作状态，从而耗尽其能量。

7.8　小结

物联网接入网的特点之一就是要实现泛在接入，即能随时、随地接入网络。接入技术主要是各种类型的无线网络。本章讨论了典型无线接入网的安全性。

通用分组无线服务GPRS和通用移动电信系统UMTS是部署最广泛的蜂窝移动通信网络，它们提供了最广泛的无线覆盖。GPRS 提供低速率的数据传输（几 kbit/s 到数百kbit/s）。GPRS 重用了 GSM 的网络结构，使用与 GSM 基本相同的安全机制，并根据分组流量的特性对 GSM 安全机制做了改进。UMTS 是一种 3G 网络标准，它与 GSM/GPRS 规范兼容，能提供高速率的数据传输。3G 网络提供了更强的安全机制，目标是使所有用户相关信息、网络资源及服务得到合适的保护。

IEEE 802.16 是无线城域网标准，解决高速接入的“最后一英里”问题。IEEE 802.16 定义了固定或移动宽带无线接入的底层规范（包括物理层和 MAC 层）。WiMax 论坛是与无线城域网有关的一个非营利组织，其主要目标就是促进 WiMax 产品和服务的互操作性。WiMax 规范以 IEEE 802.16 为基础。IEEE 802.16 网络的安全服务在 MAC 层的安全子层中定义。安全子层主要包括分组安全封装协议和密钥管理协议两个组件。分组安全封装协议定义了一组加密套件，其中包括数据加密和数据认证算法以及把这些算法应用到 MAC 协议数据单元的规则；密钥管理协议实现了在 802.16 网络中安全地分发及更新密钥资料，规范中定义了 PKM v1 和 PKM v2 两种密钥管理协议。

IEEE 802.11 是无线局域网通信标准，它也从物理层和 MAC 层两个层面制定了无线局域网规范。Wi-Fi 联盟通过其 Wi-Fi 认证（Wi-Fi Certified）项目，致力于推动 IEEE 802.11 无线局域网设备和网络互操作性的运用及技术创新。无线局域网的安全标准 IEEE 802.11i 将安全算法分为两类：Pre-RSNA 和 RSNA。Pre-RSNA 算法包括开放系统认证、有线对等加密 WEP、实体认证等；RSNA 包括临时密钥一致性协议 TKIP、CCMP 协议、安全关联的建立和终止过程、密钥管理等。TKIP 解决了 WEP 面临的一些缺陷，且不需对现有硬件进行升级；CCMP 能提供更高的安全性，但需要对硬件升级。除开放系统认证外，IEEE 802.11i 不推荐使用其他的 Pre-RSNA 算法。

蓝牙和 ZigBee 都是近距离、低速率的无线通信技术。蓝牙的有效范围半径约 10 m，提供约 1 Mbit/s 的速率；ZigBee 传输范围一般介于 10 ~ 100 m 之间，增加射频功率后可以达到 1 ~ 3 km，通过多跳中继方式传输距离可以更远。蓝牙标准基于 IEEE 802.15.1。蓝牙设备可工作在三种安全模式，不同模式下的认证、加密机制或这些机制的启用时机不同，因而安全保护级别不同。蓝牙设备通信过程中的各个阶段都存在一些安全问题，标准需要对安全机制进行扩充和完善。ZigBee 标准包括 IEEE 802.15.4 和 ZigBee 联盟的规范。IEEE 802.15.4 标准仅定义 MAC 层和物理层协议，而 ZigBee 联盟规范定义了网络层、安全层、应用层等高层协议。相应地，IEEE 802.15.4 标准定义了 MAC 层的安全机制，ZigBee 联盟规范定义了网络层和应用层的安全机制。IEEE 802.15.4-2006 和 ZigBee 联盟规范在 MAC 层、网络层和应用层都定义了八种安全级别，支持不同层分组的不同加密以及完整性校验功能。一个安全的 ZigBee 网络中有且仅有一个信任中心，信任中心负责网络中各种密钥的分发及更新，完成网络或端到端应用程序的安全配置管理。

无线传感网络由大量的传感器结点组成。ZigBee 协议具有低功耗、大容量等特点，是无线传感网络的理想通信协议。无线传感网络的特点是传感器结点资源受限，尤其是工作电源有限。为了延长传感网络的生命期，一是要采用低能耗的传感器，另外也要设计合理的网络协议，尽量减小传感器结点的计算量，并均衡它们的工作负载。无线传感网的安全分为数据安全和网络安全。数据安全指数据的机密性、完整性、新鲜度以及认证等；网络安全包括网络构成安全、保密通信、安全路由、恶意结点检测以及异常结点隔离等。

7.9 习题

1. 全球移动通信系统 GSM 有哪些安全机制？它的安全机制有哪些缺陷？
2. 通用分组无线系统 GPRS 的对 GSM 的安全机制做了哪些改进？
3. 简述通用移动电信系统 UMTS 的安全体系结构。
4. 简述无线城域网 IEEE 802.16 的安全体系结构。它定义了哪些认证方法？有哪些密钥，这些密钥如何管理？定义了哪些数据加密算法？
5. 简述无线局域网 IEEE 802.11 的安全体系机构。它定义了哪些认证方法？有哪些密钥，这些密钥如何管理？有哪些数据加密协议？
6. 什么是安全关联？简述 IEEE 802.16 和 IEEE 802.11 中的安全关联。
7. 简述蓝牙系统的安全体系结构。它的安全机制有何缺陷？
8. 简述 ZigBee 协议的安全解决方案。
9. 简述无线传感网络的安全考虑。

第8章 物联网网络核心安全

学习重点

1．IPSec的工作原理。

2．因特网多媒体子系统IMS的安全体系结构。

8.1　概述

物联网是互联网的扩展，其覆盖范围更为广泛。“物”通过各种接入技术，如移动通信网、无线局域网、无线城域网等接入互联网，实现与信息处理系统的信息交换，甚至是与其他“物”的直接通信。互联网主要基于 IP 技术，本章介绍 IP 网络的安全问题。

随着应用需求的发展，出现了在 IP 网上传输语音、视频等多媒体数据的需要。但传统上，IP 网络只提供尽力而为的数据传输服务，无法满足新类型数据的传输服务需求，因而出现了下一代网络技术。物联网应用中也不可避免地会有多种业务数据的传输需求。本章也讨论了基于 IMS 架构的下一代网的安全性问题。

8.2　IP 核心网络安全

8.2.1　IP 网概述

TCP 和 IP 是互联网中最重要的两个协议，TCP 实现了端到端的可靠通信，IP 则实现了异构网络的互联。以 TCP/IP 协议族为基础的互联网，其最可取之处在于它的开放透明性与灵活有效的多业务增值能力。由于 IP 网络取得的巨大成功，网络（包括电信网、有线电视网）IP 化已是大势所趋。IP 也是下一代全业务网络的核心技术之一。

目前使用的 IP 有 IPv4 和 IPv6 两个版本。IPv4 是在 20 世纪 70 年代末期设计的，至今已有 30 多年的历史。IPv4 的设计思想成功地造就了目前的国际互联网，其核心价值体现在简单、灵活和开放性。但随着网络规模和网络应用的发展，IPv4 已经露出很多弊端，例如 IP 地址匮乏（IPv4 采用了 32 位地址编码）、安全性不是内嵌的、网络管理复杂等。据报道，2011 年 2 月 3 日，国际互联网名称和编号分配公司（ICANN）发布公报，3 日在美国迈阿密举行的一个会议上，最后剩余的 5 组 IPv4 地址被分配给了全球五大区域互联网注册管理机构，至此第一代互联网 IPv4 地址已经分配完毕。

其实早在 1992 年 6 月，IETF 就提出要制定下一代 IP，即现在所称的 IPv6。IPv6 采用了 128 位的地址长度，扩大了地址空间，一劳永逸地解决了地址短缺问题。同时，IPv6 还做了其他一些改进，如简化的首部、灵活的首部扩展和选项支持、提供服务质量保证、内置的安全协议、认证和隐私能力、支持自动配置、支持真正的移动性等。IPv4 向 IPv6 的过渡应该是渐进和平滑的，支持一段时间内两种协议的共存和互通，以充分利用现有的 IPv4 资源。主要的过渡技术有双协议栈、隧道技术、NAT-PT（地址/协议转换）等。

IP 协议的开放和透明性也导致了其安全性弊端。TINA/TIMNA 认为 Internet 及 IP 网的三大缺陷是安全失控、QoS 无保障及网管弱智，即使采用新的 IPv6 协议也不能有本质性的变化。IETF 对现在的 Internet 及 IP 协议缺陷与不足也有足够的认识，列举出 Internet 下一步发展面临的十大技术问题，即身份识别技术、保护 IPR 技术、保护个人隐私技术、新一代 Internet 通信协议 IPv6 技术、下一代 Internet 结构的网格（Grid）技术、无线 Internet 技术、传统电话网与 Internet 融合的技术、更有效地在网上传输的视频技术、防止垃圾邮件的过滤技术及网络安全技术。可见，十大技术问题中有一半以上与安全性有关，IP

问题的最大难点是其安全性。IETF 相信，在采取一系列有效措施后，如改进 IP 协议、改进 TCP/UDP 协议、缩短路由及传输时延、提高传输效率及质量、实施有效的全球大容量移动扩展访问与漫游、提高网络安全性及改进网络管理能力等，新的 IP 网能够成为真正可信的商业平台。

8.2.2　IP 网安全机制

8.2.2.1　因特网协议安全

1. IPSec 概述

因特网协议安全（Internet Protocol Security，IPSec）是 IP 层的安全体系结构，它主要包括两种类型的协议：建立安全分组流的密钥交换协议和保护分组流的协议。前者是因特网密钥交换协议 IKEv2（Internet Key Exchange），后者包括封装安全载荷协议 ESP（Encapsulating Security Payload）和认证头协议 AH（Authentication Header）。IPSec 在 IP 层定义了一组安全服务以及密钥管理、加密算法，用于实现对 IP 层流量的安全保护。IPSec 提供的安全服务主要有接入控制、数据源点鉴别、检测及抵御重放攻击、保密性等。大多数服务通过 AH、ESP 以及 IKEv2 协议来实现。

IPSec 在主机和网络环境之间建立了一个流量未受保护（Unprotected）和受保护（Protected）的界面（见图 8-1），用户或管理员可以对 IP 分组通过界面的安全策略进行配置。根据应用的安全策略，通过界面的每个分组或者用 IPSec 安全服务进行保护（使用 AH 或 ESP），或者被丢弃（Discard），或者不受影响（Bypass）。认证头协议 AH 提供数据完整性保护和源点鉴别，也可以用于抵御重放攻击；封装安全协议 ESP 除了提供与 AH 相同的功能外，还提供数据的保密性。IPSec 实现中必须支持 ESP，而 AH 则是可选的。IPSec 可用于保护一对主机或安全网关、一个主机和一个安全网关之间 IP 分组的安全传输。

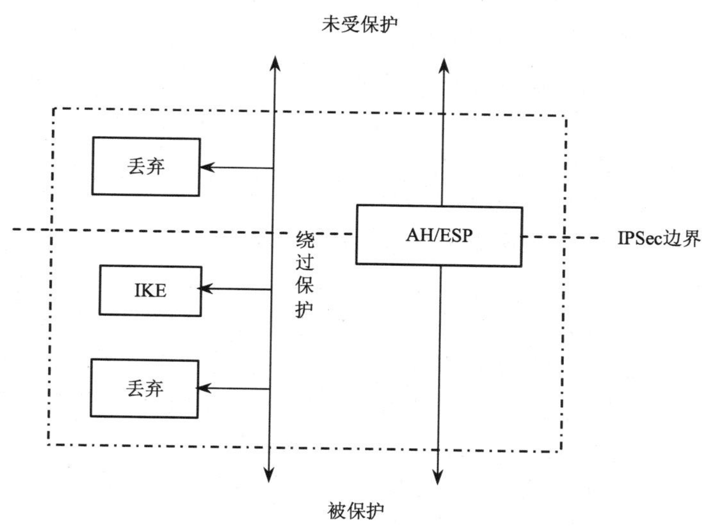

图 8-1　IPsec 模型

IPSec 被设计成是加密算法独立的，相关协议中所涉及的加密算法在一个单独的 RFC 文档中定义（当前是 RFC4835）。加密算法的特点是新算法不断出现，而已有算法不断受到攻击变得脆弱。将加密算法单独定义在一个文档中，可以使 IPSec 安全框架不受算法更新或替换的影响。综合使用 IPSec 的流量保护协议（AH 或 ESP）、密钥管理协议以及加密算法等，可以实现高质量的 IP 层流量安全保护。IPSec 协议工作在 IP 层，因而必须处理 IP 分组的分片问题。IPSec 也支持多播分组的安全保护。

IPSec 在 IPv6 中作为一个扩展首部来实现，因而是协议本身所支持的，但在 IPv4 中则是作为一项可选的附件服务。

2. IPSec 工作原理

尽管 IPSec 工作在 IP 层，但它是面连接的，即在使用 AH 或 ESP 之前，需要在源主机和目的主机之间建立一个“连接”，这个“连接”称为安全关联（Security Association，SA）。SA 是一个单向连接，其中包含了提供安全服务所需的参数，如安全协议标识符、单向连接的目的 IP 地址、安全参数索引（Security Parameter Index，SPI，用于标识 SA）等。IP 分组的安全传输是通过 SA 实现的。如果要提供双向安全通信的话，就需要建立两个 SA（每个方向一个）。SA 使用 HA 或 ESP 提供安全服务，但通常不会两者同时使用。

IPsec 有两种使用模式：传输模式（Transport Mode）和隧道模式（Tunnel Mode）。在传输模式下，AH 和 ESP 主要用于给高层（传输层）协议提供安全保护；在隧道模式下，被保护的 IP 分组整个地被重新封装在一个新的 IP 分组中，AH 和 ESP 用于给被封装的内部 IP 分组提供保护。传输模式通常用于在两个主机间提供端到端的安全服务，而隧道模式通常应用于 IP 隧道，提供对隧道内流量的保护。为简单起见，双向安全通信中要求两个 SA 采用相同的模式。

传输模式下，IPSec 安全首部插入在 IP 首部（包括首部选项）之后、高层协议首部之前，IP 首部中的协议字段也做了相应修改（51 表示 AH，50 表示 ESP）。隧道模式下，外部 IP 分组首部指明了 IPSec 处理的源和目的地址，内部 IP 分组首部则指明了最终的源和目的地址，安全协议首部出现在外部 IP 首部之后、内部 IP 首部之前。ESP 协议不仅有 ESP 首部，还会在 IP 分组后增加两个字段，即 ESP 数据和 ESP 尾部。ESP 尾部与 IP 分组载荷数据一起进行加密。

IPSec 允许配置安全保护的粒度。例如，可以在两个安全网关间建立单个加密隧道用于保护所有的流量，也可以给通过网关进行通信的每个 TCP 连接建立一个单独的加密隧道。

IPSec 支持手工和自动两种安全关联和密钥管理方式。在手工管理中，由用户或管理员分别配置每个 IPSec 系统的密钥以及 SA 参数，这种方式只适用于小规模、静态的使用环境，缺乏可扩展性。大范围部署 IPSec 需要基于 Internet 标准的、可扩展、自动 SA 管理协议。IPSec 的默认自动密钥管理协议是 IKEv2。

为了确保不同 IPSec 实现之间的可互操作性，RFC4835 定义了一组 ESP 和 AH 都必须支持的加密和认证算法（见表 8-1、表 8-2 和表 8-3）。表中“MUST”表示必须实现的算法，“MUST-”表示将来很可能不再是“MUST”的算法，“SHOULD+”表示将来很可能提升为 MUST 的算法，“SHOULD-”表示将来该算法很可能降级为“MAY”。实际中使用的算法由协商机制（如 IKEv2）来确定。

ESP 加密服务是可选的，因而必须支持空算法。ESP 的认证和加密都可以选择空算法，但不能同时是空。ESP 也支持同时具有加密和认证服务的联合模式算法。RFC4835 并没有规定这种联合模式算法，但推荐使用 AES-CCM（RFC4309）或 AES-GCM（RFC4106）。

表 8-1　AH 认证算法

需　求	算　法
MUST	HMAC-SHA1-96（RFC2404）
SHOULD+	AES-XCBC-MAC-96（RFC3566）
MAY	HMAC-MD5-96（RFC2403）

表 8-2　ESP 认证算法

需　求	算　法
MUST	HMAC-SHA1-96（RFC2404）
SHOULD+	AES-XCBC-MAC-96（RFC3566）
MAY	HMAC-MD5-96（RFC2403）
MAY	NULL

表 8-3　ESP 加密算法

需　求	算　法
MUST	NULL（RFC2410）
MUST	128 位 AES-CBC（RFC302）
MUST–	3DES-CBC（RFC2451）
SHOULD	AES-CTR（RFC3686）

8.2.2.2　其他安全机制

1．传输层安全

IP 网中使用最广泛的两个传输层协议是 TCP 和 UDP。TCP 是面向连接的协议，提供按序到达、无差错、可靠的端到端传输服务；TCP 还支持拥塞控制和流量控制。UDP 则是一个无连接的协议，只提供尽力而为的不可靠传输服务。

TCP 本身没有加密、认证等安全机制，因此要向应用层提供安全通信就必须在 TCP 层之上建立一个安全通信层次。安全套接层（Secure Socket Layer，SSL）是 Netscape 公司开发的万维网传输层安全协议，它在协议栈中处于 TCP 层和应用层之间，在 Internet 电子商务中使用得较为广泛。因特网工程任务组 IETF 在 SSL 的基础上设计了运输层安全协议（Transport Layer Security，TLS），它是 SSL 的非专有版本。此外，Visa 和 MasterCard 两家著名的信用卡公司还开发了针对因特网上信用卡交易的安全电子交易（Secure Electronic Transaction，SET）协议。

UDP 只是对 IP 做了简单的扩充，增加了端口复用/分用的功能。没有在 UDP 上提供安全机制。

2. 应用层安全

应用层是 TCP/IP 的最高层，向用户提供各种服务。在应用层提供安全机制，可以区分不同应用的不同安全需求。例如，电子邮件系统可能需要对发出的个别段落进行数字签名，而传输层及其以下各层的协议一般不会知道邮件的段落结构，因而也就不可能知道对哪一部分进行签名，只有应用层是唯一能够提供这种安全服务需求的层次。应用层常用的安全加密协议有 SSH、PGP、PEM 等。

8.3 下一代网络安全

IP 网络在网络资源复用、组网灵活性和扩展性等方面具有巨大优势。随着基于 IP 技术的 Internet 的发展，在 IP 网络上承载全业务，包括电信业务（如话音、视频等），成为明确的发展趋势。但传统 IP 网络只提供尽力而为的服务，不保证服务质量，且可管理性较差。ITU-T 2004 年 2 月提出了下一代网络 NGN 的概念。NGN 以 IP 网为核心，支持语音、视频和数据等多媒体业务，并且具有可靠的服务质量保证。

8.3.1 NGN 概述

ITU-T 给出的 NGN 定义如下：下一代网络（Next Generation Network，NGN）是基于分组的网络，能够提供包括电信业务在内的服务，采用多种宽带且具有服务质量保证的传送技术，其服务相关能力不依赖于底层传送技术。NGN 给用户提供到不同服务提供者的自由接入，支持通用移动性，为用户提供始终如一的、无处不在的服务。

NGN 的基本特征包括：采用分组传送技术，业务与网络、控制功能分离，提供端到端服务质量保障，支持通用移动性，融合固定、移动服务，提供安全、隐私保证等。

NGN 的网络架构主要有两种，分别基于软交换（Software Switch）技术和基于多媒体子系统（IP Multimedia Subsystem，IMS）。软交换技术建立在固定网络智能化改造的基础之上，它的体系结构主要针对固定网络而言，不能很好地支持移动接入和漫游。IMS 则源自于对移动网络的研究，将蜂窝移动通信网络技术、传统固定网络技术和互联网技术有机结合起来，建立了一个与接入无关、基于开放的 SIP/IP、支持多种多媒体业务类型的平台。IMS 的诸多特点使得其一经提出就成为研究热点，是普遍认同的解决未来网络融合的理想方案和发展方向。软交换最终也将融合到未来的 IMS 架构中，成为 IMS 体系中的一个组成部分。

8.3.2 因特网多媒体子系统 IMS

IP 多媒体子系统是一个交付 IP 多媒体服务的体系结构框架，最初由 3GPP 提出。它的最初版本是 3GPP Release5，主要定义了 IMS 的核心结构、网元功能、接口和流程等内容，给出了一种基于 GPRS 来交付 IP 多媒体业务的方法。此后，3GPP、3GPP2 和 TISPAN 对这个版本进行了扩展，使得 IMS 也能支持 WLAN、CDMA2000 和固定网络等其他多种接入方式，为未来基于全 IP 网络的多媒体应用提供了一个通用业务智能平台。

IMS 网络采用分层的框架结构，从下到上可分为接入和传送层、会话控制层和服务/应用层，如图 8-2 所示。

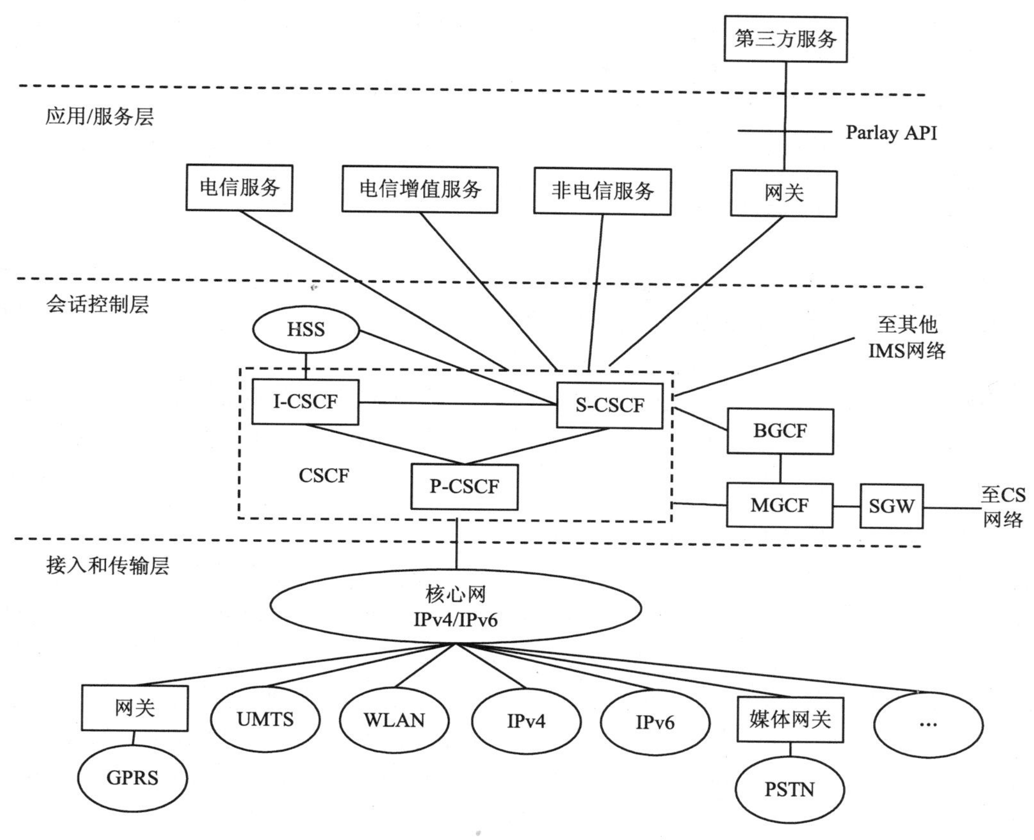

图 8-2　IMS 网络框架结构

接入和传输层提供用户接入和分组传输服务。用户终端设备可以通过各种类型的网络接入 IMS，包括固定网络（例如 xDSL、以太网）、移动网络（如 W-CDMA、CDMA2000、GPRS）以及无线接入（如 WLAN、WiMAX）。支持 IP 和 SIP 的用户设备可直接接入，而非 IMS 兼容设备（如 PSTN、H.323 设备）则需要通过媒体网关（Media Gateway）才能接入。传输核心网是基于 IP 的分组交换网。

会话控制层由各种功能实体组成，主要包括呼叫会话控制功能（Call Session Control Function，CSCF））、归属用户服务器（Home Subscriber Server，HSS）、接出网关控制功能（Breakout Gateway Control Function，BGCF）、媒体网关控制功能（Media Gateway Control Function，MGCF））、信令网关（Signaling Gateway，SGW）等。本质上它们都是 SIP 服务器，处理 SIP 信令。CSCF 可分为代理呼叫会话控制功能（Proxy CSCF，P-CSCF）、查询呼叫会话控制功能（Interrogating CSCF，I-CSCF）和服务呼叫会话控制功能（Serving CSCF，S-CSCF）。

控制层主要完成呼叫或会话的管理，支持用户注册、计费、漫游、QoS、安全等功能。在各种网络功能实体中，CSCF 和 HSS 是最关键的网元：CSCF 完成呼叫或会话控制，HSS 是用户和业务信息数据库，实现用户安全数据管理、接入认证、业务认证、业务签约、用户定制信息管理等。MGCF 实现 IMS 媒体网关的连接控制；SGW 完成不同协议之间的信令转换。IMS 使用会话发起协议（Session Initiation Protocol，SIP）来创建、管理和终结各种类型的多媒体业务。SIP 是 IETF 定义的基于文本的信令协议。BGCF 用于 IMS 网络与电路交换网络（如 PSTN）的连接。

应用层由应用和内容服务器组成，并为第三方提供开放的应用开发接口。

8.3.3 IMS 安全体系架构

本质上，IMS 是一个建立在分组交换域之上的覆盖网络，对下层的分组交换域依赖性不强。因而，在用户和 IMS 网络之间需要建立一个独立的安全关联，在这个安全关联建立前，不允许用户接入 IMS 网络的服务。

IMS 的安全机制独立于下层分组交换域或电路交换域的安全机制。独立的 IMS 安全机制可以提供额外的安全保护，即使下层分组交换域的安全保护被攻破，IMS 的安全机制也可继续提供安全保护。

8.3.3.1 IMS 安全体系结构

3GPP 定义的 IMS 安全体系结构如图 8-3 所示，它包括了五种不同的安全关联（Security Association，SA），在图中分别表示为 1、2、3、4、5。这些安全关联可分为接入网安全（3GPP TS33.203）和网络域安全（3GPP TS33.210），其中安全关联 1、2 属于接入网安全，安全关联 3、4、5 属于网络域安全。这五种安全关联的功能如表 8-4 所示。在 IMS 中，用户侧的认证密钥、函数存储在通用集成电路卡 UICC（Universal Integrated Circuit Card）上，IP 多媒体业务标识模块 ISIM（IP Multi Media Service Identity Module）指在 UICC 上的有关 IMS 安全的数据和函数的集合。

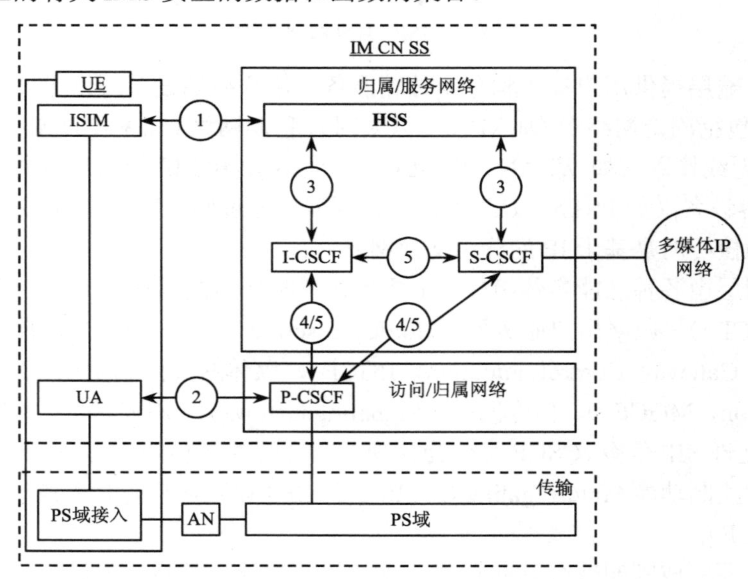

图 8-3 3GPP IMS 安全体系结构

IMS 中还存在其他接口或参考点，在图 8-3 中并没有标明。这些接口和参考点可能位于一个安全域内，也可能位于不同的安全域之间。TS 33.210 中定义了对这些接口和参考点的安全保护。

表 8-4　IMS 中的五种安全关联

安全关联	功　能
SA1	提供终端用户 UE（User Equipment）和 IMS 网络之间的双向认证
SA2	在 UE 和 P-CSCF 之间提供安全链接（Link）和安全关联，用以保护它们之间的 Gm 参考点；此外，该安全关联还提供了数据认证功能
SA3	为同一网络域内的 Cx 接口提供安全保护
SA4	为位于不同网络安全域中的 SIP 结点通信提供安全保护，此时 P-CSCF 位于访问网络 VN（Visited Network）中
SA5	为同一网络安全域内的 SIP 结点通信提供安全保护；当 P-CSCF 位于归属网络 HN（Home Network）时，它与其他 CSCF 结点间的通信安全也由 SA5 提供

8.3.3.2　IMS 接入网安全

IMS 接入网安全包括安全体系结构中的安全关联 1 和安全关联 2，提供了用户和 IMS 网络间通信的安全保护，主要包括用户和网络的双向认证、密钥协商、信令加密和完整性保护以及 IMS 网络结构隐藏等。

1．认证和密钥协商

IMS 网络中，用户在网络内部有一个用户私有标识（User Private Identity，IMPI），在网络外部有至少一个用户公共标识（External User Public Identity，IMPU），每个 IMPU 对应于一个相应的服务配置。IMS 用户终端 UE 接入 IMS 服务时，需要使用 IMPI 进行 UE 和网络间的双向认证，并使用 IMPU 进行注册。

IMS 采用认证和密钥协商协议 IMS-AKA（IMS Authentication and Key Agreement）进行用户与网络之间的认证以及密钥协商。AKA 是一个提问-响应（Challenge-Response）协议，主要用于用户的认证和会话密钥的分发。AKA 协议是因特网工程任务组 IETF 制定的，被 3GPP 标准广泛采用。UE 和 IMS 网络间的认证过程如图 8-4 所示，图中 SM_n 表示 SIP 消息 n，CM_m 表示接口 Cx 的消息 m。

用户信息存储在归属网络的 HSS 中，这些信息对外部实体保密；HSS 把对用户的认证委托给服务呼叫会话控制功能 S-CSCF 执行。当一个用户发起注册（Registration）请求时，查询呼叫会话控制功能 I-CSCF 给该用户分配一个服务呼叫会话控制功能 S-CSCF，S-CSCF 通过 Cx 参考点从 HSS 下载该用户信息（Subscriber Profile）。当用户发起接入（Access）请求时，S-CSCF 将对用户信息和用户接入请求进行匹配性检查，以确定是否允许该用户继续此次接入请求。

IMS 认证过程中各消息的含义如下：

① SM1：UE 把注册请求消息 SM1 发送给 P-CSCF，请求消息中包含有该用户的 IMPI 和要注册的 IMPU。

SM1：REGISTER(IMPI, IMPU)

② SM2：P-CSCF 把这个消息转发给 I-CSCF。

③ SM3：I-CSCF 查询 HSS（通过 Cx 参考点），为该用户选择一个提供服务的 S-CSCF，然后将请求消息转发给选定的 S-CSCF。

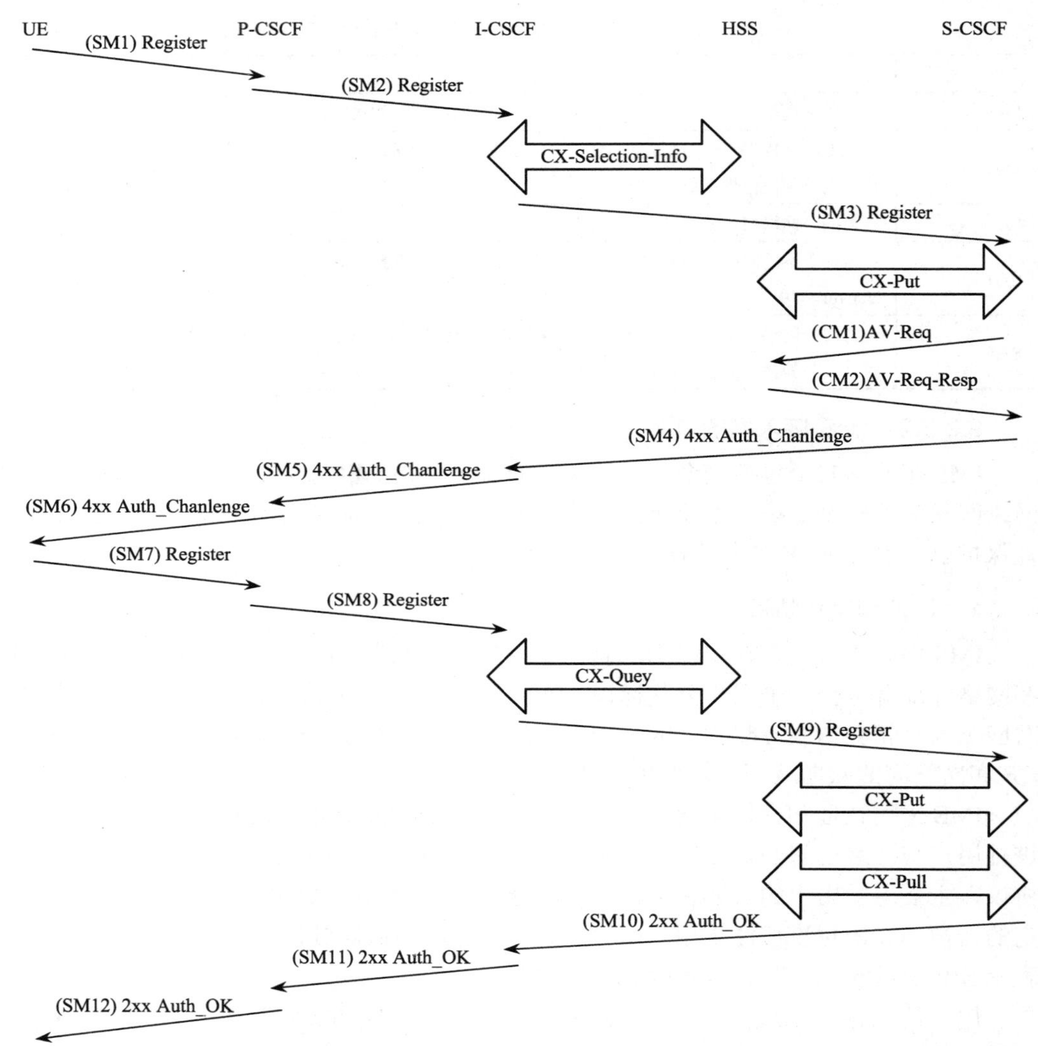

图 8-4　IMS-AKA 过程

④ CM1：S-CSCF 收到注册请求消息 SM3 后，若发现该 IMPU 尚未在 S-CSCF 注册，则 S-CSCF 向 HSS 发送 Cx-Put 命令设置注册标志。注册标志、用户标识以及 S-CSCF 名字都存储在 HSS 中，用来表明一个用户的 IMPU 是否注册、在哪个 S-CSCF 注册以及初始的注册过程是否完成。若该 IMPU 已在 S-CSCF 注册，HSS 检查 IMPI 和 IMPU 是否是同一个用户。

S-CSCF 使用认证向量（Authentication Vector，AV）对用户进行认证以及与用户协商密钥。若没有有效的 AV，S-CSCF 向 HSS 发送 AV 请求消息 CM1，所请求的 AV 数量最少是 1。

CM1：AV-Req(IMPI, m)

⑤ CM2：接收到 S-CSCF 的认证向量请求消息后，HSS 运行 AKA 算法，计算一组有序的认证向量并通过 CM2 发送给 S-CSCF，这些认证向量按序号 SQN 排序。每一个认证向量是一个五元组（RAND，XRES，AUTN，CK，IK）：随机数 RAND、期望接收的用户响应 XRES、认证令牌 AUTN（Authentication Token）、加密密钥 CK（Cipher Key）和完整性检查密钥 IK（Integrity Key）。每一个认证向量可用于 S-CSCF 和 UE 的一次认证和密钥协商。

CM2：AV-Req-Resp(IMPI, RAND1||AUTN1||XRES1||CK1||IK1,⋯,
RANDn||AUTNn||XRESn||CKn||IKn)

⑥ SM4：S-CSCF 按序号选择一个认证向量，生成向 SIP 提问消息 SM4 并发送给用户（先发送给 I-CSCF），SM4 包括 RAND、AUTN、CK 以及 IK，其中 CK 和 IK 用于 P-CSCF。

SM4：4xx Auth_Challenge(IMPI, RAND, AUTN, IK, CK)

⑦ SM5：I-CSCF 把提问消息转发给 P-CSCF；P-CSCF 收到 SM5 后，取出并保存其中的 CK 和 IK；然后将去除 CK 和 IK 后剩余的消息（即 SM6）转发给 UE。

⑧ SM6：UE 接收到提问消息 SM6 后，取出其中的认证令牌 AUTN，认证令牌中包含了消息认证码 MAC 和序号 SQN。UE 运行 AKA 算法，计算出 XMAC 并与 MAC 进行比较，若两者相等且 SQN 在有效范围内（比上次提问消息的 SQN 大），则 UE 对网络的认证通过，即 UE 确信认证数据是从归属网络中发来的。此外，UE 在这个阶段也根据接收的消息计算出 CK 和 IK（与 P-CSCF 保存的 CK 和 IK 一致）。

⑨ SM7：若网络通过 UE 的认证，UE 计算响应消息 RES 并用 SM7 发送给 S-CSCF。

SM7：REGISTER(IMPI, RES)

⑩ SM8：P-CSCF 把响应 RES 转发给 I-CSCF。

⑪ SM9：I-CSCF 通过向 HSS 查询（通过 Cx 参考点），获取该用户的 S-CSCF 地址，并把响应消息转发给该 S-CSCF。

⑫ SM10～SM12：S-CSCF 接收到响应消息 SM9 后，从中提取出 RES 参数并与保存的 XRES 相比较，若两者一致，则 UE 通过网络的认证，且 IMPU 在该 S-CSCF 注册成功。若 IMPU 尚未注册，S-CSCF 向 HSS 发送 Cx-Put 命令更新注册信息。S-CSCF 向用户发送认证通过消息 Auth-OK。如果用户响应 RES 与 XRES 不一致，S-CSCF 就认为用户回答提问错误，认证用户身份失败，拒绝用户接入网络。

2．机密性机制

IMS 采用 IPSec 安全封装净荷（ESP）协议为 UE 和 P-CSCF 之间的 SIP 信令消息提供机密性保护。ESP 采用传输模式。

在完成注册认证过程后，UE 和 P-CSCF 之间就建立两对单向的安全关联 SA，其中一对 SA 用于 UE 作为客户端、P-CSCF 作为服务器进行通信时的流量保护，另一对用于 P-CSCF 作为客户端、UE 作为服务器进行通信时的流量保护。这两对安全关联使用的加密密钥 CK_{ESP} 相同。CK_{ESP} 是从 AKA 过程中获得的密钥 CK 扩展而来的。用户侧的加密密钥扩展由 UE 完成，网络侧的加密密钥扩展由 P-CSCF 完成。

3．完整性机制

IPSec ESP 也提供了 UE 和 P-CSCF 间 SIP 信令的完整性保护。UE 和 P-CSCF 之间的两对安全关联的完整性密钥 IK_{ESP} 也相同。IK_{ESP} 是从 AKA 过程中获得的密钥 IK 扩展而来的。密钥扩展函数与 ESP 采用的完整性算法有关。用户侧的完整性密钥扩展由 UE 完成，网络侧的完整性密钥扩展由 P-CSCF 完成。UE 和 P-CSCF 间的安全关联还支持防止重放攻击。

4．隐藏机制

网络隐藏的目的是保护 IMS 网络中 SIP 结点的标识和网络拓扑结构不被泄露出去。隐藏机制不是 IMS 网络所必需的。归属网络中的所有 I-CSCF 共享一个加密和解密密钥。如果运营商的安全策略要求隐藏网络拓扑，I-CSCF 在转发 SIP 请求或响应消息时，就会对该消息中的隐藏信息元素进行加密。隐藏信息元素通常是 SIP 分组首部中的一些字段，如流经（via）、记录路由（Record-Route）、路由（Route）、路径（Path）等，这些字段中包含有网络中 SIP 结点的地址信息。当从被隐藏网络域外接收到 SIP 消息时，I-CSCF 对这些由隐藏网络中的 I-CSCF 加密的信息进行解密。

网络隐藏机制不包括对 SIP 首部的认证和完整性保护。加密算法采用 128 位密钥的 AES-CBC 模式。

8.3.3.3　IMS 网络域安全

IMS 网络中引入了安全域的概念。安全域是指由某一个组织所管理的网络。在一个安全域内，所有实体具有相同的安全级别并能使用相同的安全服务。通常一个运营商的网络就是一个安全域。

IMS 网络域的安全体系结构如图 8-5 所示。不同安全域之间的接口定义为 Za，同一个安全域内不同实体（NE 之间、NE 和 SEG）之间的接口定义为 Zb。在 Za 接口上，认证和完整性保护必须实现，而加密是可选的；在 Zb 接口上，认证、完整性、加密都是可选的。Za 和 Zb 接口安全保护的实现都基于 IPsec ESP 协议，加密使用 3DES 或 AES-CBC（RFC3602）算法，完整性保护和认证使用 HMAC-SHA-1 算法。IMS 安全体系结构中的安全关联 3、5 与接口 Za 对应，安全关联 4 与接口 Zb 对应。

安全网关（Security Gateway，SEG）是位于安全域边界的实体，用于实施不同安全域间的安全策略，保护不同安全域间的通信，所有进入或离开一个安全域的通信流量都通过 SEG。不同安全域 SEG 之间的接口就是 Za 接口。出于安全性（避免单点故障）和效率（如负载均衡）方面的考虑，一个安全域中可以有多个 SEG，每个 SEG 负责与一组其他安全域中的 SEG 间进行安全通信。

两个 SEG 间的通信通过隧道模式的 IPSec 安全关联进行保护。在两个 SEG（或 Zb 接口中的两个实体）间建立安全的双向通信，需要在它们之间建立一个 ISAKMP 安全关联（Internet Security Association Key Management Protocol Security Association）和两个 IPSec 安全关联。ISAKMP 安全关联与密钥管理有关，用于建立 IPSec 安全关联；两个

IPSec 安全关联一个用于流入的流量保护，一个用于流出的流量保护。这些安全关联是通过因特网密钥交换协议（IKE）进行协商的，其中的认证使用保存在 SEG 中长期有效的密钥来完成，因而 SEG 必须在物理上也是安全的。

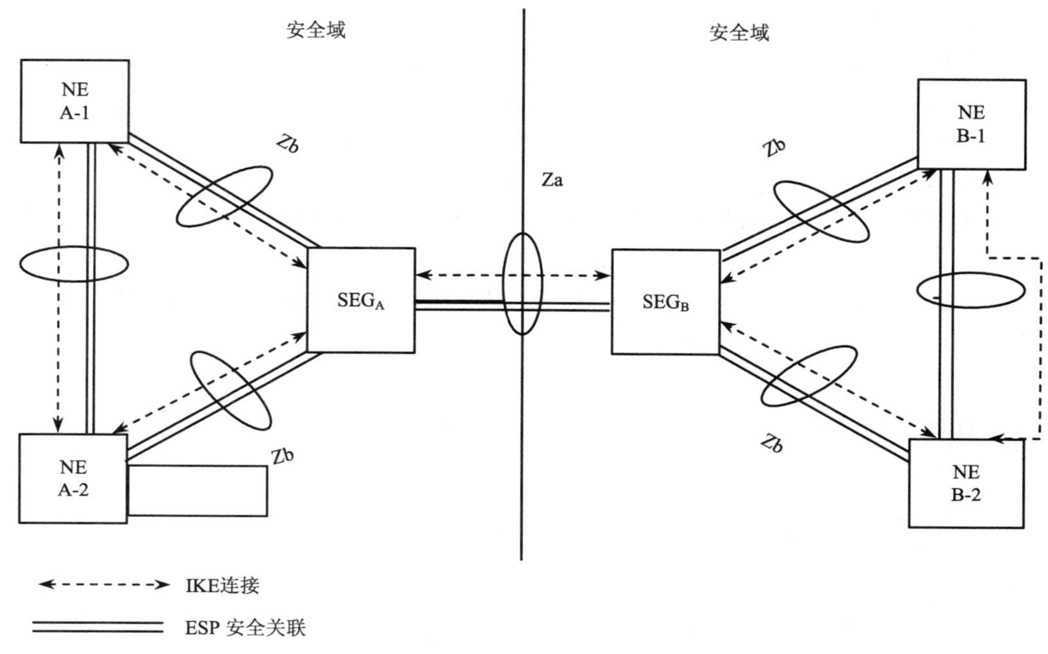

图 8-5　IMS 网络域安全体系结构

IMS 网络域安全的基本思想是在不同安全域间实现逐跳的安全保护，即所谓的链式隧道（Chained-Tunnel）或轮辐模式（Hub-and-Spoke），因而在不同安全域之间可以采用不同的安全策略。

总的来看，现有的 IMS 安全标准体系提供了较完善的解决方案：在接入安全上，实现了客户和网络的双向身份认证，UE 与 P-CSCF 之间的数据机密性、完整性保护；在网络域安全上，采用逐跳模式，对每对网络实体之间的通信进行单独的保护。

美国电信运营商 Verizon 联合思科、朗讯等设备供应商于 2006 年 7 月发布了改进的 IP 多媒体子系统 A-IMS。A-IMS 基于 3GPP2 的多媒体域（Multi Media Domain，MMD）架构，在 SIP 用户与网络的认证、数据的私密性和完整性保护等方面采取了与 IMS 相同的方式。此外，A-IMS 还增加了对非 SIP 应用的支持。相对于 IMS，A-IMS 在集成安全和统一安全管理、安全操作中心、设备接纳控制、安全策略等方面对安全性进行了增强，使得 IMS 网络的安全性得到较大提高。

8.4　小结

本章讨论了 IP 核心网和基于 IMS 的下一代网络的安全性问题。

IP 网因其开放性和灵活性获得了巨大成功，但正是它的开放性导致了一系列安全问题。能否解决好安全问题是 IP 网成为可信商业平台的关键。TCP/IP 体系结构中，不同的层次都有相应的安全解决方案。在网络层，因特网协议安全 IPSec 提供了对 IP 分组的鉴别、加密以及完整性保护等安全服务，这些服务主要通过 IPSec 的认证头协议 AH、封装安全载荷 ESP 协议以及因特网密钥交换 IKEv2 来实现；在传输层，安全套接层协议 SSL 或运输层安全协议 TLS 提供了对 TCP 传输的保护；在应用层，则有 SSH 、PGP、PEM 等安全协议。

随着应用需求的发展，下一代网络 NGN 必将是一个支持全业务（音频、视频、数据等）的网络。IP 多媒体子系统 IMS 是一种 NGN 架构，它是一个构建在分组交换域之上的覆盖网络，它的核心传输网基于 IP 协议。IMS 系统提供了独立于下层网络安全的安全机制。在接入安全方面，它实现了客户和网络的双向身份认证，用户设备和网络之间的数据机密性、完整性保护；在网络域安全方面，基于 IPSec，采用逐跳模式对每对网络实体之间的通信进行单独的保护。

8.5　习题

1. 试简述 IP 网络的安全性机制。

2. 因特网协议安全 IPSec 包括哪些具体协议？IPSec 有哪两种工作模式？试简述其工作原理。

3. 什么是下一代网络？其特点是什么？

4. 试简述因特网多媒体子系统 IMS 的体系结构。

5. 试简述因特网多媒体子系统 IMS 的安全体系结构。在接入网和网络域，IMS 都有哪些安全机制？

第9章 物联网信息处理安全

学习重点

1．数据存储方式的相关概念。
2．数据存储安全的基本概念。
3．数据库的安全机制。
4．数据备份、数据冗余的相关概念及技术。
5．云计算的安全威胁、安全参考模型及关键安全技术。

9.1　概述

物联网的信息处理层实现对感知数据的智能处理。物联网感知层设备数量巨大，感知的数据必然也是海量的。这些数据经过接入网和骨干网传输给信息处理平台进行存储、分析处理，因而信息处理平台对存储空间和计算资源的需求巨大。云计算是一种新型的IT 资源交付方式，它把大量的计算、存储等资源连接在一起，构成巨大的资源池，并以服务的形式提供给用户使用，是理想的物联网信息处理基础设施。本章首先介绍数据存储技术及安全的基本概念，然后讨论云计算的安全问题。

9.2　数据存储安全

9.2.1　数据存储的基本概念

9.2.1.1　传统数据存储

直接存储（Direct Access Storage）是最基本的存储方式（见图 9-1）。存储设备通过线缆直接连接到计算机，如 PC、大型机、服务器等。PC 中的存储设备通常与处理器集成在一个机箱中，而在大型机（Mainframe）或服务器（Large Server）中，存储设备通常是一个独立的单元，位于主机附近。直接存储方式中，每个计算机完全拥有连接的存储设备，所有的 I/O 请求都直接访问存储设备。

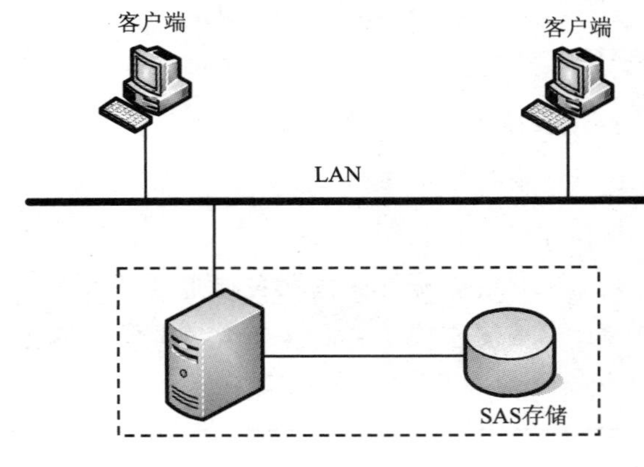

图 9-1　DAS 存储

9.2.1.2　存储网络

存储网络（Storage Network）将存储设备从应用服务器中分离出来进行集中管理，主要的存储网络技术有网络附属存储（NAS）、存储区域网络（SAN）及 IP 存储（SoIP）等。

1. 网络附属存储

网络附属存储（Network Attached Storage，NAS）是一种在局域网上使用 TCP/IP 协

议实现文件共享的技术（见图 9-2）。NAS 将存储设备从服务器中分离出来，把它变成一个独立的设备接入局域网。网络中的每个存储设备都有自己的网络地址（如 IP 地址），可以与网络中的其他任意设备建立连接，交换数据。

NAS 实现了文件级别的数据共享，网络中有一台专用的服务器（称为 NAS 服务器）用来对所有存储设备中的文件进行统一管理。因此 NAS 可以看作 LAN 上的存储服务器，共享的存储设备都附属于 NAS 管理服务器。用户访问存储系统中时，首先访问 NAS 服务器，获得文件元数据信息，再与实际存储文件的存储设备建立连接，完成数据传输。

NAS 可在不间断网络运行的情况下增加或配置存储设备，可扩展性好。数据传输时，在存储设备和客户机之间建立了直接的连接，能够实现高速率数据传输。

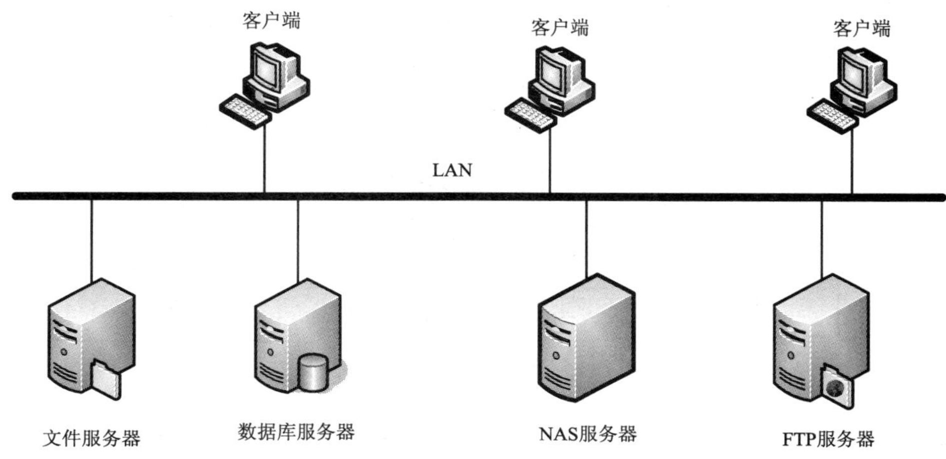

图 9-2　NAS 存储

2．存储区域网络

存储网络（Storage Area Network，SAN）是一种专用的高速网络，其主要目的是支持在计算机系统（服务器）和存储系统之间进行数据传输（见图 9-3）。SAN 网络由通信基础设施（Communication Infrastructure）和管理层（Management Layer）组成，其中通信基础设施包括路由器、交换机、网关、光纤等，它们提供计算机系统之间、存储系统之间或计算机系统和存储系统之间的物理连接；而管理层则负责管理这些连接、存储系统以及计算机系统，以提供安全、可靠的数据传输。存储系统可以包括多种存储设备，例如磁盘、磁盘阵列、磁带库、光盘库等。

SAN 引入了灵活的网络连接方式，网络中任意一对服务器、存储设备或服务器和存储设备之间可以建立直接连接，进行数据传输，从而消除传统存储中服务器和存储设备的特定关联关系。SAN 的这种联网方式分离了应用服务和存储，一方面提高了应用的可用性和性能，另一方面也允许多个异构的服务器能够共享存储设施。

当前主流的 SAN 实现中，网络设备间通常采用光纤通道（Fiber Channel，FC）接口。与传统存储系统接口（如 SCSI）相比，FC 可以支持更多的存储设备，并提供高速率的数据传输（可达 10 Gbit/s）。

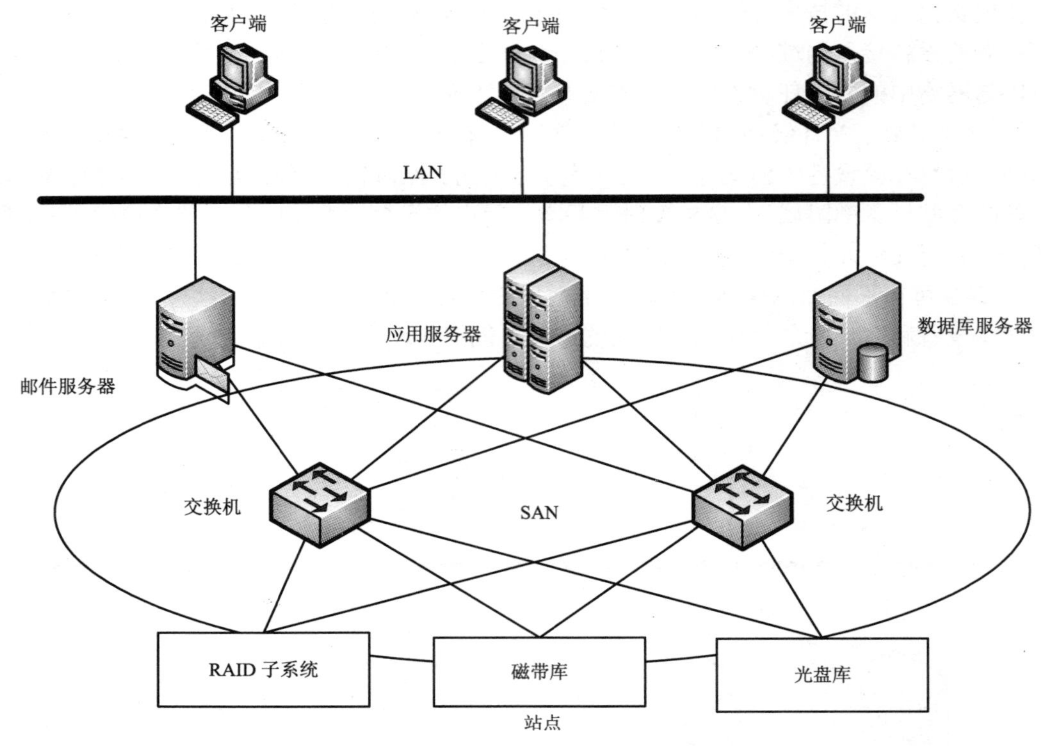

图 9-3 SAN 存储

3. IP 存储

IP 存储（Storage over IP，SoIP）指基于互联网的存储，它通过 IP 网络把地理位置分散的存储系统连接起来，使数据的存储不受地域限制。SoIP 技术支持的存储系统接口主要包括 SCSI（Small Computer System Interface）和光纤通道（Fiber Channel，FC）。常用的 SoIP 协议有 FCIP、iFCP 和 iSCSI 等。

基于 IP 的光纤通道（Fiber Channel over IP，FCIP）又称光纤通道隧道（FC Tunneling）或存储隧道（Storage Tunneling），它支持将地理位置分散的 SAN 网络通过 IP 网连接起来，构成一个统一的 SAN 网络。在各个 SAN 网络内部，数据传输使用 FC 协议。当数据需要在不同的 SAN 间传输时，位于发送一方的 SAN 首先将 FC 分组封装在 TCP 分组中，然后通过 SAN 之间的 TCP 隧道进行传输；当分组到达接收方 SAN 时，从 TCP 分组中取出封装的 FC 分组，再使用 FC 协议传输。FCIP 的主要优点是克服了 FC 在传输距离上的局限性。

因特网光纤通道协议（Internet Fiber Channel Protocol，iFCP）是一个网关到网关协议，也可用于连接地理位置分散的 SAN 网络。FCIP 和 iFCP 的主要区别在于前者是一个隧道解决方案，而后者是一个路由解决方案。iFCP 中，不同的 SAN 网络通过 iFCP 网关连接，数据在两个 SAN 之间传输时，发送一方 SAN 的 iFCP 网关将 FC 协议分组转换为 TCP/IP 协议分组，通过 TCP/IP 协议进行传输；分组到达接收方 SAN 时，接收方的 iFCP

网关又将 TCP/IP 协议分组转换为相应的 FC 分组。iFCP 的主要优点和 FCIP 相同，克服了 FC 在传输距离上的局限性。此外，iFCP 具有更大的灵活性，允许用户将不同类型的 FC 设备或 FC 存储系统通过 IP 网络连接起来。

因特网 SCSI（Internet SCSI，iSCSI）是 IETF 开发的存储网络传输协议，支持将 SCSI 接口的存储系统通过 TCP/IP 协议进行连接。iSCSI 将标准的 SCSI 命令和数据封装在 TCP/IP 分组中传输。接收到这些 TCP/IP 分组的设备提取出其中封装的 SCSI 命令或数据，传递给 SCSI 控制器，再由控制器将命令或数据转发给存储设备。从存储设备中读出的数据被封装到 TCP/IP 分组中，发送给请求这些数据的设备。

9.2.1.3　虚拟化存储

存储虚拟化技术正在成为存储领域的核心技术，它能够实现存储系统的高可用性、高可靠性和易维护性。

虚拟存储是一种具有智能结构的系统，它允许以透明有效的方式在磁盘或磁带上存储数据，统一管理磁盘空间，使得存储系统能够容纳更多的数据，也使得更多的用户可以共享同一个系统。在虚拟存储环境下，无论后端物理存储采用什么设备，服务器及其应用系统看到的都是其物理设备的逻辑映像，即使物理存储发生变化，这种逻辑映像也不会改变。系统管理员不必关心后端存储，而只需专注于管理存储空间，所有的存储管理操作，如系统升级、建立和分配虚拟磁盘、改变 RAID 级别、扩充存储空间等，都变得容易进行。

在虚拟存储环境下，存储对用户来说是透明的，用户不必关心存储设备的功能、容量大小、设备类型和制造商等差别，所有的设备将被统一管理，并被赋予统一的功能。

存储虚拟化的核心是物理存储设备到虚拟存储空间的映射。由于虚拟存储空间的共享性和存储网络本身所具有的复杂性，存储虚拟化技术必须解决共享冲突、数据一致性、性能优化、负载均衡、异构产品的互连、数据安全、容灾以及容错等一系列问题。

9.2.1.4　云存储

云存储也是一种虚拟化存储，云在实现中也可能使用虚拟化技术。云计算通过管理软件将计算、存储等资源进行统一管理，构成资源池，并按需提供给用户使用；用户通过互联网访问云中的资源。云存储将云中的存储空间按需提供给用户使用，又称“数据存储即服务”（Data storage as a Service，DaaS）。

云存储具有许多优势：按使用付费、弹性的存储容量、使用成本低、无须对存储设备进行管理和维护、无须考虑数据备份和容灾等。但当前的云存储也有一些缺点，如访问性能不佳、安全性不能保证、缺乏工业标准、不兼容的访问接口等。

9.2.2　数据存储安全

数据是任何组织最重要的一项资产。无论采用何种类型的存储方式，都要保证数据的安全性。数据安全性主要包括：

① 可稽核性：指发生在数据存储设施上的所有事件和操作都可核查，这主要通过建立事件日志来实现。

② 保密性：保证只有被授权的用户才能访问数据，主要通过数据加密机制来实现。保密性还要实现对传输中数据的保护，如隐藏传输的源地址和目的地址以及数据发送的频率、数量等。

③ 完整性：保证传输中的或静态的数据不被未经授权的更改或删除。

④ 可用性：保证已授权用户能够可靠和及时地访问数据。

网络化存储中，存储设备暴露在不安全的网络环境下，与直接存储方式相比，会受到更多的安全威胁。

访问存储数据的用户可分为三种，即应用用户、管理用户和 BURA（备份、恢复和归档）。无论哪种类型的访问，都需要通过认证和授权机制控制用户的访问权限，以降低对数据的安全威胁。

存储基础设施（包括存储设备、网络设备）的安全是数据安全的基础，要保护存储基础设施不能被未授权访问。存储系统的管理网络应当在逻辑上与其他的网络隔离，以降低管理难度，并增强安全性。未使用的网络服务也应当在存储网络中的每个设备上被禁止。

为了实现数据的保密性，无论静止的数据（在存储媒介、备份媒介或存档的数据），还是在网络传输中的数据都应当被加密。数据应当在生成之后尽快被加密。此外，在数据的生命周期结束时，要确保数据已经被彻底地从存储介质中清除并且不能被重建。

9.2.3　数据库安全

数据库用于存储结构化数据。数据库系统通常由数据库、数据库管理系统、硬件和软件支持系统以及用户四部分构成，一般简称为数据库。其中，数据库是按一定方式存储的若干数据的集合；数据库管理系统（DataBase Management System，DBMS）是对数据库进行管理的软件系统，为用户或应用程序提供了访问数据库中数据的统一接口，同时也对数据的安全性、完整性、保密性、并发性等进行统一的控制。

1. 数据库安全

数据库安全是指为数据库系统制定、实施相应的安全保护措施，以保护数据库中的数据不因偶然或恶意的原因而遭到破坏、更改或泄露。

数据库管理系统的安全威胁主要有篡改、损坏和窃取数据等。篡改指对数据库中的数据进行未经授权的修改，使其失去原来的真实性；损坏表现为数据库中的数据部分或全部被删除、移走或破坏；窃取的手法包括将数据复制到可移动的介质上带走或把数据打印后带走。

2. 数据库的安全保护层次

数据库系统的安全除依赖自身内部的安全机制外，还与外部网络环境、应用环境以及从业人员的素质等因素息息相关。从广义上讲，数据库系统的安全框架可以划分为三个层次：网络系统层次、宿主操作系统层次和数据库管理系统层次。

网络系统是数据库应用的外部环境和基础，数据库系统功能的发挥离不开网络系统的支持。网络系统的安全是数据库安全的第一道屏障。网络系统层次的安全防范技术主要包括：防火墙、入侵检测、协作式入侵检测技术等。

操作系统是数据库系统的运行平台，为数据库系统提供了一定程度上的安全保护。操作系统的主要安全技术包括：操作系统安全策略、安全管理策略、数据安全等。

数据库管理系统自身也提供了一套强有力的安全机制，主要包括：用户认证、存取控制、数据库加密、审计、备份与恢复等。

3．数据库管理系统的安全机制

数据库管理系统的安全机制是用于实现数据库各种安全策略的功能集合，主要的安全机制有：

（1）用户标识与认证

用户标识与认证是数据库系统提供的最外层的安全保护措施。用户在数据库管理系统中注册时会获得一个用户标识符。通过把用户标识符与只有用户知道的信息（如密码等），或只有用户拥有的物品（如磁卡、IC 卡等），或用户的个人特征（如指纹、掌纹、语音、虹膜等）相关联就可以实现对用户的认证。

（2）存取控制

存取控制就是对用户使用资源的权限和范围进行核查。存取权限控制是为了防止合法用户越权访问系统和网络资源，即确定用户对哪些资源享有使用权，或可进行哪种类型的操作（如读、写、运行等)。数据库存取控制主要有：运行或禁止运行，允许或禁止阅读、检索，允许或禁止写入，允许或禁止修改，允许或禁止清除等。

（3）数据库加密

对数据库中的数据进行加密，可保证即使数据泄露了，这些数据仍能得到一定程度的安全保护。数据库系统中实现数据加密主要有三种方式：系统中加密、服务器端（DBMS 内核层）加密和客户端（DBMS 外层）加密。

① 系统中加密：先将数据在内存中进行加密，然后再把加密后的内存数据写到数据库文件中；读出时进行逆向解密。这种方法的缺点是对数据库的读写都比较麻烦，每次都要进行加或解密操作。

② DBMS 内核层加密：数据在物理存取之前完成加/解密操作，需要对 DBMS 本身进行修改，如图 9-4 所示。这种加密方式的优点是加密功能强，并且加密几乎不会影响 DBMS 性能；缺点是加密运算在服务器端进行，加重了服务器的负载，而且需要修改 DBMS。

③ DBMS 外层加密：将数据库加密系统作为 DBMS 的一个外层工具，根据加密要求自动完成对数据库中数据的加解密处理，如图 9-5 所示。

（4）数据库的审计

数据库审计（Audit）指监视和记录用户对数据库所施加的各种操作。数据库的审计功能自动记录用户的所有操作，存入审计日志（Audit Log）中。事后可以利用日志信息重现导致数据库现有状况的一系列事件，提供分析攻击者的线索。

审计一般可分为用户级审计和系统级审计两级。用户级审计主要针对用户自己创建的数据库进行审计，记录所有用户对数据库的一切成功或不成功的访问请求，以及各种类型的 SQL 操作。任何用户均可设置用户级审计。系统级审计主要用于监测成功或失败的登录请求、授权或收回授权操作以及其他数据库级权限下的操作。系统级审计只能由数据库管理员设置。

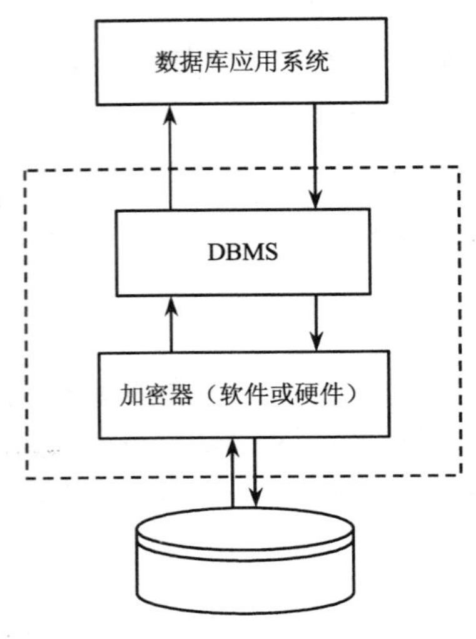

图 9-4　DBMS 核心层加密

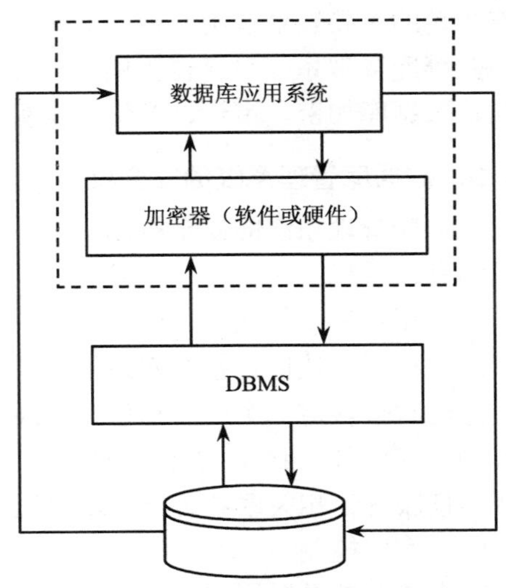

图 9-5　DBMS 外层加密

（5）数据库的备份与恢复

备份和恢复是数据库系统必不可少的一部分。数据库系统如果发生突如其来的故障（如黑客攻击、病毒袭击、硬件故障或人为误操作等），可能会导致数据的丢失。备份是恢复数据最容易和最有效的方法。备份应定期进行。常用的数据库备份方法有冷备份、热备份和逻辑备份三种。

① 冷备份：指在没有用户访问的情况下，关闭数据库并进行备份，又称“脱机备份”。这种备份方法在保持数据完整性方面最有效，但对需要持续运行的数据库来说，较长时间地关闭数据库进行备份不现实。

② 热备份：指在数据库运行过程中进行备份，又称“联机备份”。为了保证备份过程中数据的完整性，在备份时，所有对数据更新的指令都存储在日志文件中，但不对数据进行真正的物理更新。备份结束后，系统按照日志文件中记录的命令对数据库进行真正的物理更新。被备份的数据保持了备份开始时刻的数据一致性状态。

③ 逻辑备份：指使用软件技术从数据库中导出数据并写入一个输出文件，该文件的格式一般与原数据库的文件格式不同，只是原数据库中数据内容的一个映像。逻辑备份一般用于增量备份，即备份那些在上次备份以后改变的数据。

数据库恢复又称重载或重入，是指当磁盘损毁或数据库崩溃时，通过转储的备份重新安装数据库的过程。数据库恢复技术通常有三种策略，即基于备份的恢复、基于运行时日志的恢复和基于镜像数据库的恢复。

① 基于备份的恢复：指周期性地备份数据库，当数据库失效时，把最近一次备份的数据复制到原数据库所在的位置上。用这种方法恢复的数据库只能保持最近一次备份时的状态，而从最近备份到故障发生期间的所有数据更新都会丢失。

② 基于运行时日志的恢复：数据库运行时，所有的操作都记录在日志文件中。当系统发生故障后，先使用基于备份的恢复策略把数据库恢复到上一次备份时的状态，然后系统自动地正向扫描日志文件，将备份时刻到故障发生时刻之间的所有已提交事务放到重做队列，未提交事务放到撤销队列中执行。这种方式可将数据库恢复到故障发生时的数据一致性状态。

③ 基于镜像数据库的恢复：数据库镜像是实时复制的数据库副本。当主数据库更新时，数据库管理系统 DBMS 自动把更新后的数据复制到镜像数据库，始终保持镜像数据库和主数据库的一致性。当主数据库出现故障时，可用镜像数据库继续提供服务，同时 DBMS 自动利用镜像数据进行数据库恢复。数据镜像通过实时复制数据实现，但频繁的复制会降低系统的运行效率。

9.3 数据备份和冗余技术

9.3.1 数据备份

数据备份是容灾的基础，是指为防止系统出现操作失误或系统故障导致数据丢失而将全部或部分数据从应用主机的硬盘或磁盘阵列复制到其他存储介质的过程。数据库备份也是一种数据备份。

9.3.1.1 备份策略

备份策略指确定需备份的内容、备份时间及备份方式。目前被采用最多的备份策略主要有以下三种。

（1）完全备份（Full Backup）

完全备份是指对整个系统或用户指定的所有文件数据进行一次全面的备份，这是最基本也是最简单的备份方式。完全备份要备份所有的数据，需要大量的备份介质，备份时进行读写操作所需的时间也较长，并且两次备份的文件中有大量的重复数据。因此这种备份不能进行得太频繁。

（2）增量备份（Incremental Backup）

增量备份只备份相对于上一次备份操作以来新增或者更新过的数据，可以解决完全备份的缺点。增量备份中不备份重复的数据，而且在一段时间内只有少量的数据发生改变，能迅速完成读写操作，比较经济，可以频繁进行。典型的增量备份方案是在偶尔进行完全备份后，频繁地进行增量备份。

但是增量备份的恢复工作比较麻烦：首先恢复最近一次的完全备份文件，然后按时间顺序依次恢复各个增量备份文件。若其中任何一个备份文件出现问题，都将导致后续的恢复工作无法进行。这种备份方式的可靠性是最差的。

（3）差分备份（Differential Backup）

差分备份即备份上次完全备份后新增和更新的所有数据。差分备份将数据恢复时涉及的备份记录文件数量限制为 2，简化了恢复工作。差分备份在避免了前述两种备份策略缺陷的同时，又兼具了它们的优点。

在实际应用中，备份策略通常是以上三种的结合。例如，每周一至周六进行一次增量备份或差分备份，每周日进行全备份，每月底进行一次全备份等。

9.3.1.2 备份方式

目前比较常见的数据备份方式有：

① 远程磁带库、光盘库备份：将数据传送到远程备份中心，制作完整的备份磁带或光盘。

② 远程数据库备份：在与主数据库所在生产机相分离的备份机上建立主数据库的一个完全拷贝。

③ 网络数据镜像：对生产系统中的数据和所需跟踪的重要目标文件的更新进行监控与跟踪，并将更新日志实时通过网络传送到备份系统，备份系统根据更新日志对备份磁盘进行更新。

④ 远程镜像磁盘：通过高速光纤通道和磁盘控制技术将镜像磁盘延伸到远离生产机的地方，镜像磁盘数据与主磁盘数据完全一致，更新方式可以是同步或异步。

9.3.2 冗余系统

数据冗余技术使用一组或多组附加存储设备来存储数据的副本。RAID 是一种应用广泛的数据冗余技术。

9.3.2.1 RAID 基本概念

冗余独立磁盘阵列（Redundant Array of Independent Disks，RAID）是一种在多个磁盘上存储数据的技术，它通过将数据分散或复制到多个磁盘上，实现提高数据读写性能和数据保护的目的。根据数据在磁盘阵列中存储方式的不同，RAID 分为不同的级别，不同级别具有不同的数据保护和读写性能特性。RAID 磁盘阵列可通过硬件控制器或软件来控制，相应的 RAID 系统称为硬件 RAID（Hardware RAID）和软件 RAID（Software RAID）。软件 RAID 的所有操作依赖主机系统的 CPU 执行，性能不如硬件 RAID。

RAID 涉及两个概念：数据条带化（Data Striping）和冗余（Redundancy）。数据条带化改善了数据读写性能，而冗余则增加了数据存储的可靠性。

数据条带化即将数据进行分割，并把数据块分布存储在磁盘阵列上，磁盘阵列对外表现为一个单一的大容量磁盘。数据条带化后，通过聚合 I/O 操作可进行数据并行化读写，具体表现为两种并行化：多个独立的 I/O 操作可由多个磁盘并行执行，减小了 I/O 请求的排队等待时间；（一次读写请求中的）多个数据块可由多个磁盘并行读写，增加了读写速率。但另一方面，多个磁盘的并行读写又降低了整个磁盘阵列的可靠性。因而，磁盘阵列中的数据存储需要冗余信息，以使在部分磁盘失效时，磁盘阵列仍然能够提供正常的读写操作而不丢失数据。

RAID 组织方式的划分可基于两点特征：① 数据条带化粒度；② 冗余信息计算以及在磁盘阵列中的分布模式。数据条带化粒度分为细粒度（Fine-Grained）和粗粒度（Coarse-Grained）。细粒度 RAID 中，数据被划分为较小的单位，所有的 I/O 操作均需要访问阵列中的所有磁盘。细粒度 RAID 能提供高速率的数据读写，但缺点是同时只能处理一个逻辑 I/O 请求，且所有磁盘对每个请求都需要进行寻址。粗粒度 RAID 中，数据被划分为较大的单元进行存储，小量数据的 I/O 请求只需要访问部分磁盘，大量数据的 I/O 请求才需要访问所有的磁盘。粗粒度 RAID 可支持多个小量数据读写请求的并行执行，同时也支持大量数据读写请求的高速率传输。

RAID 中存储冗余数据需要处理两个问题：① 冗余信息的计算方法；② 冗余信息在磁盘阵列中的分布方式。当前 RAID 中使用的冗余信息主要是奇偶校验码（Parity）。此外还有海明码（Hamming Codes）或 Reed-Solomon 码等。冗余信息的分布大体分为两种模式：集中存储或在所有磁盘上均匀分布，均匀分布可避免热点（Hot Spot）和负载均衡等问题。

9.3.2.2　基本 RAID 技术

1. RAID 0

RAID 0 中，数据被划分成条带（Stripe）或块（Block）（大小任意），这些条带顺序存储在磁盘阵列中，如图 9-6 所示。RAID 0 中没有冗余信息，因而也没有数据保护，某个磁盘损坏后整个存储系统将失效。阵列中磁盘越多，系统可靠性越差。由于数据分散存储在多个磁盘上，且不需要更新冗余数据，RAID 0 具有良好的写性能。事实上，RAID 0 的写性能是所有 RAID 系统中最好的。但 RAID 0 的读性能却不是最好的：具有副本信息的 RAID（如镜像 RAID）通过合理的 I/O 调度，能具有更小的寻址时间以及读延迟。RAID 0 广泛应用于对读写性能有较高需求，但对可靠性要求不高的场合。实现 RAID 0 至少需要两个磁盘。

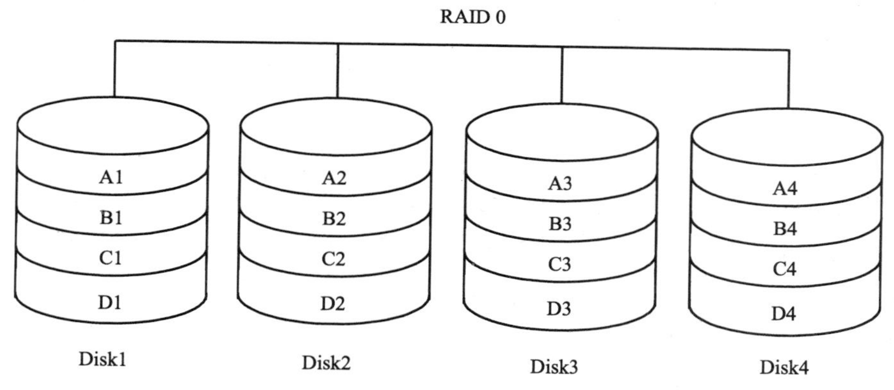

图 9-6　RAID 0

2. RAID 1

RAID 1 又称磁盘镜像（Mirroring）或影子（Shadowing）。数据写入时同步写入到至少两个磁盘，即实现了数据的备份（完全冗余），如图 9-7 所示。当某个磁盘损坏时，相应的镜像盘可以继续工作。RAID 的安全性是最高的，但整个系统的磁盘利用率仅为 50%，因而系统成本高。RAID 1 多用于保存关键性重要数据的场合。

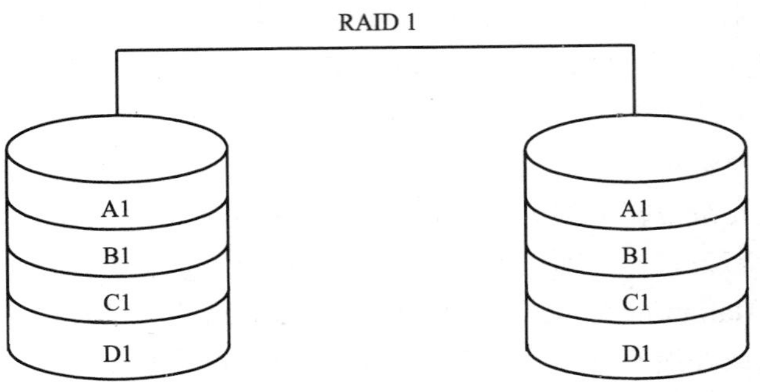

图 9-7　RAID 1

3. RAID 2

RAID 2 用“条带化”方式将数据分布在磁盘阵列中。数据先被划分为以“字”（Word）为单位的“条带”，字的长度等于阵列中数据磁盘的数目，字中的每一位被存储在一个数据磁盘上。RAID 2 对每个字计算一个海明码，海明码以相同的方式存储在纠错码（Error Correcting Code，ECC）磁盘中，即海明码中的每一位存储在一个 ECC 磁盘上，ECC 磁盘的数量比数据磁盘少 1，如图 9-8 所示。读取数据时，数据字与其相应的海明码进行交错引用，以验证数据是否出错。若一个磁盘失效，可根据其余数据位及海明码进行纠错（Error），恢复失效的数据位。定位失效磁盘需要多个磁盘参与。因为要计算和存储海明码，RAID 2 的开销大，写性能不佳，市场上几乎没有实现 RAID 2 的产品。

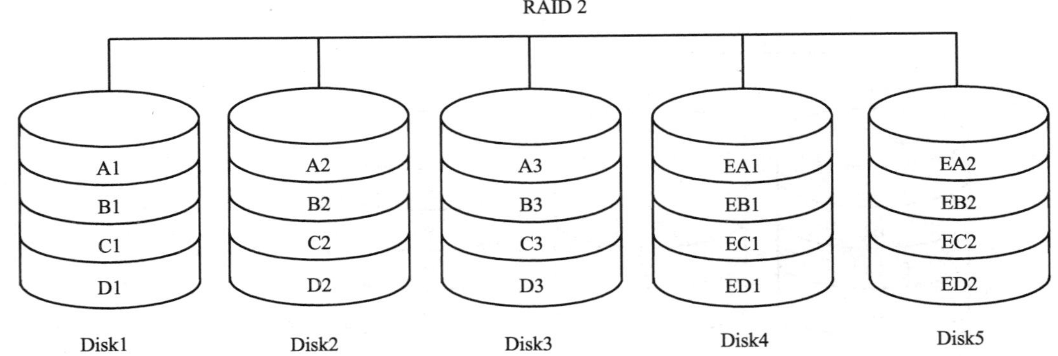

图 9-8　RAID 2

4. RAID 3

RAID 3 使用了“位交错奇偶检验”（bit-Interleaved Parity）技术在磁盘阵列中分布存储数据。数据按位顺序存储在数据磁盘中；对所有数据磁盘中的相同位计算一个奇偶检验位，这个校验位存储在单独的一个校验磁盘中，如图 9-9 所示。当一块磁盘失效时，RAID 3 可根据校验值重新建立失效磁盘上的数据。失效磁盘由控制器识别。RAID 3 数据读请求需要访问所有数据磁盘；写请求需要访问所有数据磁盘和校验磁盘，因此同时只能处理一个请求。实现 RAID 3 至少需要三个磁盘。RAID 3 多用于需求高吞吐量的场合，如视频流处理、图像编辑、视频编辑等。

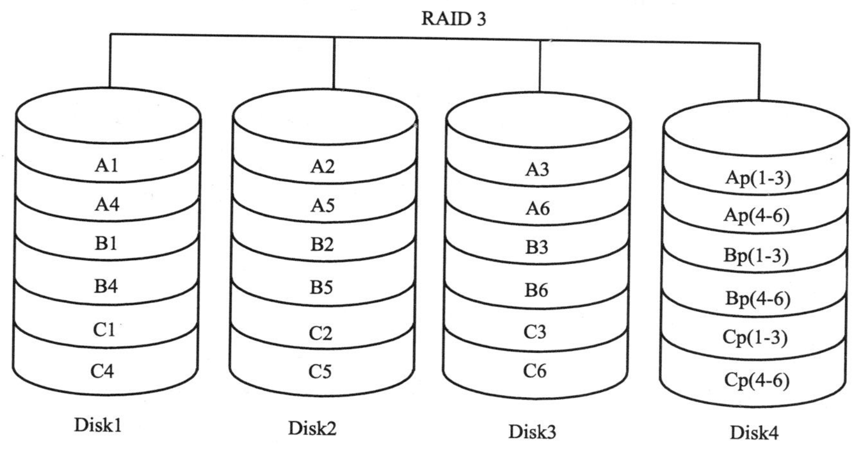

图 9-9　RAID 3

5．RAID 4

RAID 4 与 RAID 3 类似，区别在于 RAID 4 使用了“块交错奇偶校验”技术。RAID 4 中，数据被分割成块（任意大小），这些块顺序存储在数据磁盘中；相应地，校验磁盘中存储的是这些数据块的奇偶校验码。当读请求数据小于块大小时，只需要访问一个磁盘；写请求必须更新相应数据块和校验块。因为所有写请求都需要更新校验块，校验磁盘很可能成为系统瓶颈。

6．RAID 5

RAID 5 通过将校验码均匀分布在所有磁盘中，克服了 RAID 4 中的单一校验盘瓶颈。校验码分布存储后，不同磁盘上的写操作可能并行执行。例如，写 1 号磁盘的 C1 块与写 3 号磁盘的 A3 块数据可同时进行，因为这两个数据块的校验码分别在 2 号和 4 号磁盘上，同时访问并不冲突，如图 9-10 所示。

在所有 RAID 系统中，RAID 5 具有最好的小量数据读、大量数据读和写性能。因为更新校验块需要执行读-改-写（Read-Modify-Write）操作，小量数据写性能比 RAID 1 镜像差。校验块分布方式也会影响系统性能，通常左对称（Left-Symmetric）分布方式是一种最有效的选择（见图 9-10）。RAID 5 只能支持单个磁盘失效后的数据恢复。实现 RAID 5 最少需要三个磁盘。

7．RAID 6

使用奇偶校验码只能在单个磁盘失效后恢复数据。RAID 6 在奇偶校验码（P）的基础上，又引入了 Reed-Soloman（Q）码，支持两个磁盘失效后的数据恢复。由于引入了 Reed-Soloman 码冗余信息，RAID 6 需要更大的额外存储空间。通常情况下，若存储数据需要 N 个磁盘，RAID 6 则需要 N+2 个磁盘。RAID 6 最少需要四个磁盘。

RAID 6 的组织形式与 RAID 5 类似（见图 9-11），操作方式也类似。只是在写入数据时，需要同时更新 P 和 Q 码，需要更多的 I/O 操作。

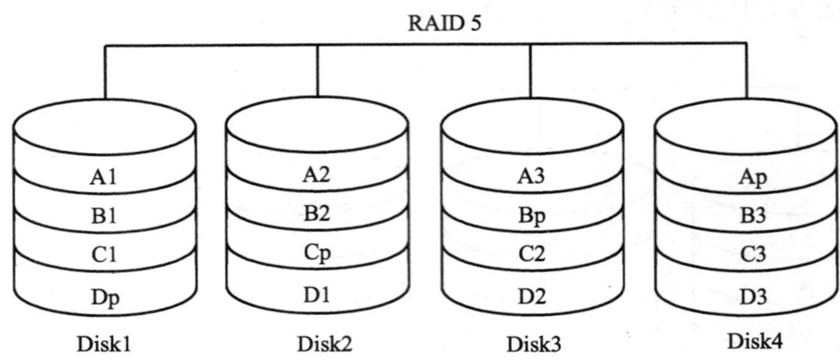

图 9-10　RAID 5

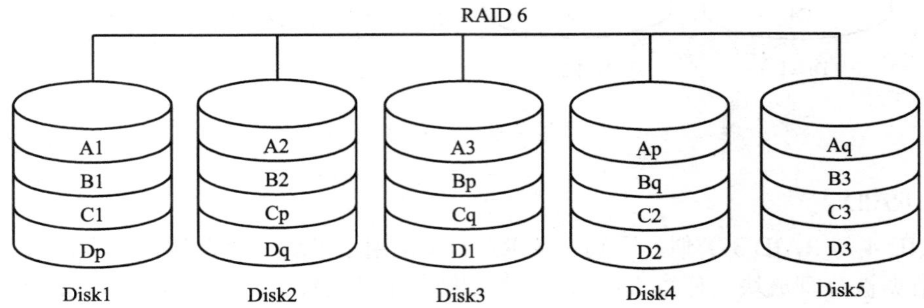

图 9-11　RAID 6

8. 嵌入式 RAID 技术

嵌入式 RAID 综合了两种 RAID 系统，即“建立 RAID 系统的 RAID 系统”，在一定程度上克服了单一 RAID 系统的缺陷。RAID 01 和 RAID 10 是最常见的两种嵌入式 RAID，它们综合了 RAID 0 和 RAID 1 的特点（见图 9-12 和图 9-13）。RAID-01 是一种“条带集镜像”，即条带化发生在同一磁盘阵列内，而镜像发生在不同磁盘阵列之间；RAID 10 恰好相反，是一种“镜像集条带”，即条带化发生在不同磁盘阵列之间，而镜像发生在同一磁盘阵列内部。这两种类型的 RAID 系统中，只要互为镜像的两个磁盘不同时失效，存储在其中的数据就不会丢失，既具有 RAID 0 的良好写性能，又具有 RAID 1 的高可靠性。

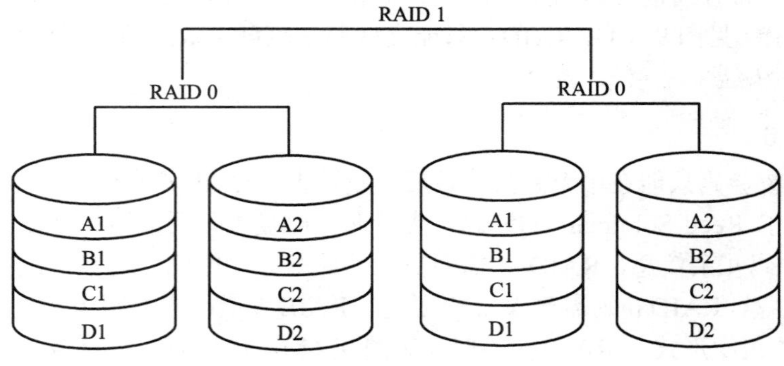

图 9-12　RAID 01

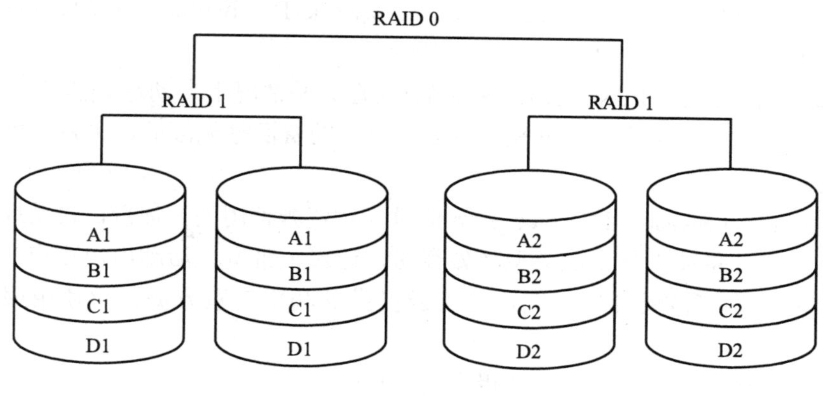

图 9-13　RAID 10

9.4　服务云安全

9.4.1　云计算的基本概念

云计算（Cloud Computing）将大量计算、存储与软件资源链接在一起，形成巨大规模的共享虚拟 IT 资源池，通过服务形式向远程用户按需交付；用户使用云端工具通过互联网接入云，获得并使用所需的各类资源。理论上，云计算拥有无限的计算、存储能力，因而是物联网海量感知数据的理想处理基础设施。

随着技术及标准的发展，各类云服务之间也呈现出整合的趋势，不同的云计算通过互联网连接起来，即形成云计算的“云”（Cloud of Clouds），给用户提供更加灵活的服务。

美国国家标准与技术局（U.S. National Institute of Standards and Technology，NIST）给出的云计算定义获得了广泛的认可：云计算是一种模式，能实现对共享、可配置的计算资源（网络、服务器、存储、应用和服务等）的方便、按需访问，并且这些资源可以通过极小的管理代价或者与服务提供者的交互被快速地准备和释放。

云计算包括五个关键特点、三种服务模式以及四种部署模式。NIST 的云计算可视化模型如图 9-14 所示。

1. 云计算的五个关键特点

① 自助按需服务（On-Demand Self-Service）：用户可在需要时单方面（自动）配置计算能力（如服务器时间和网络存储等），而无须与各个云服务供应商交互。

② 宽带网络接入（Broad Network Access）：网络提供宽带接入能力，用户可使用各种客户端平台（如移动电话、笔记本电脑、PDA 等）通过标准接入方式接入网络。

③ 资源池（Resource Pooling）：云提供商的计算资源汇集成资源池，通过多租户（Multi-Tenant）模型提供给多个用户使用，并且各种不同的物理或虚拟资源动态地按需分配（或再分配）给用户使用。资源具有一定的位置独立性（Location Independence），用户通常并不知道所使用资源的确切位置，也无法控制资源的位置，但用户能够在较高的抽象层次上指定资源位置（如国家、州，或者数据中心）。存储（Storage）、计算

（Processing）、内存（Memory）、网络带宽（Network Bandwidth）以及虚拟机（Virtual Machines）等都是某一种类型的云资源。

④ 快速伸缩（Rapid Elasticity）：各种资源（在某些情况下自动地）能够快速地获得，也能够快速地释放。从用户的角度来看，云提供商的资源是无限的，可在任何时间购买任意数量的资源。

⑤ 测量服务（Measured Service）：云通过（对资源使用的）计量，自动地控制和优化资源的使用。计量能力与资源类型（如存储、计算、带宽、活动用户账户）相匹配。监测、控制和报告资源的使用状况，能给云提供商和用户双方提供所使用服务的完整情况。

在讨论云安全问题时还要考虑多租户的特点。

2. 云计算的三种服务模式

① 软件即服务（Software as a Service，SaaS）：云提供给用户的资源是运行在云基础设施之上的应用服务，用户可使用各种类型设备通过客户端接口（如 web 浏览器）接入云服务。用户并不管理或控制底层的云基础设施，包括网络、服务器、操作系统、存储，甚至单个的应用服务，但用户能对云服务做有限的配置设置。

② 平台即服务（Platform as a Service，PaaS）：云提供给用户的服务是在云基础设施上部署用户开发的或从（其他渠道）获得的应用，并提供部署应用所需的工具。用户并不管理或控制底层的云基础设施，包括网络、服务器、操作系统和存储，但用户能够控制部署的应用，也能对应用的主机环境进行配置。

③ 基础设施即服务（Infrastructure as a Service，IaaS）：云提供给用户的资源是计算、存储、网络以及其他的基本计算资源，用户可在这些资源上部署、运行任意类型的软件，包括操作系统和应用软件。用户并不管理和控制底层的云基础设施，但能够控制操作系统和存储、部署应用软件，甚至能进行有限的网络组件（如主机防火墙）选择。

3. 云计算的四种部署模式

① 公共云（Public Cloud）：云基础设施由某个组织拥有，该组织通过出售的方式向公众或其他组织提供云服务。

② 私有云（Private Cloud）：云基础设施仅为一个组织服务。云可以由这个组织管理，也可由第三方进行管理，可以是场内服务（On Premise），也可以是场外服务（Off Premise）。

③ 社区云（Community Cloud）：云基础设施由若干个组织共享，以支持共同的诉求（如任务、安全需求、策略和合同考虑）。云可以由这些组织管理，也可以由第三方进行管理，可以是场内服务（On Premise），也可以是场外服务（Off Premise）。

④ 混合云（Hybrid Cloud）：云基础设施由两个或多个独立存在的云（私有的、社区的、或公共的）组成。这些独立的云通过标准的或专有的技术绑定在一起，并且这些绑定技术支持数据和应用在不同云间的迁移。

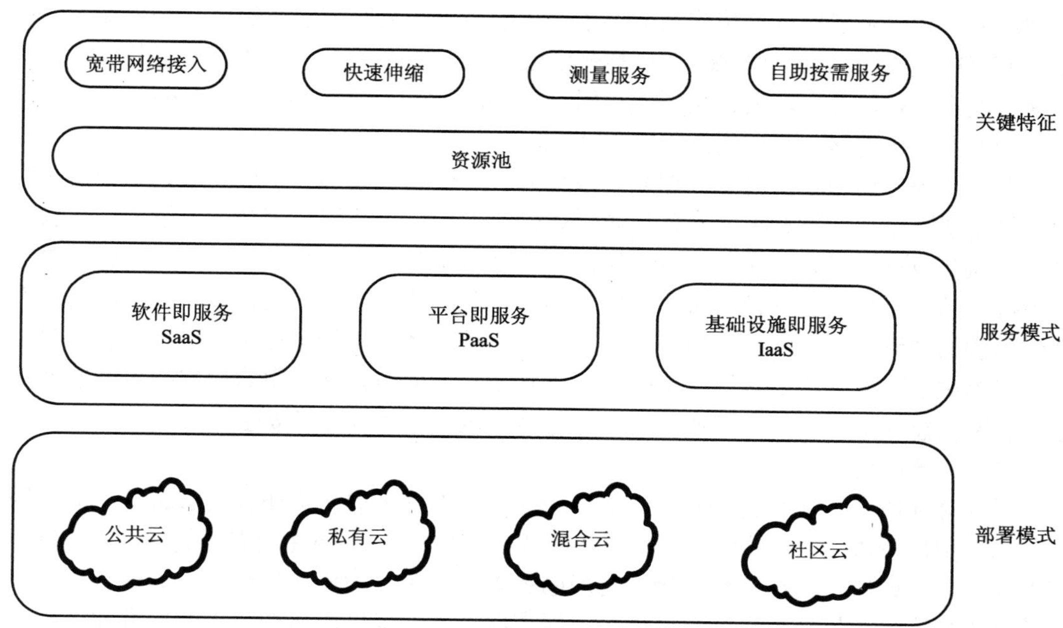

图 9-14　NIST 云计算可视化模型

9.4.2　云计算的安全威胁

随着云计算应用的不断发展，其安全问题的重要性呈现出逐步上升的趋势。安全性已成为制约云计算发展的重要因素。云服务模式下，用户把数据及其操作控制权部分或整体地委托给了云服务提供商，因而面临比传统 IT 环境更复杂的安全威胁。要让企业、组织大规模地应用云计算技术与平台，放心地将自己的数据委托给云提供商进行管理，就必须全面地分析并着手解决云计算所面临的各种安全问题。

云计算安全的研究机构或组织主要有国际电信联盟（ITU-T SG17 研究组）、结构化信息标准促进组织（Organization for the Advancement of Structured Information Standards，OASIS）、国际标准化组织/国际电工委员会（ISO/IEC，JTC1）、欧洲网络和信息安全局（European Network and Information Security Agency，ENISA）、云安全联盟（Cloud Security Alliance，CSA）以及各大云计算服务提供商（如 IBM、Amazon、Microsoft 等）。云计算的安全研究正处于不断演进、完善的过程之中。

云计算安全联盟成立于 2009 年，目的是提供云环境下最佳的安全解决方案。CSA 成立后迅速获得了业界的广泛认可，其成员涵盖了国际领先的电信运营商、IT 和网络设备厂商、网络安全厂商、云计算提供商等。2010 年 3 月，CSA 发布了“top threats to cloud computing V1.0”，将云计算面临的最大安全威胁归纳为七种类型，分别是：

（1）滥用和恶意使用云计算

云计算能给用户提供无限的资源，但当前云计算平台在用户注册时没有太多限制，任何人都能注册并立即使用云服务，甚至一些云平台还给用户提供了一段免费的试用期。

这种注册方式以及云服务使用模式提供了一定的访问匿名性，恶意的用户一旦接入云服务，就可以使用云的强大资源从事破坏性活动，如密钥破解、分布式拒绝服务攻击、动态地点攻击、存储恶意数据、控制僵尸网络、Rainbow Table 分析、验证码破解等。

（2）不安全的接口或应用编程接口 APIs

云计算提供商通常提供了一组软件接口或应用编程接口 API，用户通过这些接口管理（自己使用的）云资源或与云服务进行交互，云（资源）提供、（资源）管理、（资源）协作和监测也都通过这些接口进行。因此，基础云服务的安全性和可用性就依赖于这些基本接口的安全性。在认证、接入控制、加密、监测等活动中，这些接口必须能防止偶然或恶意的规避企图。此外，组织用户或第三方用户经常基于这些基本接口给它们自己的用户提供增值服务，引入了新 API 层，增加了接口的复杂性。组织用户还可能需要把它的私密信息（如凭证等）开放给第三方使用，这无疑也增加了安全风险。

（3）恶意的内部用户

云计算环境下，IT 资源和用户都处于一个云提供商的管理之下，而且云提供商的服务过程对用户不透明，因此内部恶意用户的威胁比传统 IT 系统中更甚。例如，云提供商可能并不公开如何给其员工授权接触物理的或虚拟资源，如何监督员工，如何分析、报告策略执行情况；另外，只能看到很少或根本看不到云提供商雇佣员工的标准和过程。在内部恶意用户的配合下，业余黑客、犯罪组织、间谍，甚至国家支持的入侵等能够获取云中的机密数据或获得云服务的完全控制权，而且不易被觉察。

（4）共享技术问题

IaaS 提供商通过共享基础设施向用户提供可扩展的云服务，但构成底层基础设施的组件（如 CPU 缓存、GPU 等）在设计时并没有考虑多租户环境下的用户隔离属性。

为了解决这个问题，IaaS 平台中引入了虚拟监控软件，它用来协调客户操作系统对物理资源的访问。但虚拟监控软件也会存在缺陷，使得客户操作系统能够对底层平台进行不合适的控制或施加不合适的影响。因此在 IaaS 中应当采取安全的隔离技术，以保证一个用户不会影响同一云平台上其他用户的操作，也不会接入其他用户的数据、网络流量等。

（5）数据的丢失或泄露

数据破坏的方式有多种：删除或更改记录而不备份原数据；在一个大的上下文环境中删除记录的链接关系，从而可能使使数据不可恢复；丢失加密密钥，导致数据无法解密；未经授权的一方接入敏感数据等。

由于（云所面临的）风险和挑战的数量（更多）以及它们之间的交互，云环境下的数据破坏更严重。这些风险和挑战可能是云所独有的，也可能在云体系结构和运行环境下变得更加危险。

（6）账户或服务劫持

云服务中，如果攻击者获得了合法用户的机密信息，就可以窃听用户的活动、操纵用户的数据、给用户返回虚假的信息，或把（使用被劫持用户的服务的）用户重定向到非法的站点。合法用户的账户或服务也能被攻击者用作新的攻击源：攻击者能利用合法用户的信誉来发动攻击。

（7）未知风险（Unknown Risk Profile）

云计算的优点之一就是减少了硬件和软件的购置与运行维护投资，使企业能专注于自己的核心业务。但在获取这些收益的同时，必须仔细权衡与之相矛盾的安全考虑：部署云计算的组织是为了获利，而该组织很可能忽略了对安全问题的投入。软件版本、代码升级、安全实践、软件漏洞、入侵企图、安全设计、与哪些用户共享基础设施以及各种安全日志等是评估安全时需要考虑的因素。

CSA 在“top threats to cloud computing v1.0”中还给出了这些安全威胁的一些具体例子、应采取的对策、各类安全威胁所影响的云服务类型（IaaS、PaaS、SaaS），以及与它更早期发布的“Security Guidance for Critical Areas of Focus in Cloud Computing V2.1”中关注域的对应关系。

9.4.3　云安全参考模型

9.4.3.1　CSA 模型

CSA 2009 年 12 月发布了“Security Guidance for Critical Areas of Focus in Cloud Computing V2.1”，代表着云计算和安全业界对云计算及其安全保护认识的一次重要升级。在该指南中，CSA 从用户使用云计算的角度，即“何时、如何以及将什么迁入云”，给出了一个风险评估框及大量的建议，以减少采用云计算技术过程中的风险。

CSA 云安全指南 V2.1 将云安全划分为 13 个关注域。第一个关注域是云计算体系结构框架，其中给出了 CSA 的云计算定义（CSA 采用了 NIST 的定义）、云参考模型以及云安全参考模型。

CSA 云参考模型（见图 9-15）提供了一个理解、分析云安全的框架。该模型中，IaaS 位于最底层，它包括了机房设备、硬件平台等在内的整个基础设施。IaaS 对这些资源进行抽象，并提供了到这些抽象资源的物理或逻辑连接，用户通过 IaaS 的一组 API 接口来管理底层基础设施或与基础设施进行其他类型的交互。PaaS 构建在 IaaS 之上，它集成了应用开发框架、中间件以及数据库、消息、队列等功能，允许开发者在平台上进行应用开发和部署。SaaS 又构建在 PaaS 之上，它提供了独立的运行环境，用来发布应用、内容、管理等服务。

在这个层次模型中，上层的云服务继承了下层服务的能力，同时也继承了下层服务的安全风险，层次越低，云提供商所负担的安全责任越少，而更多的安全责任则转移给了用户。SaaS 集成了最多的功能（包括安全功能），具有最少的用户扩展性，安全性由云提供商保证；PaaS 比 SaaS 有更多的可扩展性，但内建的安全功能不完备，（开发者）用户需要实现额外的安全保护功能；IaaS 具有最大的可扩展性，但只提供了保护基础设施安全的能力，用户需要自己实现对操作系统、应用、内容等的管理和安全保护。

CSA 云安全参考模型强调了不同云服务类型（IaaS、PaaS、SaaS）之间的层次关系，以及在不同场景下云的安全控制及考虑，包括：

① （云）资产、资源和信息的物理位置，在场内（On-Premise）还是场外（Off-Premise）？

② 云服务由谁消费？

③ 所要管理的资产、资源和信息的类型。

④ 谁管理以及如何管理。

⑤ 谁监管。

⑥ 选择哪些安全控制，以及如何把它们集成到云中。

⑦ 合规性问题，如对策略、标准的合规性评价等。

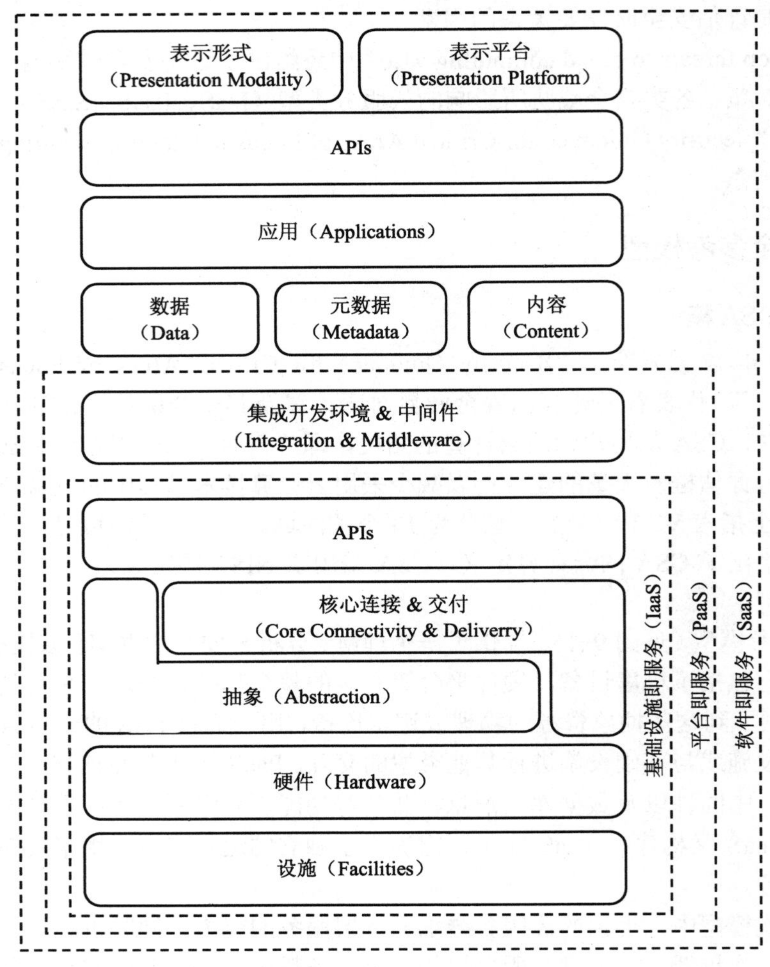

图 9-15　CSA 云计算参考模型

图 9-16 总结了 CSA 云安全参考模型的要点。图中的基础设施（Infrastructure）指机房设备（Facility）、计算机（Compute）、网络（Network）、存储设备（Storage Equipment）等；管理包括治理（Governance）、运维（Operations）、安全（Security）、合约（Compliance）等；基础设施位置（Location）指物理位置及其相对于一个组织的管理范围；用户分为信任用户和非信任用户，信任用户指组织的雇员以及合作、商业伙伴等，非信任用户指可以被授权访问部分或全部服务的用户。

CSA 云安全指南 v2.1 的其他 12 个安全域可分为治理（Governance）和运维

（Operations）两大类（见表 9-1）。其中，治理域着重解决云计算安全的战略和策略问题，内容范围宽泛，而运行域则关注云安全在技术上的考虑及其实现。CSA 计划对每个关注域发布独立的白皮书。

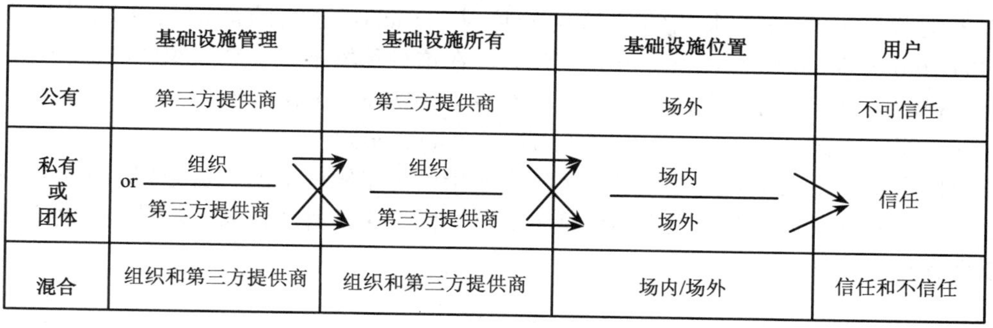

	基础设施管理	基础设施所有	基础设施位置	用户
公有	第三方提供商	第三方提供商	场外	不可信任
私有或团体	or 组织 / 第三方提供商	组织 / 第三方提供商	场内 / 场外	信任
混合	组织和第三方提供商	组织和第三方提供商	场内/场外	信任和不信任

图 9-16　CSA 云安全模型

表 9-1　CSA 安全域

云安全治理域	云安全运维域
D1：治理和企业风险管理	D6：传统安全、业务连续性和灾难恢复
D2：法律和电子证据发现	D7：数据中心运行
D3：合约和审计	D8：事件响应、通告和补救
D4：信息生命周期管理	D9：应用安全
D5：可移植性和互操作性	D10：加密和密钥管理
	D11：身份和访问管理
	D12：虚拟化

9.4.3.2　Jericho 论坛模型

Jericho 论坛是国际领先的 IT 安全组织，致力于在全球开放的网络环境下推进安全的商务，它的成员包括来自于多个国家的财富 500 强企业、主要安全厂商、政府和学术界的顶级安全专家。在云计算安全领域，Jericho 论坛的目标是实现各种最适合商业需求的云计算形式之间的安全协作。

Jericho 论坛提出了云立方体模型（见图 9-17）。这个模型从四个维度来区分不同的云形式及云服务提供方式，这四个维度分别是：

（1）内部（Internal）/外部（External）

该维度定义了数据的物理位置，即所使用的云在组织边界内部还是外部。

（2）专有（Proprietary）/开放（Open）

该维度定义了云计算技术、服务、接口等的所有权归属。专有意味着云提供商在搭建云计算平台时使用了专有技术，而开放则指使用广泛采用或标准化的技术。采用专有还是开放技术会影响云之间的互操作性以及数据、应用的可移植性。

（3）边界之内（Perimeterised）/无边界（De-perimeterised）

第三个维度代表体系结构上的概念，即操作在传统 IT 系统边界之内还是之外。边界之内表示操作在传统 IT 系统边界之内进行。边界所处位置通常是网络防火墙，但不是固定的。例如，可以通过 VPN 方式把外部云的资源纳入 IT 系统，在云中运行虚拟服务器，并在 IT 系统中对云中资源进行接入控制。当计算任务执行完成后，释放云资源，此时 IT 系统边界退回到网络防火墙的位置。

无边界意味着 IT 系统的体系结构遵从 Jericho 论坛的面向协作的体系框架（Collaboration Oriented Architectures，COA）。在这种环境下，一个组织能够在全球范围内与选择的第三方进行安全协作（第三方 IT 系统也遵从 COA 框架）。

（4）组织内部（Insourced）/组织外部（Outsourced）

第四个维度定义了云的管理者。组织内部指云由组织内部的人员管理，组织外部指云由第三方进行管理。在云立方体模型中，这个维度用两种颜色表示；其他八种云形式可以选择任意一种颜色。

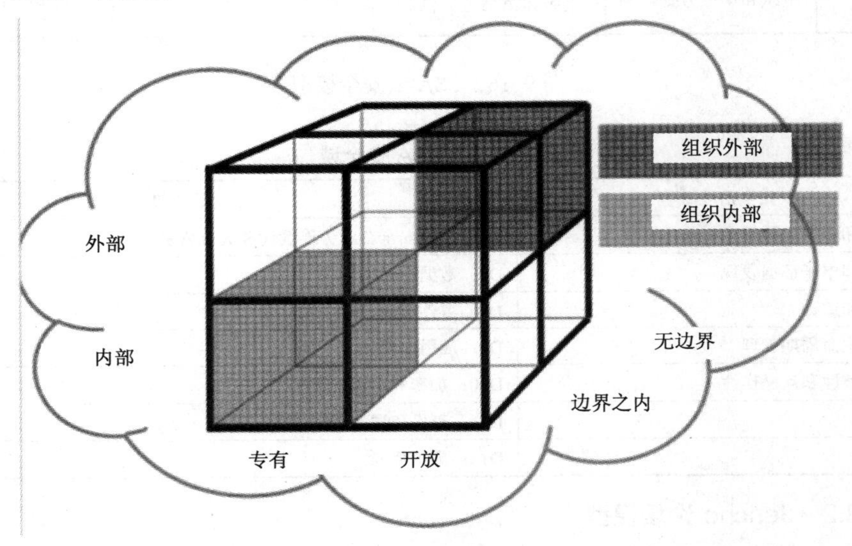

图 9-17　Jericho 云模型

9.4.4　云安全关键技术

9.4.4.1　认证、接入控制

云计算的服务模式决定了需要用户和云提供商共同参与来解决用户认证和接入管理。把传统 IT 系统接入到云平台后，也需要把传统 IT 系统中的认证和接入管理（Identifier and Access Management，IAM）扩展到云平台中。

1．身份标识的提供/撤销

云提供商通常依据用户注册的账户（身份标识）来实现计费、认证、授权和审计等管理活动，不同云服务模式下的用户身份标识管理需求不同。

对采用 SaaS 服务的组织，SaaS 平台需要能向该组织快速地提供或撤销一批（或大或小）商业用户；若商业流程中有第三方参与，SaaS 平台还要能提供第三方用户。根据工作职能的不同，SaaS 还需要能给用户授予不同等级的权限（角色）。此外，SaaS 用户身份标识提供中还需要考虑下列特点：

① 多阶段性（Multi-Stage Setup）：一些 SaaS 服务过程中可能需要多阶段的用户管理。首先创建用户账户以及登录凭证；用户登录后，还要把用户账号以合适的权限关联到不同等级的商业对象上。

② 服务流程组合（Application Setup Workflow）：采用 SaaS 的组织可能需要协调和顺序使用多个应用来完成其业务解决方案，这需要跨越多个 SaaS 平台提供用户身份标识及权限管理。

③ 通信安全（Communication Security）：公共云服务中，提供身份的请求在开放的 Internet 上传输，因此需要采用安全的传输协议，如 SSL 等。

PaaS 平台的直接用户是服务开发者。PaaS 平台自身可以提供用户标识管理服务；服务开发者也可以提供自己的用户标识管理。PaaS 用户标识提供服务的需求主要包括：

① 自动提供单个或一组用户，并且给每个用户（管理员、开发者、测试者、最终用户等）授予相应的权限。用户提供服务遵循标准协议，如服务提供标记语言（Service Provisioning Markup Language，SPML）。

② 开发者可能需要自己实现对最终用户的账户管理，此时 PaaS 需要提供对用户账户管理的支持。

③ PaaS 的 API 提供对用户管理的支持。

④ 手动用户标识提供：小型或中型商业用户以及个人用户需要手动提供用户管理。在这种情况下，PaaS 的标识提供服务要能支持代理管理功能，即把标识提供服务授权给每个 PaaS 应用，由每个应用的管理员在自己的管辖范围内进行用户标识管理。

IaaS 提供了虚拟的 IT 基础设施，因而它的用户提供管理与数据中心的权限管理类似。IaaS 中的主要用户角色包括计费管理员、系统管理员、网络管理员、备份管理员、防火墙管理员等。IaaS 支持虚拟机的创建及其生命期的管理，为了支持计费、合规以及安全保护，需要对虚拟机进行细粒度的管理，如创建（Create）、销毁（Destroy）、启动（Start）、停止（Stop）、导出（Export）、导入（Import）、挂起（Suspend）等。IaaS 用户标识提供管理的需求主要包括：

① 用户标识的自动提供。

② 基于用户的角色给用户提供合适的权限（计费管理员、系统管理员、开发者用户、测试用户、最终用户等）。

③ 用户标识提供的 API 支持。

2. 认证

认证（Authentication）过程指验证或确认用户所提供的接入凭证（如用户 ID 和口令等）的有效性。用户可以是人、应用程序或其他服务。所有用户在接入云服务时都必须进行认证。授权（Authorization）过程指同意（已认证的）用户接入所请求的资源。当用户采用云计算服务时，需要通过可信的和可管理的方式对用户进行认证。与认证有关的问题包括：凭证管理、强化认证、委托认证、信任传递等。

凭证管理（Credential Management）指发布、管理认证凭证（如口令、数字证书等）。SaaS 和 PaaS 平台通常提供内建的认证服务，或者支持将认证委托给（企业）用户。企业用户可以使用自己的标识提供服务，并通过联合（Federation）的方式与云提供商建立信任关系；个人用户可以采用以用户为中心的认证（User-Centric Authentication），在多个站点使用同一组凭证，如 Google、Yahoo ID、OpenID、Live ID 等。

IaaS 云提供商通常不决定运行在平台上的应用如何对用户进行认证，而由部署应用的组织来来决定如何进行认证。可选的解决方案包括建立到认证服务的专用 VPN 隧道、OpenID 以及结合加密传输的其他各种认证形式（如 SAML、WS-Federation 等）。

强化认证（Strong Authentication）通常指多元素（Multi-Factor）认证或用加密方法保护的认证。强化认证方法，如 Kerberos、令牌（Token）或智能卡系统、生物认证、数字证书等，通常在企业 IT 系统中被采用。这些认证技术也可以用在 IaaS 中。

为了使用强化认证，云服务需要能给企业用户提供委托认证（Delegated Authentication）支持，以使企业能够继续使用现存的基础设施。在委托认证中，企业应当采用开放的标准（如 SAML 等）。

3．联合标识

云应用环境下，联合标识（Federation of Identity）起着重要的作用，如支持在多个（联合的）云服务间进行认证，一次登录（Single Sign-On，SSO）或简化登录（Reduced Sign-On），在服务提供商（SP）和标识提供商（IdP）间交换标识属性等。联合标识也可验证标识信息是否来自可信的标识提供商，提供不可抵赖性。

主要的联合认证标准有安全断言标记语言（Security Assertion Markup Language，SAML）和 WS-Federation 等。SAML 是一种逐渐广泛应用的的联合认证标准，被主要的 SaaS 和 PaaS 提供商支持。当前大多数云提供商只支持单个标准，如 SAML1.1.或 SAML2.0。SAML2.0 综合了标识联合框架 ID-FF（Identity Federation Framework）和 SAML v1，并进行了一些扩展。同时提供对多个标准具有更大的灵活性。

4．授权及用户资料管理

用户资料是一组有关用户属性的数据。云提供商可以根据用户资料来个性化给用户提供的服务，或限制用户可接入的服务资源。接入控制（Access Control）是授予用户特定的资源，并审计策略执行情况的机制，它基于准确的用户资料信息来做出合适的决策。

用户资料和接入控制策略与用户类型有关。用户可分为消费者用户（Consumer User）和组织用户（Corporate User）。消费用户代表自己，而组织用户则是一个组织的成员。消费者用户是其用户资料的唯一来源，其接入策略可由云提供商设置；而组织用户的用户资料则部分来自于用户自身，部分来自于其所在的组织，组织也是部分接入控制策略的来源。因此，在云环境中，用户资料和接入控制管理面临复杂的挑战：信息来自于不同的信息源，使用不同的处理方法、命名规范和技术，并且可能需要通过 Internet 在不同的组织间进行传输。

PaaS 环境下的用户接入控制集中在保护开发环境、代码库、公共服务以及在开发、测试和生产环境之间切换代码。

IaaS 环境下，用户接入管理要能支持建立多种服务，同时要支持保护用户环境不被其他用户非法访问。

5. IDaaS

云标识即服务（Cloud Identity as a Service，IDaaS）是基于云的基础标识管理服务。IDaaS 服务以第三方方式提供用户标识和接入控制管理，包括用户生命周期管理、单次登录等。IDaaS 服务可以通过 SaaS、PaaS 或 IaaS 服务提供，可采用公共云、私有云甚至混合云方式部署。例如，在混合云部署方式中，用户标识管理仍通过组织内部系统进行，而把其他组件如认证服务等通过 SOA 架构在云中实现。

IDaaS 面临的挑战依据服务模型（SaaS、PaaS 或 IaaS）以及标识类型的不同而有所不同。IDaaS 管理的用户可分为组织内部用户、组织外部用户（使用组织提供的产品或服务的用户）以及消费者用户，每一种情形下 IDaaS 面临的挑战都不同。

9.4.4.2 数据安全

1. 数据可靠存储

为了节约成本，一些云计算平台（如 Google 云）建立在不可靠的商用 PC 集群上。事实上，在这类平台中，设备故障被认为是一种常态而非异常。这类云通过软件容错、冗余备份的方式实现数据的可靠存储。

例如，google、Amazon 云中，数据划分成块后存储在云中，每个数据块存储了三个备份（可配置），分布地存储在不同的数据块服务器上。当数据块的冗余备份数小于设定的阈值时，系统会自动复制一份该数据块并存储，从而使同一数据块的副本数始终保持为三。考虑到数据访问的效率与安全性，其中两个数据块在同一机架的服务器上，而第三块数据存储在不同的机架的服务器上。此外，还为每个数据块存储了一个对应的校验码，用于校验数据块的完整性，如数据块是否被篡改，是否发生了缺失等。

2. 数据隔离

云计算是一个多租户的环境，通常大量用户共享云基础设施。用户把数据存储在云中时，云的存储系统必须通过虚拟化、存储映射等技术确保用户数据的隔离性，防止其他用户对数据的非法访问。

3. 数据加密及密钥管理

数据加密是对云提供商依赖最小的安全机制。加密及密钥管理是云服务实现数据保护的核心机制。加密提供数据保护，密钥管理实现数据的接入控制。数据在存储、传输、备份甚至使用过程中都需要进行加密：

① 加密在网络上传输的数据，即使在云提供商内部的网络中传输也需要加密敏感信息。

② 加密存储的数据：加密在磁盘或数据库中存储的数据，防止恶意的云提供商或其他用户滥用数据。IaaS 中用户对基础设施具有完全控制权限，加密数据比较容易，可使用各种工具；PaaS 中加密数据复杂一些，需要云平台提供商在其开发环境中提供一些基础工具，供开发者在其应用中实现加密功能；SaaS 中用户无法直接对数据进行加密，需要云服务商在其提供的应用中进行支持。

③ 加密备份媒体中的数据，防止媒体丢失造成信息泄露。

④ 为了抵御来自外界的攻击，云提供商甚至可以对内存中的数据进行加密。

与数据加密配合使用的方式还有数据切分，即把数据在用户侧打散，经过加密后分别存储在几个不同的云服务中，这样任何一个云服务提供商都无法获得完整的加密数据，即使通过暴力破解也无法获取数据内容。

云中的密钥管理机制要能实现密钥的安全存储、传输、接入、备份等。云的密钥管理标准主要有 OASIS（Advancing Open Standard of Information System）的密钥管理互操作协议（Key Management Interoperability Protocol，KMIP）、IEEE 1619.3 标准等。

4．数据残留

数据残留指数据在被以某种形式擦除后所残留的物理表现。存储介质被擦除后可能留有一些物理特性，使数据能够被重建。在云计算环境中，数据残留有可能会无意泄露敏感信息，因此云服务提供商应能保证，用户的鉴别信息、文件、目录和数据库记录等数据资源所在的存储空间被释放或再分配给其他用户前得到完全清除。

9.4.4.3　应用安全

云计算的典型服务模式有 IaaS、PaaS 和 SaaS。IaaS 涵盖了从机房设备到硬件平台等所有的基础设施资源层面。PaaS 位于 IaaS 之上，增加了一个层面用以与应用开发、中间件以及数据库、消息、队列等功能集成。PaaS 允许开发者在平台之上开发应用，开发的编程语言和工具由 PaaS 支持提供。SaaS 位于底层的 IaaS 和 PaaS 之上，能够提供独立的运行环境，交付完整的用户体验，包括内容、展现、应用和管理能力。云提供商所在的服务层次越低，云服务用户所要承担的安全和管理责任就越多；反之，云提供商所在的服务层次越高，则提供商自己所要承担的安全和管理责任就越多。

云环境下的应用程序影响下列因素或被这些因素所影响，包括：

（1）云应用体系结构

云环境下的应用程序通常依赖于多个系统，甚至第三方系统，如数据库、公钥基础设施 PKI、身份和接入管理 IAM 等。这导致云应用程序的管理配置比传统应用更复杂。

云计算的多租户特性意味着基础设施服务，如网络、数据存储、计算资源等，在多个应用程序间共享。通常这些应用程序分属于不同的组织或个人，需要被隔离在一个私有的环境中，以保护用户的数据不会被其他用户非法访问。

云计算平台通常把基础设施中的计算资源和存储资源分离，将本地存储转变为网络存储，以获得最大的可伸缩性并改进资源的可管理性。这导致应用的安全信息，如调试、审计日志、敏感数据等，需要在远端存储。非云环境下，这些信息通常存储在本地。

云平台需要信任凭证来识别合法的用户，例如应用令牌或密钥等。在所有对云平台 API、服务的调用中，都需要提供这样一个凭证。凭证必须被安全存储。

（2）软件开发生命周期（Software Development Life Cycle，SDLC）

软件开发生命周期包括应用的体系结构设计、软件设计、开发、测试、部署、管理、运维以及退出等，云环境影响这个过程的所有方面。

与传统企业应用相比，运行在云平台中的应用有不同的开发环境和部署环境信任关系。传统企业应用系统中，所有环境都包含在企业内部的 IT 设施中，可以通过设置隔离的安全主机和安全网络来建立信任关系。云计算改变了开发环境和运行时环境之间的边界，这种改变依赖于云计算平台的部署模型。

（3）工具和服务

云环境给应用程序的开发和运行工具以及一些服务带来了新的安全问题。这些工具或服务包括云应用开发、测试、运行管理工具、外部服务的耦合（如 IAM、日志服务等），以及依赖的库和操作系统等。在云应用的安全中，需要了解这些工具或服务的提供者、所有者、运维者，并对各方的安全责任有一个假设。

（4）脆弱性

云应用通常通过 Web 形式提供服务，因而也具有 Web 应用的脆弱性。此外，随着机器通信（Machine-to-Machine）软件、面向服务结构（Service-Oriented Architecture，SOA）的应用在云中部署的增加，云应用也面临着新的相关脆弱性威胁。云基础设施也面临一些脆弱威胁，例如虚拟化软件、云管理接口等。

1．IaaS 安全

IaaS 云平台中，云服务商提供了一组虚拟化的组件，如虚拟机（Virtual Machine，VM）、持续存储空间（Persistent Storage）等，用于用户构建、运行应用程序。最基本的组件是虚拟机以及虚拟机中的虚拟操作系统。

运行在 IaaS 平台上的应用，它的运行环境和部分测试环境的信任假设不同于开发环境。应用程序的开发位于信任的环境中，但一旦部署到 IaaS 平台，软件和数据就运行于开发信任环境之外，需要评估额外的安全问题。

IaaS 服务商通常提供了一些安全工具和服务，包括 Web 应用安全扫描、源代码分析、Web 应用防火墙、基于主机的入侵检测/预防系统等，以增强在它上面运行的应用程序的安全。

2．PaaS 安全

PaaS 给用户提供了一个集成的应用运行环境，以及一些应用构建模块，如企业服务总线（Enterprise Service Bus，ESB）（提供异步消息传送服务）、数据库等。

云平台具有多租户特性，因而 PaaS 中的这些应用构建模块的信任关系需要重新评估。例如，ESB 上的消息对 PaaS 平台不可见，应用程序应当负责这些消息的安全性保护。PaaS 平台还应当在它的编程环境中提供内建的应用安全控制，帮助用户在开发过程中避免已知的脆弱性。PaaS 平台中的服务总线在用户之间共享，应用程序不能假定从总线上接收的消息或发送到总线上的消息总是可信的。对面向服务体系结构的应用程序，传递消息应当使用标准协议如 WS-Security。

PaaS 平台提供了日志组件。当敏感或管理数据存储在日志中时，这些数据需要被保护，例如用应用程序提供的加密方法进行加密。此外，PaaS 还需要提供基于合规的审计功能。

PaaS 平台中，调用平台 API 或其他服务时，调用应用程序需要提供密钥。密钥以及其他服务需要的凭证需要被安全的存储和使用。

企业在 PaaS 平台上开发应用时，需要评估自己的安全软件开发实践成熟度。一个成熟、安全的软件开发生命周期包括安全的设计和编码规则、应用安全技术标准、应用安全保障工具等。软件开发生命周期中的各个部分都需要针对部署的PaaS环境进行升级。PaaS平台自身的开发也需要遵循安全的软件开发生命周期实践。

3. SaaS安全

SaaS提供了基础设施管理、特定应用领域的开发环境以及应用服务，应用服务的功能可以进行扩展（通过用户提供的扩展代码）。另外，应用程序也能够通过API与外部应用进行数据交换，数据交换必须遵循应用当前的安全策略。根据数据的不同类型，数据交换需要有相应的安全控制措施。例如，对敏感数据，数据交换时应当进行加密，以保护数据的机密性和完整性。

SaaS平台中，安全的软件开发生命周期由SaaS提供商和用户共同负责，其关键问题在于确定哪些软件开发活动由用户自己实现，而哪些应当由云平台实现。

9.4.4.4　虚拟化安全

利用虚拟化技术可以在基础设施、平台、软件服务层面提供多租户能力，然而虚拟化技术也会带来其他安全问题。虚拟化技术给云计算引入的风险主要有两个方面：虚拟化软件安全和虚拟服务器安全。

虚拟化软件层位于裸机之上，提供创建、运行和销毁虚拟服务器的能力。可以在不同层次上来实现虚拟化软件，如操作系统级虚拟化、全虚拟化或半虚拟化。虚拟化软件层是保证用户的虚拟机在多租户环境下相互隔离的重要层次，必须严格限制对虚拟化软件层的访问。

虚拟服务器位于虚拟化软件之上。虚拟服务器与物理服务器面临同样的安全威胁，因而对物理服务器的安全原理与实践也可以被运用到虚拟服务器上。例如，为每台虚拟服务器分配一个独立的硬盘分区，以便将各虚拟服务器之间从逻辑上隔离开；为虚拟服务器系统安装基于主机的防火墙、杀毒软件以及日志记录和恢复软件等；在防火墙中，给每台虚拟服务器做相应的安全设置；为虚拟服务器系统进行系统安全加固，包括系统补丁、应用程序补丁、配置所允许运行的服务和开放的端口等。

9.4.4.5　安全云终端

用户需要通过终端软件接入云服务，浏览器是最普遍的客户端软件。但浏览器毫无例外都存在漏洞，这些漏洞增加了终端用户被攻击的风险，从而也会影响到云计算应用的安全。云服务用户应该保护自己的浏览器运行平台（如PC、智能手机、平板电脑等）的安全，例如升级操作系统，给操作系统打补丁，在终端设备上安装安全软件，包括反恶意软件、防病毒工具、防火墙等。

9.5　小结

实现海量感知数据的智能处理需要有巨大的存储空间和强大的计算能力。云计算是把大量的计算、存储、网络等资源连接在一起构成资源池，通过服务的形式（IaaS、PaaS、

SaaS）提供给用户使用。云计算具有快速伸缩、按需付费、使用成本低等特点，是物联网理想的信息处理平台。

本章首先介绍了主要的存储技术。直接存储 DAS 是最基本的存储方式。存储网络将存储设备从应用服务器中分离出来进行集中管理，消除了应用服务器和存储设备间的特定关联关系，主要的存储网络技术有网络附属存储 NAS、存储区域网络 SAN 和 IP 存储网络等。云存储也是一种存储网络技术，它通过管理软件对存储资源进行统一管理，构成存储资源池。存储虚拟化技术能够提供系统的高可用性、高可靠性以及易维护性，正在成为存储领域的核心技术。云存储在实现中也可能使用虚拟化技术。

数据备份和数据冗余是保证数据存储安全的主要技术。常用的备份策略有完全备份、增量备份和差分备份；冗余独立磁盘阵列 RAID 是一种广泛应用的数据冗余技术。

数据库主要用于结构化数据的存储。数据库要能保护存储在其中的数据不因偶然或恶意的原因而遭到破坏、更改或泄露，这需要为数据库系统制定和实施相应的安全保护措施。

云服务模式下，用户把数据及其操作控制权部分或整体委托给了云服务提供商，因此面临比传统 IT 环境更复杂的安全威胁，安全性已成为制约云计算发展的重要因素。云服务层次越低，云服务用户所要承担的安全和管理责任就越多；反之，云服务层次越高，则云提供商所要承担的安全和管理责任越多。云计算的服务模式决定了需要用户和云提供商共同参与来解决用户认证和接入管理、数据安全、应用安全等问题。

9.6　习题

1. 数据存储的基本方式有哪些？
2. 数据安全包括哪些内容？
3. 什么是数据库安全？数据块管理系统提供了哪些安全机制？
4. 常用的数据备份策略有哪些？
5. 试简述 RAID 技术的基本原理。
6. 常用的 RAID 技术有哪些？
7. 什么是云计算？它有哪些特点、服务模式以及部署方式？
8. 试简述云计算面临的安全威胁。
9. IaaS、PaaS 和 SaaS 的安全考虑有哪些异同？
10. 虚拟化技术给云计算造成了哪些安全威胁？

第10章 物联网应用安全

学习重点

物联网应用的安全考虑。

10.1 概述

物联网是物物相连的“互联网”，它通过 RFID、传感器及传感网、嵌入式技术、GPS 等，按照约定的协议，把物与互联网相连接，实现“物-物”、“人-物”之间的信息交换和通信。物联网的核心和基础是互联网，它是在互联网基础之上延伸和扩展而成的一种网络。“物”要满足一定的条件才能被纳入物联网的范围：有信息的接收和处理能力，有数据传输能力，有一定的信息存储能力，有一定的自主计算能力，遵循物联网的通信协议，有可被唯一识别的编号等。

《ITU 互联网报告 2005：物联网》报告指出，无所不在的“物联网”通信时代即将来临，提出了任何时间、任何地点、任意物体之间的互联、无所不在的网络和无所不在的计算的发展愿景。2009 年，IBM 提出了“智慧地球”的概念。“智慧地球”不再单纯强调 IT，而是强调了 IT 与社会的融合，即物理的基础设施和信息基础设施的融合，它将信息技术整合到社会变革当中，采用智慧的方法解决人们面临的各种全球问题。

物联网把信息技术广泛应用于各行各业之中。例如，可以通过把传感器嵌入到电网、铁路、桥梁、隧道、公路、建筑、大坝、油气管道等各种物体中，实现人类社会与物理系统的整合，并对整合后网络内的人员、机器、设备和基础设施等实施实时的管理和控制。在此基础上，人类将以更加精细和动态的方式管理生产和生活，达到“智慧”状态，提高资源利用率和生产力水平，改善人与自然的关系。发达国家，如美国、欧盟、日本和韩国等，都将物联网作为国家战略高度重视，纷纷出台措施予以落实。

物联网是我国信息化与工业化融合发展的重要机遇，将促进网络技术在工业、农业、电力、交通、物流、节能环保、医疗卫生、城市管理、公共安全等领域的应用，优化国家重要基础设施的效能，改造和提升传统产业，引领和促进新兴产业发展。2009 年，中国政府把物联网列为国家五大新兴战略性产业之一，提出要“着力突破传感器、物联网关键技术，及早部署后 IP 时代相关技术研发，使信息网络产业成为推动产业升级、迈向信息社会的发动机”。

整体而言，目前物联网应用的发展尚处于初级阶段，还面临一系列问题，如物联网标准、传感器关键技术、基础设施安全、智能化信息处理等。物联网将是未来网络技术领域的引领技术。在详细介绍了物联网体系结构中各层次的安全技术的基础上，本章列举了一些实际的物联网应用，并讨论了物联网应用的安全考虑。

10.2 物联网应用安全

相对于传统的互联网，物联网覆盖范围更广，应用环境更为复杂，所涉及的安全问题也更为敏感。互联网一旦受到安全威胁，造成的损失一般集中在信息资产领域；而物联网则不同：由于在物联网中能够通过网络对“物”进行控制，一旦受到攻击，将会直接影响到现实世界。例如，若物联网遭受病毒攻击，可能会导致工厂停产、社会秩序混乱，甚至直接威胁人类的生命安全。因此，物联网面临的安全挑战更为严峻。

物联网是一个由感知层、网络层、信息处理/应用层构成的大规模信息系统。感知层的任务是全面感知外界信息，一般包含数据采集设备和设备之间的组网网络，数据采集设备有 RFID 标签、智能卡、摄像头、传感器、GPS 模块等；网络层负责感知数据的交换，包括各种接入网和 IP 核心网技术，其中接入网以无线网络技术为主；处理/应用层的主要任务是对接收的数据进行智能化的分析处理，对智能处理信息的利用，实现用户定制的应用逻辑，从而最终实现物与物、人与物的相连。

感知层是物联网的神经末梢，“物”正是通过各种类型的感知设备接入到网络中。感知层面临的安全威胁主要有：感知设备自身的安全（包括硬件、软件安全）、安全隐私、信号干扰、假冒攻击、恶意代码攻击、DOS 攻击等。现有的解决方案主要有加密、认证、访问控制技术以及一些物理安全机制。另外，在感知数据进入网络层之前，可以把感知结点组成的网络（如传感网）本身看作感知层的一部分，因此在感知层也要考虑感知结点网络的安全。

网络层是物联网的神经中枢，以传统互联网为核心。网络层面临的安全威胁与互联网基本相同，主要有病毒、木马、DOS/DDOS 攻击、中间人攻击、跨异构网络的网络攻击等。目前，物联网网络层的安全技术还主要是认证、加密等传统互联网的技术。网络层的安全机制可分为端到端机密性和结点到结点机密性。对端到端机密性，需要建立端到端认证机制、端到端密钥协商机制、密钥管理机制和机密性算法选取机制等。对于结点到结点机密性，需要建立结点间的认证和密钥协商协议，这类协议要重点考虑效率因素。考虑到跨网络架构的安全需求，还需要建立不同网络环境下的认证衔接机制。此外，根据应用层的不同需求，网络传输模式可能分为单播通信、组播通信和广播通信，针对不同类型的通信模式也应该有相应的认证和机密保护机制。

信息处理层主要负责对接收的海量数据进行智能化处理。它所面临的威胁主要有：超大量终端感知的异构的海量数据的存储与处理、智能化处理失效、灾难控制和恢复等。物联网应用还处于起步阶段，处理层相关的安全研究和成果还很少，主要还是采用传统网络中的安全解决方案，如灾难备份和灾难恢复机制、加密机制以及入侵检测机制等。

应用层涉及的是综合的或有个体特征的具体应用逻辑，它所涉及的某些安全问题通过前面几个层次的安全方案可能仍无法解决，隐私保护就是典型的一种。应用层还涉及知识产权保护、计算机取证、计算机数据销毁等安全需求。

仅仅依靠技术手段无法完全消除物联网的安全威胁。解决物联网的安全问题，一方面要不断采用更好、更高级的安全技术手段，如更好的加密算法、更长的密钥、更安全的软硬件等；另一方面，还需要从非技术的角度来健全物联网的安全环境，例如健全相关的法律、法规，完善规章、管理制度，建立有效的安全策略等。

10.3　物联网典型应用及其安全

10.3.1　物联网在公共安全领域的应用

10.3.1.1　公共安全概述

公共安全是国家安全与社会稳定的基石。从不同的社会主体角度，公共安全有不同的定义：

定义 1：公共安全通常指政府对社会日常运转所提供的安全保护，诸如防火、维护交通秩序、预防犯罪等。

定义 2：公共安全指公民全体及个人和社会的安全，指社会和公民个人从事和进行正常的生活、学习、工作、娱乐、交往所必需的稳定的外部环境和秩序。

定义 3：公共安全是指社会公众享有安全和谐的生活和工作环境以及良好的社会秩序，公众的生命财产、身心健康、民主权利和自我发展有安全的保障，最大限度地避免各种灾难的伤害。

公共安全问题有着突发性、灾难性、预测难、范围广等特点。近年来，世界各国灾害频发，对公共安全产生重大影响，如 2008 年 5 月 12 日汶川地震、2008 年特大雪灾、2010 年冰岛火山爆发、2010 年俄罗斯地铁爆炸、2011 年日本大海啸等。目前我国正处于经济高速发展阶段。当一个国家的人均 GDP 在 1000～3000 美元时，是各种公共安全事件的高发期。我国正处于这一时期，每年由公共安全问题造成大量的非正常死亡及伤残，造成的损失超过 GDP 总量的 5%。

10.3.1.2　物联网与公共安全

公共安全涉及多领域、多学科，技术性很强，交叉性和复杂性突出。如何实现全面监测、监控，并迅速、动态、全面地了解现场状况，科学预测其发展趋势及后果，科学决策和高效处置，是应对各类突发公共事件、实现公共安全保障的重大需求。

物联网广泛利用各种感知技术、信息传输及处理技术，构造了一个大范围覆盖的信息网络，其核心是更透彻的感知、更全面的互联互通、更深入的智能化。因而物联网可满足公共安全问题处理的需求：实时、准确、全面地监控，海量信息智能处理，快速预警信息发送，可用于提供高效的公共安全解决方案。

当前，我国在公共安全事件处置中暴露出反应迟缓、通信不畅、预警滞后、指挥受限、救援不力等问题，需要尽快建立应急信息获取、传递、处理、存储为一体的平台，保证信息的精确感知、广泛共享和高效融合。正是在这种背景下，对物联网的需求日益增加。

10.3.1.3　物联网在公共安全领域的典型应用

1．水资源安全监控

我国是一个人均水资源短缺的国家，近一半以上的城市饮用水资源不足。更为严重的是，已经短缺的水资源还面临着严峻的问题：全国有 70%以上的河流、湖泊都遭受到不同程度的污染。突发性的水污染事故会造成严重的社会和经济影响。例如，2004 年四川沱江氨氮污染事件，造成近百万人停水近四周；2005 年松花江污染事件，造成哈尔滨停水四天。

解决水资源短缺问题，一方面要大力推广节约用水，另一方面也要加强对水资源的监控，建立水环境监控网络，对水质进行实时监测、分析，及时发现和跟踪有害物质的扩散态势、路径及污染程度，为环境治理提供翔实数据。

图 10-1 给出了一个基于物联网的水资源监控方案整体架构。首先，通过各种类型的传感器收集水资源信息，如河流流速、流量、水中的污染成分等；然后，这些采集的数据通过网络传输给信息处理平台，由于水资源分布范围极广，因此需要通过移动通信网、卫星等广域网络进行传输；水资源信息处理平台建立在具有海量信息存储和高性能运算的基础设施之上，通过对所收集信息的进行分析、仿真等处理，形成决策所需的各种信息，并最终提供给多层面的应用系统使用。

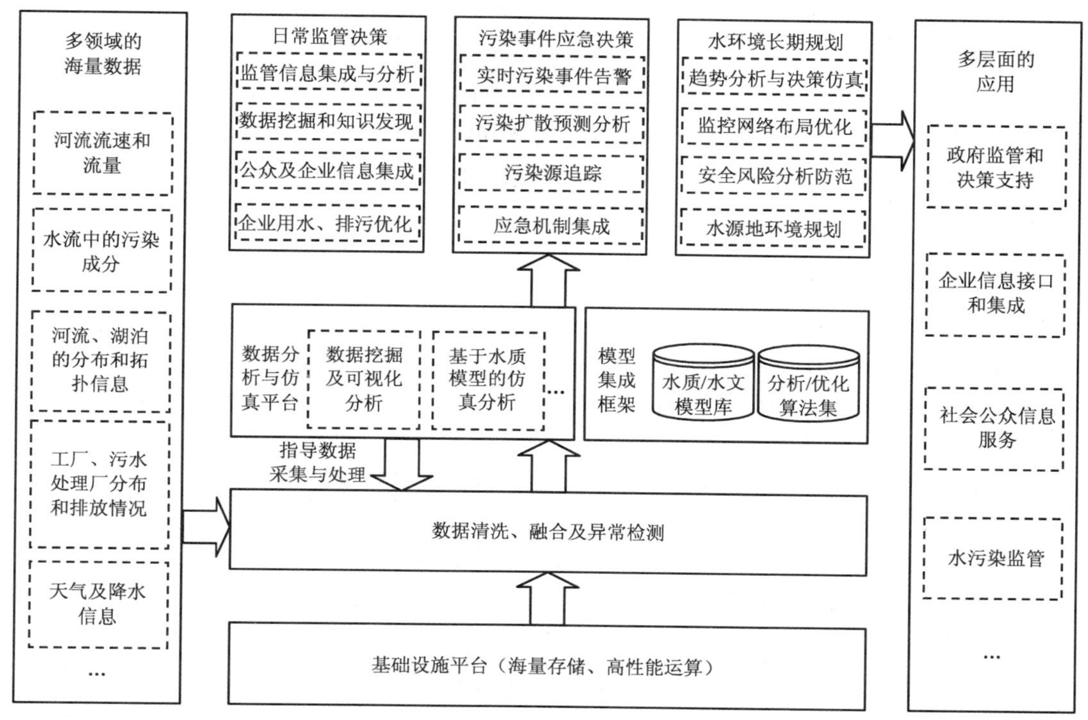

图 10-1　水资源安全解决方案整体架构图

2. 食品/农产品安全监管

当前食品安全问题日益突出，复杂的食品产业网络中任何一个环节的疏失都可能引发重大食品安全事故。实现可追责的食品正向追踪和逆向追溯的管理网络，建立食品安全保障体系，是实现食品安全的必由之路。

国外发达国家普遍采用条形码（BAR CODE）、电子数据交换（EDI）、RFID 等技术实现产品追踪与追溯。例如，在加拿大，肉牛自 2001 年起使用条码耳标，从 2005 年 1 月 1 日起至 2006 年 9 月逐步过渡到了使用电子耳标；在美国，来自政府机构和不同协会、组织的 100 余名畜牧兽医专业人员组成一个家畜标识开发小组，制定并参与了家畜标识工作计划，采用 RFID 电子标签实现对畜产品生产过程的追溯；2004 年，日本千叶县构建了基于 RFID 技术的农产品追踪试验系统，初期选定甜瓜、胡萝卜、葱、红薯、卷心菜作为试验对象，试验中采用两种 13.56 MHz RFID 标签分别用于流通管理和个体识别。

我国针对近几年频发的食品安全事故，开展了以提高农产品与食品安全为目标的溯源技术研究与系统建设工作。北京、上海、南京、四川、广州、天津等地相继采用条码、IC 卡、RFID 等技术建立了农产品质量安全溯源系统。中国农业大学精细农业研究中心与广东省农科院合作研发了“农产品安全生产数字化关键技术创新平台”，利用无线传感网络和传感器技术，对农产品（水果）产地的生产环境进行实时监控。大连雪龙黑牛股份有限公司参与了农业部 2006 年设立的国家 948 项目“肉牛产业链关键技术引进和中国安全优质牛肉生产体系建设——RFID 肉牛全程质量安全追溯系统”，并已成功将该系统运用到集团的生产和屠宰加工过程当中，实现了从精液发放、繁殖培育、技术服务、犊牛收购、入场整理、育肥、防疫、屠宰、终端销售等全程追溯。在农产品流通方面，浙江大学和北京市农业信息中心等单位研发了车载端冷链物流信息监测系统，该系统包括两部分：车厢内的无线传感器网络实现温度、湿度等信息的实时采集，并通过无线方式发送到驾驶室；驾驶室配备集成了 GPRS、GPS 和 RFID 模块的车载配送终端设备，实现采集环境信息的立体显示及色调预警。

3．城市智能监控

随着我国城镇化的发展，城市中人口密度、流动人口数量迅速增加，从而引发了交通、治安等一系列城市管理问题，而公安警力的增加远不能满足需求。引入技术安全防范和侦察手段，是解决目前公安系统“有效管理”与“经济成本”矛盾的有效途径。城市监控包括城市重点区域监控、交通干道监控、网吧监控、机场车站监控、停车场监控、娱乐场所监控等；所有这些监控系统要与公安机关的信息系统（如 110、119 等）互联，以保证事件发生时，相应部门能第一时间掌握现场情况。

基于物联网的城市智能监控系统主要包括信息采集、信息传输、数据分析（包括视频、图像分析）、数据访问等几部分。数据采集主要是通过摄像头、传感器、定位设备等感知设备进行，搜集被监控区域的实时多媒体信息；信息传输是通过各种网络将采集的多媒体信息传递给信息处理平台，由于城市中的网络基础设施较好，有线或无线网络（WLAN、移动通信网等）可提供高带宽，满足多媒体数据的传输需求；数据分析对采集的多媒体数据进行识别、处理（尤其是视频、图像数据），需要高性能的基础设施平台；数据访问则提供分析结果的展示，以及与其他信息系统的互联接口。

10.3.2　物联网在节能环保领域的应用

在节能与环保领域，物联网的应用是利用传感器及无线传感网、RFID、多媒体信息采集、互联网、云计算、实时定位等技术实现环境信息的感知、互联互通和智能化处理，为节约能源和保护环境提供有效的监控手段和管理方式，智慧地解决能源危机和环境恶化的问题。

10.3.2.1　物联网在节能领域的典型应用

2008 年 6 月，日本启动了旨在降低电能消耗、减少碳排放的“绿色东京大学计划”，其目标是“利用信息技术以智能和智慧方式改善环境”，“将以强制被动方式改善为以自觉方式打造低碳环境”。该计划以东京大学工程院 2 号楼信息网络为实验平台，通过利用传感器以及基于 IPv6 的下一代互联网，将建筑内的空调、照明、电源、监控、安全设施等系统互联，形成综合性系统，通过对各类数据进行智能分析，实现对电能消耗的动态控制。

瑞典国家公路管理局和斯德哥尔摩市政厅在 2006 年初宣布了试征“道路堵塞税”，并基于激光、摄像头等技术建立了一个无须停车的道路收费系统，实现自动的车辆探测、识别和收费。该系统的使用不仅减少了交通拥塞，还提高了交通工具使用率，降低了燃油消耗，减小了环境污染。

纽约时代总部大楼安装了基于信息通信技术的光照控制系统。光照系统根据日光感应控制电灯在需要的时候开启。大楼内还安装了众多类型的传感器，包括温度传感器、热量探测传感器、烟气及其他气体传感器、玻璃破碎感应器等，来监测建筑物的各个部分的状态。与其他大楼相比，其消耗的能源要低 30%。

10.3.2.2　物联网在环保领域的典型应用

美国自然保护协会开展了“全球大河合作项目”来帮助人类保护淡水资源。在这个项目中，IBM 与其合作伙伴汇聚了不同的科学模型，开发了决策支持系统，通过提供高性能的计算来显示这些关键自然资源的三维模型，对特定流域建立综合的水管理体系，并增强重要利益相关方之间的协作和交流。该项目最初关注全球三大水系：美国的密西西比河流域、南美洲的巴拉那水系和中国的长江。

2002 年，美国加州大学伯克利分析计算机系 Intel 实验室和大西洋学院开展了一个名为“in-situ”的项目，利用无线传感器网络来监视缅因州大鸭岛（Great Duck Island）上海燕的栖息情况。研究组在岛上部署了多种类型的传感器，以监测不同类型的信息，如用光敏传感器、温度传感器和压力传感器监测海燕地下巢穴的微观环境；用低能耗的被动红外传感器监测巢穴的使用情况等。这些传感器组成无线自组织网络，将采集的数据传输到 300 英尺（91.44 m）外的基站计算机内，再经由卫星传输至加州的服务器。全球的研究人员都可以通过互联网查看该地区各个传感器结点的数据，掌握第一手的环境资料。

我国也建立了一些环境监测和污染源监控物联网，如对大气、灰尘、地表水、饮用水、噪声、土壤、生态以及辐射的监测，对重点污染源的废气和废水排放等的自动监测。

10.3.3　物联网在智能电网中的应用

10.3.3.1　智能电网概述

电力是一个国家的经济命脉，是现代经济发展和社会进步的重要基础。电网覆盖范围极广，由数以万计的设备组成。电能通过电网以接近光速输送，从而使电网中各设备间的相互影响深远且快速，这样的技术特性必然要求电网具有信息监测、自动控制、统一调度等智能化能力。因此，电网智能化是电网发展的必然。欧盟委员会、美国能源部以及各种类型的电力企业与组织，纷纷投入相当的精力研究智能电网。在欧美国家，发展智能电网已经逐步上升为国家战略，成为国家经济发展和能源政策的重要组成部分。我国政府也在积极研究中国智能电网的发展战略和投资规划。

智能电网是以物理电网为基础，将现代的电力电子技术、传感测量技术、通信技术、信息技术、计算机技术和控制技术，与发电、输电、调电、变电、配电、用电等电网中各个环节高度集成而形成的新型电网。智能电网的核心是：以计算机、电子设备和智能元器件等技术为基础，引入通信、自动控制和其他信息技术，创建开放的系统和共享的信息模式，整合系统数据，优化电网管理，使用户之间、用户与电网公司之间形成网络互动，实现数据读取的实时、双向和高效，提高整个电网运行的可靠性和综合效率。

10.3.3.2　智能电网与物联网

智能电网从根本上来说是将信息技术与传统电网高度“融合”，从而极大地提升电网的信息感知、信息互联和智能控制能力，提高电网品质，实现各种新的应用。因此，它需要进行大量信息采集，并通过庞大通信网络，形成实时、高速、双向的信息流，采用开放的系统和共享的信息模式，促进电力流、信息流、业务流的高度融合和统一，以保证包括从需求侧设施，到广泛分散的分布式发电，再到电力市场的整个电力系统及相关环节的正常运行，支撑各类业务正常运转。

物联网是推动智能电网发展的重要技术手段。实现智能电网，可以在电网中的各类设备上部署数量庞大的终端传感器采集所需数据，同时将这些数据通过通信网络进行传输，为智能电网的各种应用提供数据支持，为电网中发电、输电、变电、调电、配电和用电等各环节提供重要决策依据。

10.3.3.3　物联网在智能电网中的应用

智能电网涵盖以下环节：

1．发电环节

智能电网发电环节大致分为常规能源、新能源和储能技术三个组成部分。常规能源包括火电、水电、核电、燃气机组等。通过在常规机组内部布置传感器监测点，可以提高对机组状态的监测水平，深入了解机组的运行情况，包括各种技术指标和参数，有效地推进电源的信息化、自动化；此外，部署了传感器的机组能够与电网中其他设备之间建立互动关系，从而实现快速调节和深度调峰，提高机组的灵活运行和稳定控制水平，促进机网协调发展。

随着常规能源日益枯竭以及人们对环境保护的日益重视，可再生能源、低碳能源成为电力行业的主要发展趋势之一。新能源主要包括风电、光伏发电、生物能发电等。但这些新能源具有间歇性、波动性的特点，稳定性较差，无法直接接入电网。结合物联网的传感器和智能处理技术，通过实时监测、分析及预测，可规范新能源的并网接入和运行，实现新能源和现有电力系统有机融合。

在可再生能源发电所占比例较大的电力系统中，储能技术是保证系统正常运行的有效途径。通过蓄电池、压缩空气、飞轮等设备，暂时将当前富余的（新能源）电能储存起来，以备在将来需要时再输入电网，从而消除新能源的波动，实现削谷填峰，改善电力质量。

在用电侧就近利用可再生能源的分布式电源（如居民太阳能板、小型风电），是大电网远距离传输电能的有效补充。同样，这些分布式电源也具有间歇性和波动性，大量接入对电网的冲击很大。为使分布式能源能够接入电网运行，也需要借助于电网的智能化。

2. 输电环节

智能输电是智能电网的重要组成部分。输电线路具有地域分布广泛、运行条件复杂、易受自然环境影响和巡检维护工作量大等特点。特别是高压、超高压输电线路常常跨域人迹罕至的地区，而这些地区的气候条件、地质条件和交通条件等相对较差，使得传统的定期检修耗费大量人力物力，且无法及时发现并排除故障。输电线路运行状态和故障信息随环境和输电线路的运行状况不断变化，并直接影响输电线路的安全稳定运行，这些状态和信息有：绝缘子泄漏电流的变化及污秽的发展情况，输电线路覆冰、风偏，杆塔和线路的外力破坏等。目前依靠人工检测很难获得这些状态和信息的实时数据。

利用物联网技术，在输电线路（包括相关设备）上部署传感器，对微气象、绝缘子污秽度、风偏、微风震动、覆冰、导线和线路温度、铁塔倾斜等进行实时监测，并利用通信网络将这些信息实时传送给监控中心，以分析输电线路的实际状态，进行状态诊断，实时发现事故或故障隐患，及时通知技术人员加以处理，从而变定期检修为状态检修，大大降低工作量和运行成本，提高电网运行的可靠性。

3. 变电环节

智能电网中的变电环节有多种应用和技术改进需求，结合物联网技术，可以更好地实现各种高级应用，提高变电环节的智能化水平和可靠性程度。例如，通过在变电设备中部署传感器，把设备状态传输到管理中心，实现对重要设备的实时监测和预警，从而提前做好设备更换、检修、故障预判等工作，使设备检修过渡到以状态检修为主的管理模式；将物联网技术应用到变电站的数字化建设中，使系统具备较强的自愈自恢复能力，提高环境监控、设备检测、安全防护等的应用水平。

4. 调度环节

智能调度是维系电力生产过程的基础，是保障智能电网运行和发展的重要手段。传统的经验分析型调度模式已经不能适应电网发展的需求，必须综合利用各种现代化技术，面向调度生产全过程，实现量测、建模、分析、决策、计划、控制和管理的全方位智能化，形成经济优化、管理高效和安全的电网调度体系。

5. 配电环节

可重构的配电网络是智能电网的基础。要实现灵活的配电网络，需要有自动化的配电管理系统对配电网进行集中监测，优化配电网的控制与管理。

物联网可用于配电网设备的状态监测和配电网现场作业监管。在设备状态监测方面，可以对配电网关键设备的环境状态信息、机械状态信息、运行状态信息进行感知，以实现配电网设备的故障诊断评估及定位检修；在配电网现场作业管理方面，可实现设备状态确认、工作程序匹配和操作过程记录等，实现调度指挥中心与现场作业人员的实时互动，以减少误操作风险和安全隐患。

6. 用电环节

智能用电直接面向用户，是用户感知和体验智能电网的窗口。物联网技术在智能用电环节拥有广泛的应用空间，主要有：智能表计及高级量测，智能插座，智能用电交互，智能用电服务，电动汽车及其充电站的管理，绿色数据中心与智能机房，能效监测与管理，电力需求侧管理等。通过智能化的用电设备和通信网络，可收集用户的详尽用电信息，一方面，使用户能根据自己的需求以及电力公司定价策略，尽可能在便宜的时候用电；另一方面，电力公司根据所有用户的用电情况，能进行更合理的电力调配，从而提高电力的利用效率。

10.3.4　物联网在农业领域的应用

10.3.4.1　农业物联网概述

农业生产的操作对象是具有生命特征的动植物，生产条件可控性差。随着传统农业向现代农业转变，农业生产方式也逐渐由经验型和定性化向知识型和定量化、由粗放式向精细化转变。以现代信息技术与农业技术融合为特征的精细农业利用信息技术精确获知生态环境、动植物生命、农产品品质等特征信息并进行智能处理和决策，可明显提高农业生产效率、增加产量、节约成本。

欧洲智能系统集成技术平台（EoPSS）2009 年提交的物联网研究发展报告（Internet of Things-Strategic Research Roadmap）中，将物联网划分为 18 个大类，其中“农业与养殖业物联网”是最重要的发展方向之一。报告提出，农业物联网分为三个层次：信息感知层、信息传输层和信息应用层。信息感知层由各种传感器结点组成，用于获取支持过程精细化管理的参数，如土壤肥力、作物苗情长势、动物个体产能、健康、行为等信息；信息传输层通过有线或无线方式传输感知层获取的各类数据；信息应用层对感知数据进行融合、处理，用于制定科学的管理决策，对农业生产过程进行精细控制。

美国和欧洲的一些发达国家相继开展了农业领域的物联网应用示范研究，实现了物联网在农业生产、资源利用、农产品流通领域的实践与推广。我国农业物联网应用主要体现在实现农业资源、环境、生产过程、流通等环节的信息的实时获取和数据共享方面，保证产前正确规划以提高资源利用率、产中精细管理以提高生产效率、产后高效流通并实现安全溯源。

10.3.4.2　农业物联网的典型应用

1．农业资源利用

在农业资源监测和利用方面，美国和欧洲利用资源卫星对土地利用信息进行实时监测，并将监测结果发送到信息融合与决策系统，实现大区域农业的统筹规划；同时，在地面利用 GPS 定位设备，对地理位置进行标定，实现区域农业规划。2006 年，美国加州大学洛杉矶分校建立了林业资源监测网络，通过从资源卫星获取的数据，以及在地面布设的 GPS 装置获取的位置信息，对加州地区的森林资源进行实时监测。

我国将 GPS 定位技术与传感器技术相结合，实现了农业资源信息的定位与采集，如土壤养分监测、病虫害监测、农业环境变化和农业污染监测等；利用无线传感器网和移动通信技术，实现了农业资源信息的传输；利用地理信息系统（Geography Information System，GIS），实现了农业资源的规划管理。

2. 农业生态环境监测

农业生态环境是农产品安全的重要基础，是国家生态安全的重要组成部分。发达国家（如美国、法国、日本等）特别注重农业生态环境的监测和保护：一方面，通过建立法律、法规等加强政策性保护；另一方面，综合运用传感器、无线网络、互联网、信息融合等物联网技术，构建覆盖全国的农业生态环境监测网络，实现对农业生态环境的自动监测，保证农业生态环境的可持续发展。

在农业生态环境监测方面，我国研制了结合地面监测站和卫星遥感技术的墒情监测系统，已在贵阳、辽宁、黑龙江、河南、南京等地展开应用；研制了大气环境和水环境监测系统，实现了对大气中二氧化硫、二氧化氮等有害气体和水温、pH 值、浊度、电导率和溶解氧等水环境参数的实时监测等。

3. 农业生产精细管理

精细农业是农业生产过程与信息技术的有机结合。通过利用 GPS、传感器等物联网技术及时了解农田的状态信息，如肥、水、病、虫、草、害和产量分布等，获取精细化管理所需的参数，为农业生产活动决策提供精确依据，实现增加产量的同时降低投入成本。

在美国、澳大利亚等一些大田种植面积较大的国家，集成了动植物生命信息自动获取、信息高效传输、信息融合、智能决策、精准作业的精细管理网络已逐步由实验室走向实际应用，提高了农业作业效率。2008 年法国建立了较为完备的农业区域监测网络，该网络围绕大田粮食作物的所有生产环节设计，在农作物生长的各个环节，对作物的苗情、长势信息、与作物生长直接相关的环境信息等进行采集，并将相关数据发送到农业综合决策网进行处理，最终用于指导施肥、施药、收获等生产过程。

我国的农业物联网应用主要围绕着农业示范工程实施展开。例如，中国农业科学院在绥化布设了自动气象信息采集设备，依托“农业数据信息远程监控网络”将采集的数据传输到农科院数据中心的数据服务器上，利用服务器上的形态学指标知识库、生理指标知识库和温度指标知识库对数据进行分析，形成指导决策后再反馈到县市级农业生产指导部门。国家农业信息化工程技术研究中心 2007 年研制了基于 GPS、GPRS 和 GIS 技术的农业作业机械远程监控调度系统。该系统通过安装在农机上的车载设备，实时采集农机的位置、油耗、作业环境等信息，并通过 GPRS 网络将这些信息发送到数据服务器。服务器再利用 GIS 软件对农机分布进行分析，形成最优调度决策供农机调度指挥中心参考；服务器端软件还能综合农机状态信息、气象信息、交通信息等为农机驾驶员提供农机最佳作业时间、农机故障概率等参考信息。使用该系统，可以最大可能地优化农机资源分配，避免盲目调度，减少燃油消耗。

4. 畜禽养殖

在畜禽水产养殖方面，养殖模式逐渐走向集约化，养殖户数目逐渐减少，生产规模逐步扩大。建立养殖环境监控系统，能更好地维持良好的养殖场内部环境，生产出符合人体需要的畜禽水产产品。

发达国家的畜禽、水产精细化养殖监测网络集成了实时监测、精细养殖、产品溯源和专家管理等，已初具规模。例如，美国堪萨斯大学以动物疫情预防为目标，建立了覆盖全州大型养殖场的监测物联网；Ian McCauley 等研究人员（2005）提出利用无线传感器网络监测生猪的养殖环境；RFID 电子标签和（动物个体信息特征）微型传感器已大量进入奶牛、肉牛、猪等家畜的养殖管理过程，能对动物个体每天的饮水量、进食量、运动量、健康特征等信息进行记录与远程传输，实现疫情预警、疾病防治及精细化养殖的全面管理。

在我国，河南省建立了畜禽饲养地理分布定位网络系统，该系统以自然村为基本单位，涵盖有全省所有的规模畜禽养殖场、畜禽产品加工厂、饲料厂、兽药厂及畜禽交易市场的地理分布信息，大大提高了重大动物疫情控制的应急能力和指挥能力。欣创摩尔科技基于具有 ZigBee 和 GPRS 无线通信功能的通用数据采集控制器和水质在线分析仪，研发了集水质信息实时采集、监视及远程自动化管理于一体的水产养殖管理系统。

10.3.5 特定物联网应用系统的安全考虑

物联网体系结构中的各个层次都有很多种实现技术，并且这些技术在不断发展，新的技术也将不断出现。例如，在感知层，研制了满足各种数据采集需求的新型传感设备；在网络层，新的无线接入技术将能提供更好的覆盖、更高的带宽，满足随时、随地的接入需求，核心网将向基于 IP 的统一业务平台发展；在信息处理层，云计算将成为理想的 IT 基础设施平台，满足海量感知数据存储和处理性能需求。

物联网不同层次的安全性由不同的主体来保证。感知设备的安全主要由设备制造商考虑；网络层安全则由网络服务提供商保证；信息处理基础设施由 IT 资源提供商（如云提供商）保证；而用户则需要实现应用业务处理逻辑的安全性、物联网系统的接入和管理安全性等。在设计、建造一个特定的具体物联网应用系统时，用户应当选取能满足安全需求的技术，全面考虑所采用技术的安全能力，对整个系统的安全性做出合理的评估。

10.4 小结

物联网实现了现实物理世界与虚拟信息世界的统一，使人类对物理世界的感知更及时、全面，从而能更智慧地安排生产和生活活动，实现人类社会与自然的和谐发展。当前，物联网的应用研究处于初级阶段。随着信息感知设备、网络设施、信息处理技术等软硬件技术的发展，尤其是安全问题的解决，物联网必将在人类的生活中发挥越来越大的作用。

10.5 习题

1. 与传统互联网的安全相比，物联网中的安全问题有何特点？
2. 简述物联网应用中的安全考虑。

参 考 文 献

[1] ITU 报告，ITU INTERNET REPORTS 2005 EXECUTIVE SUMMARY：The Internet of Things，2005.

[2] 王雷，冯湘. 高等计算机网络与安全[M]. 北京：清华大学出版社，2010.

[3] 张新程，等. 物联网关键技术[M]. 北京：人民邮电出版社，2011.

[4] CHRISTOS DOULIGERIS. 网络安全：现状与展望[M]. 范九伦，等，译. 北京：科学出版社，2010.

[5] 彭杨，江长兵. 物联网技术与应用基础[M]. 北京：中国物资出版社，2011.

[6] 宁焕生，张彦. RFID 与物联网：射频、中间件、解析与服务[M]. 北京：电子工业出版社，2008.

[7] 吴功宜. 智慧的物联网：感知中国和世界的技术[M]. 北京：机械工业出版社，2010.

[8] 哈基马. 物联网：链接一切物质的网络[M]. 林水生，等，译. 北京：国防工业出版社，2011.

[9] 杨刚，等. 物联网理论与技术[M]. 北京：科学出版社，2010.

[10] 周洪波. 物联网技术、应用、标准和商业模式[M]. 2 版. 北京：电子工业出版社，2011.

[11] 南湘浩，陈钟. 网络安全技术概论[M]. 北京：国防工业出版社，2003.

[12] BEHROUZ A FOROUZAN. 密码学与网络安全[M]. 马振晗，等，译. 北京：清华大学出版社，2009.

[13] JOVAN KURBALIJA，EDUARDO GELBSTERIN. 互联网治理、问题、角色、分歧[M]. 中国互联网协会，译. 北京：人民邮电出版社，2006

[14] ATUL KAHATE. 密码学与网络安全[M]. 金名，等，译. 北京：清华大学出版社，2009.

[15] 林代茂. 信息安全：系统的理论与技术[M]. 北京：科学出版社，2008.

[16] ANDY ORAM. 安全之美[M]. 徐波，等，译. 北京：机械工业出版社，2011.

[17] 卢昱，等. 信息网络安全控制[M]. 北京：国防工业出版社，2011.

[18] TIM MATHER. 与计算安全与隐私[M]. 刘戈丹，等，译. 北京：机械工业出版社，2011.

[19] ANDREW S TANENBAUM. 计算机网络[M]. 5 版. 严伟，等，译. 北京：清华大学出版社，2012.

[20] 雷葆华，等. 云计算解码[M]. 2 版. 北京：电子工业出版社，2012.

[21] YAN ZHANG 等. RFID 与传感器网络：架构、协议、安全与集成[M]. 谢志军，等，

译. 北京：机械工业出版社，2012.

[22] 蒋睿，等. 网络信息安全理论与技术[M]. 武汉：华中科技大学出版社，2007.

[23] 蒋睿，李建华，潘理. 新型网络信息系统安全模型及其数学评估[J]. 计算机工程. 2005,31(14):141-143.

[24] 张红旗. 信息网络安全[M]. 北京：清华大学出版社，2002.

[25] 范九伦，等. 密码学[M]. 西安：西安电子科技大学出版社，2008.

[26] S C ALLIANCE. Smart Card Standards and Specifications. Available: http://www.smartcardalliance.org/pages/smart-cards-intro-standards.

[27] S C ALLIANCE. What Makes a Smart Card Secure? Available: http://www.smartcardalliance.org/pages/publications-smart-card-security,2008,10.

[28] C DOULIGERIS, D N SERPANOS. Network Security: Current Status and Future Directions: IEEE Press, 445 Hoes Lane, Piscataway, NJ 08854.

[29] ISO/IEC. Identification cards — Integrated circuit cards — Part 4: Organization, security and commands for interchange. 2005.

[30] A JUELS. RFID Security and Privacy: A Research Survey. IEEE JOURNAL ON SELECTED AREAS IN COMMUNICATIONS. 2006:381-394.

[31] T. G. o. t. H. K. S. A. Region. RFID SECURITY. Hong Kong, 2008.

[32] WIKIPEDIA. Smart card. Available: http://en.wikipedia.org/wiki/Smart_card.

[33] 安防科技编辑部. 生物特征识别技术综述[J]. 安防科技，2007.

[34] 刘化君，刘传清. 物联网技术[M]. 北京：电子工业出版社，2010.

[35] 卢官明，等. 生物特征识别综述[J]. 南京邮电大学学报. 自然科学版，2007:81-88.

[36] 田启川，张润生. 生物特征识别综述[J]. 计算机应用研究，2009:4002-4010.

[37] 张飞舟，等. 物联网技术导论[M]. 北京：电子工业出版社，2010.

[38] NETWORK SECURITY. Current Status and Future Directions: the Institute of Electrical and Electronics Engineers, Inc., 2007.

[39] IEEE. IEEE Standard for Information technology— Telecommunications and information exchange between systems— Local and metropolitan area networks— Specific requirements Part 11: Wireless LAN Medium Access Control (MAC) and Physical Layer (PHY) specifications Amendment 6: Medium Access Control (MAC) Security Enhancements. 2004.

[40] IEEE. IEEE Standard for Information technology— Telecommunications and information exchange between systems— Local and metropolitan area networks— Specific requirements Part 15.1: Wireless medium access control (MAC) and physical layer (PHY) specifications for wireless personal area networks (WPA N s). 2005.

[41] IEEE. IEEE Standard for Information technology— Telecommunications and information exchange between systems— Local and metropolitan area networks— Specific requirements Part 15.4: Wireless Medium Access Control (MAC) and Physical Layer (PHY) Specifications for Low-Rate Wireless Personal Area Networks (WPANs).

2006.

[42] IEEE. IEEE Standard for Information technology— Telecommunications and information exchange between systems— Local and metropolitan area networks— Specific requirements- Part 11: Wireless LAN Medium Access Control (MAC) and Physical Layer (PHY) Specifications. 2007.

[43] IEEE. IEEE Standard for Local and metropolitan area networks--Part 16: Air Interface for Broadband Wireless Access Systems. 2009.

[44] I ZigBee ALLIANCE. ZIGBEE SPECIFICATION. 2008.

[45] 谢希仁，计算机网络[M].5 版. 北京：电子工业出版社，2010.

[46] 3GPP2. IMS Security Framework. 2003.

[47] 3GPP. 3GPP TS 33.210 version 6.6.0 Release 6-Network Domain Security (NDS). 2006.

[48] 3GPP. 3GPP TS 33.203 version 6.11.0 Release 6-Access security for IP-based services. 2007.

[49] 3GPP. 3GPP TS 23.228 version 6.16.0 Release 6-IP Multimedia Subsystem (IMS). 2007.

[50] IETF. RFC4301-Security Architecture for the Internet Protocol. 2005.

[51] IETF. RFC4302-IP Authentication Header. 2005.

[52] IETF. RFC4303-IP Encapsulating Security Payload (ESP). 2005.

[53] IETF. RFC4835-Cryptographic Algorithm Implementation Requirements for Encapsulating Security Payload (ESP) and Authentication Header (AH). 2007.

[54] 袁琦. IMS 网络安全技术研究[J]. 电信网技术，2008(9).

[55] 赵慧玲. 下一代网络交换技术发展趋势[J]. 移动通信，2006(6).

[56] CSA. Security Guidance for Critical Areas of Focus in Cloud Computing V2.1. 2009.

[57] CSA. top threats to cloud computing V1.0. 2010.

[58] CSA. Domain 12: Guidance for Identity & Access Management V2.1. 2010.

[59] CSA. Domain 10: Guidance for Application Security V2.1. 2010.

[60] J FORUM. Cloud Cube Model: Selecting Cloud Formations for Secure Collaboration. 2009.

[61] G SOMASUNDARAM, A SHRIVASTAVA. 信息存储与管理[M]. 北京：人民邮电出版社, 2010.

[62] NIST. The NIST Definition of Cloud Computing，Version 15. 2009.

[63] 张健. 全球云计算安全研究综述[J]. 电信网技术，2010,9.

[64] 张云勇，等. 云计算安全关键技术分析[J]. 电信科学，2010.

[65] 朱源，闻剑峰. 云计算安全浅析[J]. 电信科学，2010.

[66] 中国工程院. 物联网及其在重要领域的应用咨询研究项目报告. 2010,12.